"十二五"职业教育国家规划教材

经全国职业教育教材审定委员会审定

修订版

数控车削编程与加工 （FANUC系统）

第 2 版

U0158332

主　编　朱明松　朱德浩

副主编　徐伏健　杨同亮

参　编　王　静　郭　燕　陈飞飞　潘世毅

主　审　陶建东　谭印书

机械工业出版社

CHINA MACHINE PRESS

本书是"十二五"职业教育国家规划教材修订版，是根据教育部最新公布的中等职业学校相关专业教学标准，同时参考数控车工职业资格标准和"1+X"证书中对数控车铣加工职业技能等级证书的要求编写的。

　　本书共设六个项目，包括数控车床基本操作、轴类零件加工、套类零件加工、成形面类零件加工、螺纹类零件加工、零件综合加工和CAD/CAM加工。每个项目由几个不同的典型任务（零件）组成，通过任务的完成，掌握数控车床编程与加工所必备的知识和技能。书中还设置了数控车铣加工职业技能等级证书考核模拟试题任务，衔接数控车铣加工"1+X"证书要求，为推广"1+X"证书制度奠定基础。本书选定应用广泛的FANUC（发那科）数控系统作为编程与机床操作的教学载体。

　　本书采用项目式编写形式，为方便读者理解相关知识，以二维码形式嵌入了大量视频资源，以便更深入地学习。

　　为方便教师教学，本书配套有电子教案、电子课件、视频、习题、试卷及答案等资源，使用本书作为教材的教师可登录www.cmpedu.com网站，注册并免费下载，或来电（010-88379375）索取。

　　使用本书的师生均可利用上述资源在机械工业出版社旗下的"天工讲堂"平台上进行在线教学、学习，实现翻转课堂与混合式教学。

　　本书可作为中等职业学校机械加工技术、机械制造技术、数控技术应用等专业的教材，也可作为机械类相关专业及相关技术人员的岗位培训教材。

图书在版编目（CIP）数据

数控车削编程与加工：FANUC系统/朱明松，朱德浩主编. —2版.
—北京：机械工业出版社，2021.4（2024.8重印）
"十二五"职业教育国家规划教材：修订版
ISBN 978-7-111-67778-9

Ⅰ.①数… Ⅱ.①朱… ②朱… Ⅲ.①数控机床-车床-车削-程序设计-职业教育-教材②数控机床-车床-车削-加工-职业教育-教材 Ⅳ.①TG519.1

中国版本图书馆CIP数据核字（2021）第047069号

机械工业出版社（北京市百万庄大街22号　邮政编码100037）
策划编辑：王莉娜　责任编辑：王莉娜　赵文婕
责任校对：陈　越　封面设计：张　静
责任印制：单爱军
北京虎彩文化传播有限公司印刷
2024年8月第2版第8次印刷
184mm×260mm·16.5印张·404千字
标准书号：ISBN 978-7-111-67778-9
定价：49.00元

电话服务　　　　　　　　　　网络服务
客服电话：010-88361066　　机　工　官　网：www.cmpbook.com
　　　　　010-88379833　　机　工　官　博：weibo.com/cmp1952
　　　　　010-68326294　　金　书　网：www.golden-book.com
封底无防伪标均为盗版　　机工教育服务网：www.cmpedu.com

第2版前言

本书是根据教育部《关于组织开展"十三五"职业教育国家规划教材建设工作的通知》（教职成司函〔2019〕94号）要求，在"十二五"职业教育国家规划教材的基础上，依据教育部最新公布的中等职业学校相关专业教学标准，同时参考数控车工职业资格标准和"1+X"证书中对数控车铣加工职业技能等级证书的要求而编写的。

本书以职业能力培养为本位，以职业实践为主线，以数控车床加工典型工作任务为载体，有机嵌入常用数控指令、加工工艺及操作技能等知识，体现"学中做""学中教"的现代职业教育课程改革理念。本书在编写中注重吸收行业企业技术人员、能工巧匠的参考意见，紧跟产业发展趋势和行业人才需求，及时将产业发展的新技术、新工艺、新规范纳入教材内容，反映数控加工岗位（群）职业能力要求。如纳入采用二维CAD软件辅助查找基点坐标和辅助安排工艺、采用CAXA 2020数控车软件进行计算机自动编程与加工、自动对刀等内容。此次修订体现了以下特色。

1. 按车削类零件特点设置数控车床基本操作、轴类零件加工等六个项目，每个项目设置多个典型零件加工作为项目任务。

2. 每个任务以数控加工实践为主线，融入有关数控刀具选择、数控加工工艺路径确定、数控指令与编程方法、数控机床加工、精度测量与尺寸控制等知识，体现"教、学、做"合一。

3. 每个任务由任务描述、知识目标、技能目标、知识准备、任务实施、检测评分、任务反馈及任务拓展等环节构成，检测评分中融入了劳动精神、工匠精神评价指标，以促进项目实施中培养以工匠精神为主的核心素养。

4. 每个任务后都设有任务拓展内容，旨在提高学生应用知识解决同类问题的能力和综合职业能力。

5. 每个任务后设置有任务反馈环节，通过让学生总结完成任务过程中产生的误差项目、分析产生误差的原因及改进措施，增强其解决实际问题的能力，同时也可使教师掌握学生完成任务的状况，从而有针对性地改进教学方法。

6. 增加数控车削工艺文件、对刀仪及自动对刀方法、有配合要求套件加工等内容，进一步贴近生产实际要求和先进技术发展趋势。

7. 增加了数控车铣加工职业技能等级证书考核模拟试题，对接"1+X"证书制度要求。

8. 根据党的二十大报告中关于"推进教育数字化"的要求，为促进信息技术与教育教学融合创新，以本书为依托，开发了《数控车削编程与加工（FANUC系统）》数字教材，并获评江苏省"十四五"首批职业教育规划教材。同时，在超星泛雅教学平台建设了网络在线课程（网址：https://mooc1.chaoxing.com/course-ans/ps/227194482），供师生开展在线教学、远程教学、混合教学。该在线课程被评为"十四五"江苏省职业教育首批在线精品课程。

本书主要教学内容及参考学时安排如下：

项　目	任　务	参考学时	合　计
项目一　数控车床基本操作	任务一　认识数控车床	4	20
	任务二　数控车床的开机与回参考点	4	
	任务三　数控车床程序输入与编辑	4	
	任务四　数控车床对刀操作	6	
	任务五　数控车削仿真加工	2	
项目二　轴类零件加工	任务一　简单阶梯轴的加工	6	22
	任务二　外圆锥轴的加工	6	
	任务三　多槽轴的加工	6	
	任务四　多阶梯轴的加工	4	
项目三　套类零件加工	任务一　通孔轴套的加工	6	20
	任务二　阶梯孔轴套的加工	6	
	任务三　锥孔轴套的加工	4	
	任务四　非标缸套的加工	4	
项目四　成形面类零件加工	任务一　凹圆弧滚压轴的加工	6	16
	任务二　球头拉杆的加工	6	
	任务三　球面管接头的加工	4	
项目五　螺纹类零件加工	任务一　圆柱螺塞的加工	6	16
	任务二　圆锥螺塞的加工	6	
	任务三　圆螺母的加工	4	
项目六　零件综合加工和CAD/CAM加工	任务一　法兰盘的加工	4	36
	任务二　螺纹管接头的加工	4	
	任务三　曲面螺纹锥度套件的加工	6	
	任务四　圆头电动机轴的CAD/CAM加工	6	
	任务五　数控车铣加工职业技能等级证书考核模拟试题一	4	
	任务六　数控车铣加工职业技能等级证书考核模拟试题二	4	
	任务七　数控车铣加工职业技能等级证书考核模拟试题三	4	
	任务八　数控车铣加工职业技能等级证书考核模拟试题四	4	
合　计			130

本书由南京六合中等专业学校朱明松、朱德浩任主编，南京六合中等专业学校徐伏健、杨同亮任副主编，南京六合中等专业学校王静、郭燕、陈飞飞、潘世毅参与编写。本书由南京市职业教育教学研究室陶建东、南京新浙数控机床有限公司技术总监谭印书任主审。

由于编者知识和经验有限，书中不妥之处在所难免，敬请读者批评指正。

编　者

本书是根据教育部《关于中等职业教育专业技能课教材选题立项的函》(教职成司〔2012〕95号)，由全国机械职业教育教学指导委员会和机械工业出版社联合组织编写的"十二五"职业教育国家规划教材，是根据教育部于2014年公布的中等职业学校相关专业教学标准，同时参考数控车工职业资格标准编写的。

本书主要介绍数控车削过程中编程与加工的方法与经验，重点强调培养数控车工的实践能力，编写过程中力求体现以下的特色。

1. 本书共设置六个项目，包括数控车床基本操作，轴类零件、套类零件、成形面类零件、螺纹类零件加工，零件综合加工和CAD/CAM加工，每个项目设置多个典型任务。

2. 每个任务以数控加工实践为主线，以典型零件为载体，融入有关数控刀具选择、数控加工工艺路径确定、数控指令与编程方法、数控机床加工、精度测量与尺寸控制等知识，体现"教、学、做"一体的先进教学理念。

3. 每个任务由任务描述、知识目标、技能目标、知识准备、任务实施、检测评分、任务反馈及任务拓展等环节构成，按项目教学进行设计，以提高学生综合职业能力。

4. 每个任务后都设有任务拓展内容，提高学生应用知识解决同类问题的能力。

5. 每个任务后设置有任务反馈环节，让学生总结产生误差项目、分析产生原因及改进措施，增强学生实际解决问题能力，也让教师掌握学生完成任务的状况，改进教学方法。

6. 教材中设有仿真软件使用内容，以南京斯沃数控仿真软件为例开展数控编程与仿真加工教学，弥补部分学校数控设备不足的缺陷。

7. 书中设有CAD/CAM加工与程序传输任务。随着技术发展与进步，CAD/CAM加工在数控车床上应用越来越广，本书以CAXA数控车软件为载体，系统学习CAD/CAM加工流程，拓宽学生知识面、就业面，保持与企业技术进步同步。

8. 每个项目完成后都设置有项目小结，设置有一定数量填空题、判断题、选择题、问答题及加工训练题，以检测学生对相关理论知识掌握情况及增加业余加工编程与训练内容。

本书主要教学内容及参考学时安排如下：

项 目	任 务	参考课时	合 计
项目一 数控车床基本操作	任务一 认识数控车床	6	20
	任务二 数控车床的开机与回参考点	4	
	任务三 数控程序的输入与编辑	4	
	任务四 数控车床对刀操作	4	
	任务五 数控车削仿真加工	2	

（续）

项　目	任　务	参考课时	合　计
项目二　轴类零件加工	任务一　简单阶梯轴的加工	6	22
	任务二　外圆锥轴的加工	6	
	任务三　多槽轴的加工	6	
	任务四　多阶梯轴的加工	4	
项目三　套类零件加工	任务一　通孔轴套的加工	6	16
	任务二　阶梯孔轴套的加工	6	
	任务三　锥孔轴套的加工	4	
项目四　成形面类零件加工	任务一　凹圆弧滚压轴的加工	6	16
	任务二　球头拉杆的加工	6	
	任务三　球面管接头的加工	4	
项目五　螺纹类零件加工	任务一　圆柱螺塞的加工	6	16
	任务二　圆锥螺塞的加工	6	
	任务三　圆螺母的加工	4	
项目六　零件综合加工和 CAD/CAM 加工	任务一　法兰盘的加工	4	14
	任务二　螺纹管接头的加工	4	
	任务三　圆头电动机轴的 CAD/CAM 加工	6	
合　　计			104

　　本书由南京六合中等专业学校朱明松、南京市职业教育教学研究室陶建东任主编，南京六合中等专业学校潘世毅、陈飞飞、王立云，贵州机械工业学校程沛秀参与了本书的编写。本书经全国职业教育教材审定委员会审定，评审专家对本书提出了宝贵的建议，在此对他们表示衷心的感谢！编写过程中，编者参阅了国内外出版的有关教材和资料，在此一并表示衷心感谢！

　　由于编者水平有限，书中不妥之处在所难免，恳请读者批评指正。

编　者

（续）

序号	名　称	二维码	页码	序号	名　称	二维码	页码
15	卡爪的装拆		73	23	外螺纹加工指令 G92		161
16	外圆车削循环指令 G71		75	24	外螺纹车刀对刀		164
17	阶梯轴加工		77	25	内螺纹车削		177
18	内孔加工		89	26	内螺纹车刀对刀		181
19	内孔车刀对刀		92	27	端面槽车刀对刀		194
20	内沟槽加工		120	28	RS232 传输程序		230
21	内槽车刀对刀		121	29	CF 卡传输程序		230
22	外螺纹加工指令 G32		160	30	DNC 加工		233

目　录

项目一

数控车床基本操作

数控车床是计算机数字控制（Computerized Numerical Control，CNC）机床的一种，它按照技术人员事先编好的程序来自动加工各种形状的零件。由于数控车床具有加工精度高、质量稳定、效率高等优点，越来越多的企业用数控车床替代普通车床作为零件加工主要设备。了解数控车床的结构、原理，掌握数控车床的使用方法，已成为机械行业技术推广的重要方面。

学习目标

- 了解数控车床的结构、种类、特点及应用。
- 熟悉机床坐标系、工件坐标系、数控程序等理论知识。
- 掌握安全生产、文明生产知识，养成良好的职业习惯。
- 掌握数控车床安全操作规程。
- 会对数控车床进行简单的维护和保养。
- 会操作数控系统面板和机床操作面板。
- 会进行手工输入数控程序及编辑数控程序。
- 会进行外圆车刀的对刀操作。
- 会应用数控仿真软件进行模拟加工。

任务一 认识数控车床

任务描述

认识数控车床的型号、种类、结构、主要加工内容及特点，熟悉 FANUC（发那科）0i Mate-TD 数控系统面板按键及机床操作面板按键功能。

知识目标

- 1. 了解数控车床的型号及种类
- 2. 熟悉数控车床的结构及主要部件功能
- 3. 了解数控车床的加工特点及加工内容
- 4. 熟悉安全文明生产内容

技能目标

- 1. 能识别各种数控车床
- 2. 熟悉 FANUC 0i Mate-TD 数控系统面板按键功能及界面切换方法
- 3. 熟悉 FANUC 0i Mate-TD 数控机床操作面板按键功能

知识准备

认识数控车床，首先应观察机床外形及型号，然后分析、了解数控车床的主要结构、加工特点、加工内容，认识数控车床操作面板的按键功能。

1. 数控车床的型号

数控车床的型号表示采用《金属切削机床 型号编制方法》标准（GB/T 15375—2008），由字母及一组数字组成。例如，数控车床代号为 CK6140，含义如下：

床身上最大工件回转直径(400mm)的1/10
卧式车床系
落地及卧式车床组
数控
车床

认识数控车床

2. 数控车床的种类

数控车床根据不同的分类方法有不同的种类，现按主轴位置、数控系统、数控车床功能分有以下几类。

（1）按主轴位置分类 按主轴位置分类，数控车床有立式数控车床和卧式数控车床两大类，其中卧式数控车床又有水平导轨式和倾斜导轨式两种。立式、卧式数控车床外形及特点见表 1-1。

表 1-1 立式、卧式数控车床外形及特点

类　别	外　形	特　点
立式数控车床（数控立式车床）		主轴处于垂直位置，其上有一直径很大的圆形工作台，工件装夹在圆形工作台上，刀具装夹在横梁刀架上。用于加工径向尺寸较大、轴向尺寸相对较小的大型复杂零件
水平导轨卧式数控车床		主轴与导轨均处于水平位置，与普通车床类似，用于普通车床数字化改造及经济型数控车床

（续）

类　别	外　形	特　点
倾斜导轨卧式数控车床	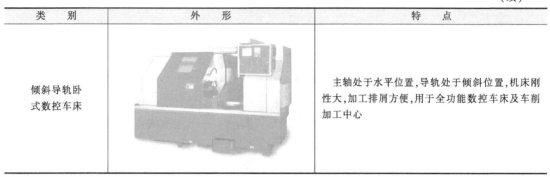	主轴处于水平位置,导轨处于倾斜位置,机床刚性大,加工排屑方便,用于全功能数控车床及车削加工中心

（2）按数控系统分类　按数控系统分类,常用的有 FANUC（发那科）数控系统车床、SIEMENS（西门子）数控系统车床、华中数控系统车床、广数系统车床等。每一种数控系统又有多种型号。本书如无特殊说明,均以 FANUC 0i Mate-TD 系统为例进行介绍。常见的数控系统面板外形见表 1-2。

表 1-2　常见的数控系统面板外形

数控系统	面板外形
FANUC 0i Mate 数控系统	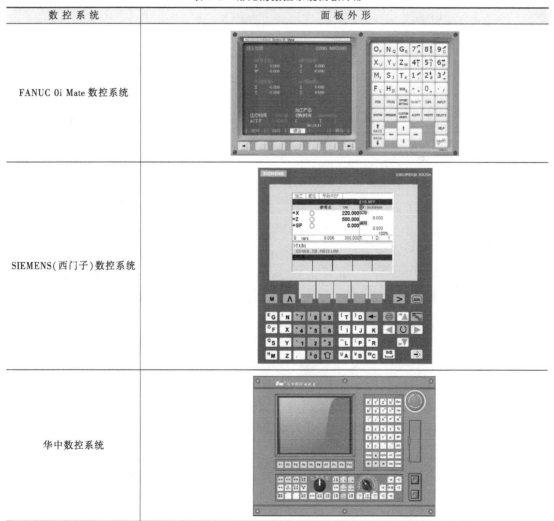
SIEMENS（西门子）数控系统	
华中数控系统	

（续）

数 控 系 统	面 板 外 形
广数系统	

（3）按数控车床的功能分类　按数控车床的功能分类，数控车床可分为经济型数控车床、全功能数控车床、车削加工中心和FMC车削单元等，其特点及应用见表1-3。

表1-3　数控车床种类、特点及应用

数控车床种类	特点及应用
经济型数控车床	经济型数控车床结构布局与普通车床相似，早期采用步进电动机驱动的开环伺服系统，控制部分采用单板机或单片机，显示系统采用数码管或简单的CRT字符显示，自动化程度和功能都比较差，加工精度也不高。随着技术进步，经济型数控车床功能有很大的发展，如采用进给伺服电动机驱动的半闭环控制系统，配备功能较强的通用数控系统和CRT，控制功能和加工精度都大大提高
全功能数控车床	全功能数控车床广泛采用伺服电动机驱动的半闭环、闭环控制系统，机床结构采用专门设计的倾斜床身、液压卡盘与液压尾座等，其加工精度和自动化程度大大提高
车削加工中心	以全功能数控车床为基础，配置刀库、换刀装置、铣削动力头和副主轴（C轴），实现多工序的复合加工。在一次装夹后，可以完成回转类零件的车、铣、钻、铰、攻螺纹等多种加工工序，功能全面，但价格较高
FMC车削单元	FMC车削单元是一个由数控车削加工中心和工业机器人组成的柔性加工单元，不仅可以完成零件自动加工，还可实现工件搬运、装卸的自动化和加工调整准备的自动化

除此以外，数控车床还可以按照控制方式分为开环控制系统、半闭环控制系统、闭环控制系统的数控车床；按照装夹工件方式又分为卡盘式数控车床和顶尖式数控车床；按照刀架数分为单刀架数控车床和双刀架数控车床等。

3. 数控车床的结构和功能

数控车床由车床主体、控制部分、驱动部分、辅助部分等组成，见表1-4。

表1-4　数控车床的组成部分

序号	组成部分	说　明	图　例
1	车床主体	车床主体部分是数控车床的基础件，由床身、主轴箱与主轴部件、进给箱与滚珠丝杠、导轨、刀架、尾座等组成	主轴部件　刀架 主轴箱　　　　尾座 变速开关 导轨　防护罩　冷却泵　床身

（续）

序号	组成部分	说　明	图　例
2	控制部分	它是数控车床的控制核心,由各种数控系统完成对数控车床的控制	发那科数控系统
3	驱动部分	驱动部分是数控车床执行机构的驱动部件,由伺服驱动装置和伺服电动机组成	伺服驱动装置　伺服电动机
4	辅助部分	完成数控加工辅助动作的装置,由冷却系统、润滑系统、照明系统、自动排屑系统、防护罩等组成	冷却泵　数控机床润滑泵

4. 数控车床传动系统

数控车床传动路线较普通车床大大缩短,这有利于减少传动误差,提高精度。数控车床传动路线如图 1-1 所示。

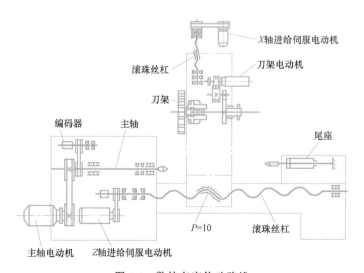

图 1-1　数控车床传动路线

5. 数控车床的加工特点

数控车床的加工特点见表1-5。

表1-5 数控车床的加工特点

序号	特 点	说 明
1	加工精度高、质量稳定	数控车床按照预定的加工程序自动加工工件，加工过程中消除了操作者人为的操作误差，能保证零件加工质量的一致性；利用反馈系统进行校正及补偿加工精度，可以获得比机床自身精度还要高的加工精度及重复精度
2	能加工复杂型面	数控车床能实现两坐标轴联动，容易实现许多普通车床难以完成甚至无法完成的曲线、曲面构成的回转体加工及非标准螺距螺纹、变螺距螺纹加工
3	适应性强	只需重新编写（或修改）数控加工程序即可实现对新零件的加工，不需要重新设计模具、夹具等工艺装备，适用于多品种、小批量零件的生产及新产品试制
4	生产率高	数控车床结构刚性好，主轴转速高，可以进行大切削用量的强力切削；此外，机床移动部件的空行程运动速度高，加工时所需的切削时间和辅助时间均比普通机床少，生产率比普通机床高 2~3 倍；加工形状复杂的零件时，生产率可高达十几倍到几十倍
5	自动化程度高、工人劳动强度低	数控车床上加工零件，操作者除了输入程序、装卸工件、对刀、关键工序的中间检测等，不需要进行其他复杂的手工操作，劳动强度和紧张程度均大大减轻；此外，机床上一般都具有较好的安全防护、自动排屑、自动冷却等装置，操作者的劳动条件也大为改善
6	经济效益高	单件、小批量生产情况下，使用数控车床可以减少划线、调整、检验时间，节省了工艺装备，减少生产费用，从而获得良好的经济效益；加工精度稳定，废品率低，大批量生产经济效益也高；此外，数控机床还可以实现一机多用，节省厂房，节省建厂投资等
7	有利于生产管理的现代化	用数控车床加工零件，能准确地计算零件的加工工时，有效地简化了检验和工夹具、半成品的管理工作；加工及操作均使用数字信息与标准代码输入，目前已成为计算机辅助设计、制造及管理一体化的基础

6. 数控车床加工的应用范围

数控车床主要用于轴类、套类、盘类等回转体零件的加工，如各种内外圆柱面、内外圆锥面、圆柱螺纹、圆锥螺纹的加工及切槽、钻孔、扩孔、铰孔等工序，它还可用于普通车床上不能完成的由各种曲线构成的回转面、非标准螺纹、变螺距螺纹等表面加工。车削加工中心还可以完成径向和轴向平面铣削、曲面铣削、中心线与零件回转中心不重合的端面孔和径向孔的钻削加工等。

7. FANUC 0i Mate-TD 系统数控车床的操作面板功能

（1）FANUC 0i Mate-TD 数控系统面板功能 图1-2所示为 FANUC 0i Mate-TD 数控系统面板。

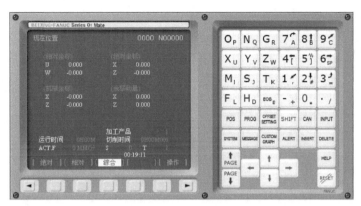

发那科系统
面板介绍

图 1-2　FANUC 0i Mate-TD 数控系统面板

面板按键及其功能见表 1-6。

表 1-6　FANUC 0i Mate 数控系统面板按键及其功能

按　键		功　能
O_P N_Q G_R 7_A 8_B 9_C X_U Y_V Z_W 4 5 6_{SP} M_I S_J T_K 1 $2_\#$ 3 F_L H_D ^{EOB}E $-$ $+$ $0.$		数字/字母键。用于输入数据到输入区域,通过 SHIFT（上档）键切换字母和数字键的输入
编辑键	ALERT	替换键。用输入的数据替换光标所在的数据
	DELETE	删除键。删除光标所在的数据;删除一个程序或全部程序
	INSERT	插入键。把输入区之中的数据插入到当前光标之后的位置
	CAN	取消键。消除输入区内的数据
	EOB E	回车换行键。结束一段程序的输入并且换行
	SHIFT	上档键。用于切换数字/字母键中的输入字符
页面切换键	PROG	程序显示与编辑页面
	POS	位置显示页面。位置显示有三种方式,用翻页键选择
	OFFSET SETTING	显示参数输入页面。按第一次进入坐标系设置页面,按第二次进入刀具补偿参数页面。进入不同的页面以后,可用翻页键切换
	SYSTEM	显示系统参数页面

（续）

按 键		功 能
页面切换键	MESSAGE	显示信息页面,如"报警"信息
	CUSTOM GRAPH	显示图形参数设置页面
	HELP	显示系统帮助页面
翻页键	↑ PAGE	向上翻页
	PAGE ↓	向下翻页
光标移动键	↑	向上移动光标
	←	向左移动光标
	↓	向下移动光标
	→	向右移动光标
输入键和复位键	INPUT	输入键。把输入区内的数据输入参数页面
	RESET	复位键

（2）机床操作面板 机床操作面板如图1-3所示，主要用于控制机床的运动和选择机床运行状态，由模式选择按键、数控程序运行控制旋钮等多个部分组成，每一部分的详细说明见表1-7。

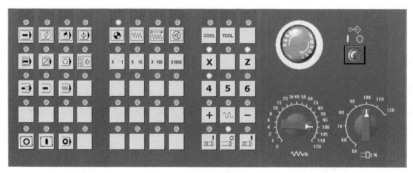

发那科系统机床面板介绍

图1-3 机床操作面板

表 1-7　机床操作面板按键或旋钮的功能及含义

按键或旋钮	功能及含义
	AUTO(MEM)键(自动模式键)。按下此键,进入自动加工模式
	EDIT 键(编辑键)。用于直接通过操作面板输入数控程序和编辑程序
	MDI 键(手动数据输入键)。用于直接通过操作面板输入数控程序和编辑程序
	文件传输键。通过 RS232 接口把数控系统与计算机相连并传输文件
	REF 键(回机床参考点键)。通过手动回机床参考点
	JOG 键(手动模式键)。通过手动连续移动各轴
	INC 键(增量进给键)。手动脉冲方式进给
	HANDLE 键(手轮进给键)。按此键切换成通过手摇轮移动各坐标轴
COOL	切削液开关键。按下此键,切削液开
TOOL	刀具选择键。按下此键,在刀库中选刀
	SINGL 键(单段执行键)。自动加工模式和 MDI 模式中按下此键,采用单程序段运行
	程序段跳选键。在自动模式下按此键,跳过程序段开头带有"/"的程序
	程序停键。自动模式下按下此键,遇到 M00 指令时程序停止
	程序重启键。由于刀具破损等原因程序自动停止后,按下此键,程序可以从指定的程序段重新启动
	机床锁住开关键。按下此键,机床各轴被锁住
	空运行键。按下此键,各轴以固定的速度快速运动
	机床主轴手动控制开关。手动模式下按此键,主轴正转
	机床主轴手动控制开关。手动模式下按此键,主轴停

（续）

按键或旋钮	功能及含义
	机床主轴手动控制开关。手动模式下按此键,主轴反转
	循环（数控）停止键。数控程序运行中,按下此键,停止程序运行
	循环（数控）启动键。在"AUTO"或"MDI"工作模式下按此键,启动自动加工程序,其余时间按下无效
X	X轴方向手动进给键
Z	Z轴方向手动进给键
+	正方向进给键
	快速进给键。手动方式下同时按住此键和一个坐标轴点动方向键,坐标轴以快速进给速度移动
—	负方向进给键
X 1	选择手动移动（步进增量方式）时每一步的距离。X1为0.001mm
X 10	选择手动移动（步进增量方式）时每一步的距离。X10为0.01mm
X 100	选择手动移动（步进增量方式）时每一步的距离。X100为0.1mm
X1000	选择手动移动（步进增量方式）时每一步的距离。X1000为1mm
	程序编辑开关。置于"ON"或"I"位置,可编辑程序;置于"○"位置,程序保护状态,不可编辑
	进给速度（F）调节旋钮。调节进给速度,调节范围为0~120%
	主轴转速调节旋钮。调节主轴转速,调节范围为50%~120%
	紧急停止按钮。按下此按钮,可使机床和数控系统紧急停止,按指示箭头方向旋转按钮可释放

8. 安全文明生产知识

（1）着装要求　正确穿戴工作服、工作鞋、防护眼镜、工作帽等劳动保护用品，女同学必须将头发塞入帽中，以免发生事故；时时佩戴防护眼镜，防止切屑飞溅，损伤眼睛。

（2）纪律要求　严格听从实习指导教师安排，严格遵守上课纪律，不迟到，不早退，坚守岗位，不串岗、离岗，严禁在车间打闹、嬉戏。

（3）安全防护要求　牢固树立安全意识，对不熟悉的设备、设施、按钮，不私自乱开乱动，不做有安全隐患的各种操作；在车间不慎受伤，应及时处理并尽快向指导教师汇报。

（4）行为习惯和工作态度要求　认真聆听老师的每一步讲解，认真按老师的示范进行操作，认真执行岗位职责，严格遵守机床操作规程，不做与岗位无关的任何事情。

（5）团队合作要求　能与他人和睦相处，学会与他人共事，能尊重、理解、帮助他人，能坦然面对竞争。

任务实施

本任务是认识数控车床型号、种类、结构、特点、加工内容及 FANUC 0i Mate-TD 数控系统面板按键功能。实施任务需具备一定的条件，如各种类型数控车床、数控车床加工实例、数控仿真软件等，根据具体情况采用以下方法和步骤。

1. 实施方法及途径

通过参观数控实训车间或本地数控加工企业等形式认识数控车床，也可通过上网查询、老师提供图片、影印资料等途径来弥补设备的不足。对于数控系统面板按钮功能，主要通过上机实际操作或采用仿真软件来认识。

2. 实施步骤

1）进行安全文明生产知识教育和纪律教育。

2）认识数控车床型号、种类、特点。

① 记录并分析数控车床型号、加工零件形状、结构。

② 记录所看到的数控车床种类，分析其特点。

③ 分析数控车床加工内容。

3）认识数控车床各部分结构、功能。

① 观察数控车床整机。分析数控车床数控系统、床身组件、各部分结构及位置。

② 认识主轴箱。观察主运动传动组成，观察其内部构造，分析其工作原理。

③ 认识 X、Z 向运动部件。观察进给传动组成、传动过程及特点。

④ 认识刀架。了解其使用方法，熟悉其功能。

⑤ 认识尾座。了解其使用方法，分析其工作原理。

⑥ 认识数控车床的辅助装置组成。

4）认识 FANUC 0i Mate-TD 系统数控车床的操作面板功能。

① 认识数控系统面板各按键功能。

② 认识机床操作面板各按键功能。

③ 数控系统操作界面切换。

检测评分

将学生任务完成情况的检测与评分填入表 1-8 中。

表 1-8 认识数控车床检测评分表

序号	检测项目	检测内容及要求	配分	学生自检	学生互检	教师检测	得分
1	职业素养	文明礼仪	5				
2		安全纪律	10				
3		行为习惯	5				
4		工作态度	5				
5		团队合作	5				
6	数控车床认识内容	数控车床型号及含义	5				
7		数控车床种类	5				
8		数控车床加工特点与内容	10				
9		主轴箱部件及主传动系统	10				
10		X、Z轴进给部件及进给传动系统	10				
11		数控车床刀架及功用	5				
12		数控车床尾座及功用	5				
13		数控车床中辅助部件及作用	5				
14		数控车床操作面板按键功能	5				
15		数控系统面板功能及页面切换	10				
综合评价							

任务反馈

在任务完成过程中，分析是否出现表 1-9 所列的误差项目，了解其产生原因并提出修正措施。

表 1-9 认识数控车床出现的误差项目、产生原因及修正措施

误差项目	产生原因	修正措施
不会分析数控车床型号	1. 数控车床生产企业自定型号	
	2. 部分改进型号含义不明	
	3. 国外进口的数控车床	
数控车床种类不详	1. 设备条件限制	
	2. 特种数控车床或进口数控车床	
	3. 改进型号无法分类	
	4. 没有掌握数控车床分类方法	
数控车床主要部件及功用不详	1. 设备条件限制	
	2. 无法拆装、认识数控车床内部结构	
数控车床加工特点及内容不详	1. 接触到的加工内容不够全面	
	2. 总结、归纳能力不够	
数控面板操作错误	1. 未能理解按键功能	
	2. 操作次序不正确	

任务拓展一

了解本校实习工厂或本地企业的数控车床数量、种类、加工典型零件等情况。

任务拓展二

分析、了解数控车床的主要技术参数及作用。主要技术参数包括最大车削直径、最大车削长度、纵向最大行程、横向最大行程、主轴内孔直径、主轴转速范围、主电动机功率（kW）、滑板最大移动速度 X/Z、滑板移动最小设定单位 X/Z、刀架工位数、加工零件公差等级等。

任务二　数控车床的开机与回参考点

任务描述

本任务主要学习 FANUC 0i Mate-TD 系统数控车床的开机、关机、回机床参考点操作以及按照数控车床操作规程进行操作，学习数控车床日常维护与保养的内容及要求。

知识目标

- 1. 理解机床坐标系概念及作用
- 2. 理解机床参考点概念及作用
- 3. 理解并掌握数控车床安全操作规程

技能目标

- 1. 具有识别各种数控车床坐标系的能力
- 2. 会正确进行数控车床开机、关机操作
- 3. 会进行数控车床回机床参考点操作
- 4. 会进行数控车床日常的维护与保养

知识准备

为描述机床运动，简化程序编写方法，数控机床必须有一个坐标系才行，我们把这种机床固有的坐标系称为机床坐标系，也称机械坐标系。目前国际上已统一了数控机床坐标系标准，我国也制定了 GB/T 19660—2005 国家标准对其予以规定。

1. 机床坐标系的确定原则

（1）刀具相对于静止工件而运动的原则　在数控机床上，不论是刀具运动还是工件运动，一律以刀具运动为准，工件看成是不动的。这样，可以按工件轮廓确定刀具加工轨迹。

（2）标准坐标系采用右手直角坐标系原则　如图 1-4 所示，张开食指、中指与拇指相互垂直，中指指向 +Z 方向，拇指指向 +X 方向，食指指向 +Y 方向。3 个坐标轴与机床主要导轨平行。旋转坐标轴 A、B、C 的正方向根据右手螺旋法则确定。

13

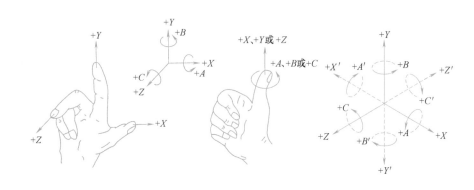

图 1-4　右手直角坐标系

（3）运动方向的确定原则　数控机床某一部件运动的正方向，是增大工件和刀具之间距离的方向。

2. 机床坐标系的确定方法

数控机床一般先确定 Z 轴，然后确定 X 轴和 Y 轴。规定平行于机床主轴（传递切削动力）的刀具运动坐标轴为 Z 轴；X 轴处于水平位置，垂直于 Z 轴且平行于工件装夹平面；最后，根据右手直角坐标系原则确定 Y 轴（数控车床不用 Y 轴）。

3. 卧式数控车床机床坐标系

卧式数控车床机床坐标系有两个坐标轴，分别是 Z 轴和 X 轴。Z 轴位于主轴轴线上，坐标轴正方向为刀具远离工件方向（水平向右）；X 轴为水平方向，正方向为刀具远离工件方向。

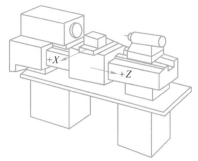

图 1-5　前置刀架数控车床机床坐标系

（1）前置刀架　刀架与操作者在同一侧，水平导轨的经济型数控车床常采用前置刀架，X 轴正方向指向操作者，如图 1-5 所示。

（2）后置刀架　刀架与操作者不在同一侧，倾斜导轨的全功能型数控车床和车削中心常采用后置刀架，X 轴正方向背向操作者，如图 1-6 所示。

4. 机床原点和机床参考点

（1）机床原点　即机床坐标系的原点，又称机械原点（零点），是数控车床切削运动的基准点，其位置由机床制造厂确定，大多规定在主轴轴线与卡盘端面的交点处。也可通过设置参数的方法，将机床原点设定在 X、Z 轴的正方向极限位置上，与参考点重合。机床坐标系原点及机床参考点如图 1-7 所示。

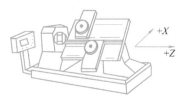

图 1-6　后置刀架数控车床机床坐标系

（2）机床参考点　机床参考点是数控机床上的固定点，其位置由机床制造厂家设定，并将其坐标值输入到数控系统中。因此，机床参考点相对于机床坐标系原点的坐标是一个已知数。大多数数控机床开机后必须首先进行刀架返回机床参考点操作，确认机床参考点，建

图 1-7　机床坐标系原点及机床参考点

立数控机床坐标系，并确定机床坐标系的原点。只有机床回参考点以后，机床坐标系才建立起来，刀具移动才有了依据，否则不仅无加工基准，而且还会发生撞刀等事故。数控车床参考点通常设在机床坐标系中 $+X$、$+Z$ 方向极限位置处，常作为刀具自动换刀点位置，如图 1-7 所示。

5. 数控车床安全操作规程

为正确、合理地使用数控车床，保证机床正常运转，防止机床非正常磨损，保证人身及设备安全，必须制订比较完善的数控车床安全操作规程，主要包括以下内容：

1) 开机前仔细检查电压、气压、油压是否正常，有手动润滑的部位先要进行手动润滑。

2) 数控车床通电后，检查各开关、按钮、按键是否正常、灵活，检查数控车床有无异常现象。

3) 检查各坐标轴是否回参考点，限位开关是否可靠；若某一坐标轴在回机床参考点前已在机床参考点位置，应先将该轴沿负方向移动一段距离后，再手动回机床参考点。

4) 数控车床开机后应空运转 5min 以上，使机床达到热平衡状态。

5) 装夹工件时应定位可靠，夹紧牢固，所用螺钉、压板不得妨碍刀具运动，零件毛坯尺寸正确无误。

6) 数控刀具的选择、安装正确，夹紧牢固。

7) 程序输入后，应仔细核对，防止发生错误。

8) 数控车床加工前，应关好机床防护门，加工过程中不允许打开防护门。

9) 严禁用手接触刀尖、切屑和旋转的工件等。

10) 首件加工应采用单段程序切削，并随时注意调节进给倍率以控制进给速度。

11) 试切削和加工过程中，刃磨刀具、更换刀具后，一定要重新对刀。

12) 发生故障时，应立即按下紧急停止按钮并向指导教师汇报。

13) 未经指导教师同意，不得擅自起动数控车床。多人共用一台数控车床时，只能一个人操作并注意他人安全。

14) 加工结束后应收、放好工具、量具等，及时清扫数控车床并加防锈油，及时关闭机床电源。

15) 停机时应将各坐标轴停在正向极限位置。

6. 数控车床的日常维护及保养

为了保证数控车床的使用寿命和效率，除了合理、正确地使用数控车

数控车床日常维护与保养

床外，精心的维护和保养也是必不可少的。常见的数控车床日常维护和保养内容如下：

1）保持环境整洁。周围环境对数控机床影响较大，潮湿的空气、粉尘及腐蚀气体等，不仅对机床导轨面产生磨损和腐蚀，还会影响电气元件的寿命。

2）保持数控车床清洁。要坚持对数控车床主要部位（如工作台、裸露的导轨、数控面板）每班打扫一次，对整机每周打扫一次，包括油、气、水过滤器、过滤网等。

3）定期对数控车床各部位进行检查，及时发现问题，消除隐患，常见检查内容及要求见表1-10。

4）杜绝数控车床带故障运行。设备一旦出现故障，尤其是出现机械部分故障，应立即停止加工，分析故障原因，待故障解决后才能继续运行。

5）及时调整。数控车床长期运行后，因各种原因会使机床丝杠反向间隙、镶条与导轨间隙增大等，影响数控车床精度。因此，出现上述问题时应及时调整。

6）及时更换易损件。传动带、轴承等配件出现损坏后，应及时更换，防止造成设备和人身事故。

7）经常监视电网电压。数控装置允许电网电压在额定值的±10%范围内波动，如果超过此范围就会造成数控系统不能正常工作，甚至引起数控系统内某些元器件损坏。为此，需要经常监视数控装置的电网电压。电网电压质量差时，应加装电源稳压器。

8）定期更换存储器电池。一般数控系统都装有电池，当电池电压不足时会报警，应及时更换，防止断电期间系统数据丢失。

表 1-10　数控车床检查内容及要求

序号	检查周期	检查内容	检查要求
1	每天	导轨润滑油箱	检查油标、油量,检查润滑泵能否定时起动供油及停止
2	每天	X、Z 轴导轨面	清除切屑及脏污,检查导轨面有无划伤
3	每天	压缩空气气源压力	检查气动控制系统压力
4	每天	主轴润滑恒温油箱	工作正常,油量充足并能调节温度范围
5	每天	机床液压系统	油箱、液压泵无异常噪声,压力指示正常,管路及各接头无泄漏
6	每天	各种电气柜散热通风装置	各电气柜冷却风扇工作正常,风道过滤网无堵塞
7	每天	各种防护装置	导轨、机床防护罩等无松动、无漏水
8	每半年	滚珠丝杠	清洗丝杠上的旧润滑脂,涂上新润滑脂
9	不定期	切削液箱	检查液面高度,经常清洗过滤器等
10	不定期	排屑器	经常清理切屑
11	不定期	清理废油池	及时取走废油池中的废油,以免外溢
12	不定期	调整主轴驱动带的松紧程度	按机床说明书调整
13	不定期	检查各轴导轨上的镶条	按机床说明书调整

7. 数控车床的开机操作

数控车床开机前，先检查电压、气压是否正常，各开关、旋钮、按键是否完好，数控车床有无异常，检查完毕进行开机操作，操作步骤见表1-11。

表 1-11　数控车床开机操作

步序	操 作 内 容	图　　示
1	接通数控车床电源	
2	打开数控车床电源开关(将机床侧面或背面开关拨至"ON"或"1"位置)	
3	打开数控车床钥匙开关(有些数控车床无)	
4	按车床数控系统按钮(数控车床操作面板中绿色"ON"按钮)	

8. 回机床参考点操作

数控车床开机后一般都需进行手动回机床参考点操作, 操作步骤见表 1-12。

表 1-12　数控车床回机床参考点操作

步序	操 作 内 容	图　　示
1	选择回机床参考点工作方式	
2	先按住+X 方向键, 直至参考点指示灯亮, 屏幕 X 轴机械坐标显示为 0	
3	再按住+Z 方向键, 直至参考点指示灯亮, 屏幕 Z 轴机械坐标显示为 0	
4	按"JOG"或"AUTO"或"MDI"模式键, 结束回机床参考点方式	见步序 1 选择回参考点工作方式的图示

回机床参考点前, 若刀具已在机床参考点位置, 则手动反方向移动刀具至一定距离, 再进行回机床参考点操作。当数控车床出现以下几种情况时, 应重新回机床参考点。

1）数控车床关机以后重新接通电源开关。

2）数控车床解除紧急停止状态以后。

3）数控车床超程报警信号解除之后。

4）空运行之后。

9. 关机操作

1）将数控车床打扫干净，导轨面涂防锈油。

2）将刀架沿 X 方向移至正向极限位置，再将刀架移至床尾。

3）按数控车床数控系统关闭按钮（数控车床操作面板上红色"OFF"按钮）。

4）关闭钥匙开关。

5）关闭数控车床电源开关。

6）切断数控车床电源。

任务实施

1. 实施条件

若干台 FANUC 0i Mate-TD 系统数控车床。

发那科数控车床
开机与关机

2. 实施步骤

1）学习数控车床安全操作规程内容。

2）学习数控车床日常维护和保养内容。

3）开机前检查。开机前检查数控车床按键、润滑油等内容。

4）开机。按数控车床开机步骤打开数控车床。

5）回机床参考点。将工件方式选择为回机床参考点方式，按"+X"键至回机床参考点指示灯亮，完成 X 轴方向回机床参考点；再按"+Z"键至回机床参考点指示灯亮，完成 Z 轴方向回机床参考点。

6）关机。操作结束后，按关机顺序，正确关闭数控车床。

检测评分

将学生任务完成情况的检测与评分填入表 1-13 中。

表 1-13 数控车床开关机、回机床参考点检测评分表

序号	检测项目	检测内容及要求	配分	学生自检	学生互检	教师检测	得分
1	职业素养	文明礼仪	5				
2		安全纪律	10				
3		行为习惯	5				
4		工作态度	5				
5		团队合作	5				
6	开机、回参考点及关机操作	开机前检查	10				
7		开机步骤	10				
8		回机床参考点的操作步骤	10				
9		关机步骤	10				
10		数控车床安全操作规程内容	15				
11		数控车床的日常维护与保养内容	15				
	综合评价						

任务反馈

在任务完成过程中，分析是否出现表 1-14 所列误差项目，了解其产生原因并提出修正措施。

表 1-14　数控车床开关机、回参考点出现的误差项目、产生原因及修正措施

误差项目	产生原因	修正措施
数控车床不显示	1. 未接通数控车床电源	
	2. 未打开数控车床电源开关	
	3. 数控车床电源部分发生故障	
数控车床不动作	1. 未打开数控车床钥匙开关	
	2. 未启动数控车床数控系统	
	3. 进给倍率设置为零	
	4. 数控车床处于机床锁住状态	
	5. 未释放紧急停止按钮	
回机床参考点不成功或回不准机床参考点	1. 方向键选择错误	
	2. 回机床参考点前,坐标轴已处于机床参考点位置	
	3. 接近开关损坏	
	4. 接近开关挡块松动	
开机、关机操作错误	1. 开机、关机动作次序错误	
	2. 未遵守数控车床安全操作规程	
	3. 操作结束后,未关闭机床开关	
	4. 操作结束后,未切断数控车床电源	

任务拓展

查找不需要回机床参考点的数控车床，分析其原理。

任务三　数控车床程序输入与编辑

任务描述

将给定的数控程序输入 FANUC 0i Mate-TD 系统数控车床中，对已输入的数控程序进行各种编辑操作。

知识目标

1. 掌握数控程序的结构
2. 掌握 FANUC 系统数控指令种类
3. 了解 FANUC 系统小数点输入数值含义

技能目标

1. 会手动输入数控程序

⊙ 2. 能对数控车床中已有的程序进行复制、重命名、修改内容等编辑操作

知识准备

输入与编辑数控程序前应熟知数控程序的结构、内容，并且对数控车床操作面板及页面切换比较熟悉，然后才能进行数控程序的输入、调用、编辑等操作。

1. 数控程序

为使机床自动操作而给数控机床发出的一组指令称为数控程序。数控加工中，数控程序起决定和控制作用，一旦编写数控程序时，必须依据数控机床规定的代码和一定的编程规则。不同的数控系统，其代码和编程规则略有不同，编程时需参考机床说明书。数控程序一般都包括程序名、程序内容等。

（1）程序名　所有数控程序都应取一个程序名，用于存储、调用。不同的数控系统有不同的命名规则，FANUC（发那科）系统程序的命名规则见表 1-15。

表 1-15　FANUC（发那科）系统程序的命名规则

系　　　统	程序命名规则
发那科系统	以大写字母"O"开头，后跟四位数字，从 O0000～O9999，如：O0023、O0230、O4546 等

注：数控程序有主程序与子程序之分，发那科系统主程序与子程序命名规则相同。

（2）程序内容　程序内容由各程序段组成，每一程序段规定数控机床执行某种动作，前一程序段规定的动作完成后才开始执行下一程序段内容。发那科系统中，程序段与程序段之间用"；"分隔。具体示例见表 1-16。

表 1-16　FANUC（发那科）系统程序示例

数控系统	程序示例
发那科系统	N10 G54 G40 M03 S1000； N20 G00 X0. Z100.0； /N30 G01 X10.0 Z5.0 F0.3； ⋮ 注：每段程序输完后按 ^{EOB}E 键（；）再按 ^{INSERT} 键进行分段。"/"表示可以被跳过不执行的程序段

（3）程序结束　每一个数控加工程序都要有程序结束指令，即要包含指令代码 M02 或 M30，用于停止自动运行且数控系统被复位，并可控制光标重新返回到程序的开头。

2. 程序段的组成

程序段由若干程序字组成。程序字又是由字母（或地址）和数字组成的，如程序段"N20 G00 X60.0 Z100.0 M03 S1000；"，即程序字组成程序段，程序段组成数控程序。

程序字是机床数字控制的专用术语，又称程序功能字。它的定义是：一套有规定次序的字符，可以作为一个信息单元存储、传递和操作，如 X60.0 就是一个程序字，或称功能字（或字）。

程序字按其功能的不同可分为 7 种类型，分别为程序段号功能字（N）、尺寸功能字（X、Z 等）、进给功能字（F）、主轴转速功能字（S）、刀具功能字（T）、辅助功能字（M）和准备功能字（G）等。

（1）程序段号功能字（代码 N）　一般从 N0000～N9999，表示程序段段号，常放在程序段段首位置，用于程序的检索和校验，可以不连续。

（2）尺寸功能字（代码 X、Y、Z、I、J、K 等）　表示坐标尺寸、位移、半径等。例如 X100.0 表示 X 方向坐标为 100mm，Z30.0 表示 Z 方向坐标为 30mm。

（3）刀具功能字（代码 T）　表示刀具代号，如 T0101 表示 1 号车刀，T03 表示 3 号车刀。

（4）主轴转速功能字（代码 S）　表示主轴转速大小，如 S500 表示主轴转速为 500r/min。

（5）进给功能字（代码 F）　表示刀具进给速度大小，单位为 mm/min 或 mm/r，如 F0.2 表示进给速度为 0.2mm/r。

（6）辅助功能字（代码 M）　表示机床辅助动作的接通或断开，是数控机床使用较多的一种指令。FANUC 0i Mate-TD 系统常用辅助功能指令及其含义见表 1-17。

表 1-17　FANUC 0i Mate-TD 系统常用辅助功能指令及其含义

指　令	含　义	指　令	含　义
M00	程序停止	M08	切削液开
M01	计划停止	M09	切削液关
M02	程序结束	M30	程序结束
M03	主轴正转	M40	自动变换齿轮级
M04	主轴反转	M41~M45	齿轮级 1~齿轮级 5
M05	主轴停	M98	子程序调用
M06	换刀	M99	子程序结束

（7）准备功能字（代码 G）　表示机床做好某种准备动作，从 G00~G99，是机床控制指令最多的一种。FANUC 0i Mate-TD 系统常用 G 功能指令见附录。

程序段中，程序字的位置可以不固定，但为书写和查阅方便，一般按顺序"N ＿ G ＿ X ＿ Y ＿ Z ＿ M ＿ S ＿ T ＿"等方式排列。

（8）其他程序功能字字符　数控程序中还会用到一些其他程序字，以实现判断、跳转、循环等功能。FANUC 0i Mate-TD 系统其他字符及其含义见表 1-18。

表 1-18　构成数控程序的字符及其含义

字　符	含　义	字　符	含　义
A~Z	26 个英文字母	/	除号，跳跃符
0~9	数字	*	乘号
（	圆括号开	+	加号，正号
）	圆括号闭	－	减号，负号
[	方括号开	" "	引号
]	方括号闭	＿	字母下划线
<	小于	.	小数点
>	大于	,	逗号，分隔符
:	标记符结束	;	注释标志符
=	赋值，相等部分	—	—

3. 小数点输入数值

发那科数控系统小数点输入数值有两种类型：计算器型小数点输入和标准型小数点输入。程序指令中没有赋予小数点时，在计算器型小数点输入的情况下，其单位为 mm、in 或（°）；在标准型小数点输入的情况下，指令值的单位为最小设定单位。

一般通过参数 DPI（No. 3401#0）来选择计算器型小数点输入还是标准型小数点输入。在同一程序中，小数点输入和不带小数点输入可以混合使用。小数点输入数值类型示例见表 1-19。

表 1-19　小数点输入数值类型示例

程 序 指 令	计算器型小数点输入	标准型小数点输入
X1000 不带小数点的指令值	1000mm 单位：mm	1mm 单位：最小设定单位（0.001mm）
X1000.0 带小数点的指令值	1000mm 单位：mm	1000mm 单位：mm

注：本教材如无特殊情况，均指计算器型小数点输入数值。

4. 数控程序的输入、打开与编辑

输入数控程序时，先输入程序名，然后输入程序内容；打开数控程序是指打开已经输入到数控系统中的程序。

（1）输入程序　步骤如下：

1）按 ⃞ 键，选择编辑工作模式。

2）按 PROG 键，显示程序页面或程序目录页面，如图 1-8、图 1-9 所示。

3）输入新程序名，如 O0003。

4）按 INSERT 键，开始输入程序。

5）按 EOB_E 键→INSERT 键，换行后继续输入程序，如图 1-8 所示。

发那科系统程序
输入与编辑

6）按 CAN 键可依次删除输入区的最后一个字符，按［DIR］软键可显示数控系统中已有程序目录，如图 1-9 所示。

图 1-8　发那科系统程序编辑窗口

图 1-9　发那科系统程序目录窗口

（2）查找与打开程序　有两种查找与打开方法。

1）方法一步骤如下：

① 按 ⊘ 键或 ➡ 键，使机床处于编辑或自动工作模式下。

② 按 PROG 键，显示程序页面。

③ 按［程序］软键，按［操作］软键，出现［O检索］，如图1-8所示。

④ 按［O检索］软键，便可依次查找存储器中的程序。

⑤ 输入程序名，如"O0003"，按［O检索］软键便可打开该程序。

2）方法二步骤如下：

① 按 ⊘ 键或 ➡ 键，使机床处于编辑或自动工作模式下。

② 按 PROG 键，显示程序页面。

③ 输入要打开的程序名，如O0003。

④ 按 ⬇ 键（光标向下移动键）即可打开该程序。

（3）复制程序 步骤如下：

1）按 ⊘ 键，使机床处于编辑工作模式下。

2）按 PROG 键，显示程序页面。

3）按［操作］软键。

4）按扩展键。

5）按［EX-EDT］软键。

6）检查复制的程序是否已经选择，并按［COPY］软键。

7）按［ALL］软键。

8）输入新建的程序号（只输入数字，不输入地址字"O"），并按 INPUT 键。

9）按［EXEC］软键即可。

（4）删除程序 步骤如下：

1）按 ⊘ 键，使机床处于编辑工作模式下。

2）按 PROG 键，显示程序页面。

3）输入要删除的程序名。

4）按 DELETE 键，即可删除该程序。

5）如输入"0-9999"，再按 DELETE 键，可删除所有程序。

（5）查找字 打开程序，并处于编辑工作模式下，按照下述两种方法操作。

1）方法一步骤如下：

① 按光标键 ➡，光标向后一个字一个字地移动，直至光标显示在所选的字上。

② 按光标键 ⬅，光标往前一个字一个字地移动，直至光标显示在所选的字上。

③ 按光标键 ⬆，光标检索上一程序段的第一个字。

④ 按光标键 ⬇，光标检索下一程序段的第一个字。

⑤ 按翻页键 PAGE⬇，显示下一页，并检索该页中第一个字。

⑥ 按翻页键 ⬆PAGE，显示前一页，并检索该页中第一个字。

2）方法二步骤如下：

① 输入要查找的字，如"T03"。

② 按［检索↑］软键向上查找，直至光标停留在"T03"上。

③ 按［检索↓］软键向下查找，直至光标停留在"T03"上。

④ 若按下软键方向相反时，会执行相反方向的检索操作。

（6）插入字 步骤如下：

1）打开程序，并处于编辑工作模式下。

2）查找要插入字的位置。

3）输入要插入的字。

4）按 INSERT 键即可。

（7）替换字 步骤如下：

1）打开程序，并处于编辑工作模式下。

2）查找将要被替换的字。

3）输入替换的字。

4）按 ALERT 键即可。

（8）删除字 步骤如下：

1）打开程序，并处于编辑工作模式下。

2）查找到将要删除的字。

3）按 DELETE 键即可删除。

任务实施

1. 实施条件

若干台 FANUC 0i Mate-TD 系统数控车床或若干 FANUC 0i Mate-TD 系统数控车床仿真软件，给定参考程序。

程序名 O0012，程序内容如下：

N10 M03 S800 T0101；

N20 M08；

N30 X100.0 Z250.0；

N40 X20.0 Z5.0；

N50 G01 Z-35.0；

N60 X25.0；

N70 G00 Z5.0；

N80 G00 X20.0；

N90 Z-25.0；

N100 G00 X30.0；

N110 G01 Z5.0；

N120 X15.0；

N130 Z-15.0；

N140 G01 X20.0；

N150 G00 X100.0 Z200.0；

N160 M09；

2. 实施步骤

（1）程序输入　将给定的程序按 O0012 程序名输入数控系统中。

（2）程序编辑

1）将程序 O0012 复制一个新程序，新程序名为 O1212。

2）将程序 O0012 重命名为 O2121。

3）搜索程序。

4）打开程序 O0012，编辑如下程序内容：

① 将 N10 程序段中的 S800 改为 S500。

② 在 "N30 X100.0" 程序字之间插入 G00 指令。

③ 在 "N50 G01 Z-35.0；" 程序段之后增加 F0.2 指令。

④ 删除 "N80 G00 X20.0；" 程序段中的 G00 指令。

⑤ 将 "N90 Z-25.0；" 程序段中的 Z-25.0 改为 Z-20.0。

⑥ 删除 "N100 G00 X30.0；" 程序段中的 G00 指令。

⑦ 将 "N110 G01 Z5.0；" 程序段中的 G01 指令改为 G00 指令。

⑧ 在 "N130 Z-15.0；" 程序字之间插入 G01 指令。

⑨ 在 "N160 M09；" 程序后增加一段结束程序 "N170 M30；"。

5）删除程序目录中其他无用程序。

检测评分

将学生任务完成情况的检测与评分填入表 1-20 中。

表 1-20　数控车床程序输入与编辑检测评分表

序号	检测项目	检测内容及要求	配分	学生自检	学生互检	教师检测	得分
1	职业素养	文明礼仪	5				
2		安全纪律	10				
3		行为习惯	5				
4		工作态度	5				
5		团队合作	5				
6	操作训练内容	程序输入正确、快速	20				
7		复制程序正确	10				
8		正确重命名程序	10				
9		程序内容编辑正确无遗漏	20				
10		正确删除程序	10				
	综合评价						

任务反馈

在任务完成过程中，分析是否出现表 1-21 所列误差项目，了解其产生原因并提出修正措施。

表 1-21　程序输入与编辑中出现的误差项目、产生原因及修正措施

误差项目	产生原因	修正措施
程序名不正确 或无法输入	1. 工作方式按键选择不正确	
	2. 少输入字符	
	3. 将数字"0"和字母 O 混淆	
程序内容输 入不正确	1. 少输入字符	
	2. 将数字"0"和字母 O 混淆	
	3. 上档键使用不当使输入字符错误	
	4. 每段程序输入后未按"EOB"键或按 ➡ 键	
程序内容编 辑不正确	1. 工作方式选择错误	
	2. 光标插入位置不当,使得增加字符位置不正确, 删除字符错误	
	3. 少输入字符	
	4. 将数字"0"和字母 O 混淆	
	5. 上档键使用不当使输入字符错误	
删除程序错误	1. 光标定位错误	
	2. 误操作	
	3. 误删内部循环程序或参数	

任务拓展

MDI 方式输入程序。MDI 方式用于简单的程序测试,一般最多可运行 10 段程序,程序输入步骤如下:

1) 使机床运行于 MDI(手动输入)工作模式。

2) 按程序键 PROG,出现图 1-10 所示页面。

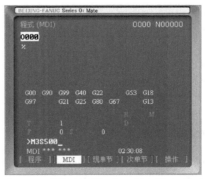

发那科系统
MDI 操作

图 1-10　发那科系统 MDI 程序输入页面

3) 按〔MDI〕软键,自动出现加工程序名 O0000。

4) 依次可输入测试程序。

5) 程序内容的编辑方法与任务中介绍的相同。

任务四　数控车床对刀操作

任务描述

正确安装车刀和工件,通过手动试切工件端面和外圆测出工件坐标系原点在机床坐标系中位置,并将其值输入到数控系统相应存储器中,使刀具在工件坐标系中运行。

知识目标

1. 掌握工件坐标系概念

2. 掌握数控车床刀具号、刀位号等概念

技能目标

1. 会建立工件坐标系
2. 能正确、熟练地装拆数控车刀和工件
3. 会设置常用车刀刀位点及换刀点
4. 掌握对刀操作步骤，会正确进行外圆车刀对刀操作

知识准备

数控车床开机回机床参考点后，建立了数控机床坐标系，刀具可以在机床坐标系中运行；同时为方便编程，需要建立工件坐标系，使刀具在工件坐标系中运行。通过对刀操作测出工件坐标系原点在机床坐标系中的位置，并将其值输入到机床相应的存储器中，通过调用即可实现刀具在工件坐标系中运行的目标。

1. 工件坐标系

工件坐标系又称编程坐标系，是编程人员为方便编写数控程序而建立的坐标系，一般建立在工件上或零件图样上。建立工件坐标系也应依据一定原则进行，主要有以下两点。

（1）工件坐标系方向的选择　工件坐标系的方向必须与所采用的数控机床坐标系方向一致。利用卧式数控车床加工工件时，工件坐标系 Z 轴正方向向右，X 轴正方向向上或向下（后置刀架向上，前置刀架向下），与卧式数控车床机床坐标系方向一致，如图 1-11 所示。

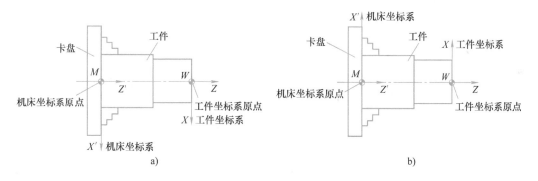

a)　　　　　　　　　　　　　　　　　b)

图 1-11　数控车床工件坐标系与机床坐标系关系

a) 前置刀架工件坐标系方向　b) 后置刀架工件坐标系方向

（2）工件坐标系原点位置的选择　工件坐标系的原点理论上可以选择在任意位置，但为方便对刀及计算工件轮廓上的编程点坐标，应尽可能选择在零件的设计基准或工艺基准上。数控车床工件坐标系原点常有以下几种选择：

1）X 轴原点选择在工件中心线上。

2）Z 轴原点，选择在工件右端面（最常用）。

3）对于对称的零件，Z 轴原点可选择在工件对称中心平面上。

4）Z 轴原点也可以选择在工件左端面。

2. 选择机床坐标系指令 G53

指令格式：G53 X __ Y __；选择机床坐标系

含义：指定 G53 后，刀具快速移动到机床坐标系中该位置。

说明：

1）G53 指令为程序段有效指令，指令后的值为绝对值。若为增量值，则刀具移到换刀点位置。

2）指定 G53 之前，必须先建立机床坐标系，即通过手动回机床参考点或通过 G28 指令返回机床参考点操作。

3）使用 G53 指令后，将取消一切刀尖半径补偿和长度补偿。

3. 选择工件坐标系指令

（1）指令代码及含义

G54：工件坐标系 1；

G55：工件坐标系 2；

G56：工件坐标系 3；

G57：工件坐标系 4；

G58：工件坐标系 5；

G59：工件坐标系 6。

（2）指令功能　选择工件坐标系指令可实现刀具在选定的工件坐标系中运行。通过对刀测出工件坐标系原点在机床坐标系中的位置（偏移量），并将其输入到数控系统相应的存储器（G54、G55 等）中，从而将机床坐标系原点偏移到工件坐标系原点上，运行程序时调用 G54、G55 等指令即可实现刀具在工件坐标系中运行，如图 1-12 所示。

（3）指令使用说明

1）G54~G59 等 6 个工件坐标系均为模态有效代码，一经使用，一直有效。

2）6 个工件坐标系指令功能一样，可任意使用其中之一。

3）在有的数控机床中，也把工件坐标系指令称为零点偏移指令，即机床坐标系原点偏移至工件坐标系原点。执行该指令后，机床不作移动，只是在执行程序时把工件坐标系原点在机床坐标系中的位置偏移量代入数控系统内部计算。

图 1-12　机床坐标系原点偏置情况

数控车床刀具、
刀位点介绍

4. 数控车刀及刀位点

数控车床装夹刀具的要求和普通车床一样，如刀杆伸出长度为刀杆高度的 1~2 倍，刀尖与主轴轴线等高。对于切断刀、螺纹车刀等，装夹时严格要求刀头与主轴轴线垂直，刀具需用两个以上的螺钉夹紧等。此外，数控车床刀具装夹与使用还需考虑以下几方面。

（1）刀具刀位点　数控车床上表示刀具位置的点称为刀位点，对刀、编程、加工中使用的刀具均以刀具刀位点来表示其位置。常用刀具的刀位点如图 1-13 所示。

图 1-13　常用刀具的刀位点

（2）换刀点　换刀点是刀具换刀时所处位置，编程过程中更换刀具时，应将刀具移至换刀点位置。理论上，换刀点位置可以任意选定，但必须保证在换刀过程中刀具不能碰撞到工件、卡盘、尾座等，故换刀点在 Z 方向、X 方向离工件、尾座应有足够的换刀距离。一般以机床参考点作为换刀点。

（3）刀具号及刀具补偿号　发那科系统数控车床一般用四位数表示刀具号及刀具补偿号，如 T0101、T0202、T0303 等，前两位数字表示刀具在刀架中的位置号，后两位数字表示刀具长度补偿号。刀具位置号如图 1-14 所示。编程过程中用到的刀具号必须与该刀具装夹在刀架上的位置号一致。

5. 使用选定工件坐标系（零点偏移）指令对刀

使用选定工件坐标系指令对刀是通过试切法测出工件坐标系原点在机床坐标系中的位置并将该值输入到 G54、G55 中的一种对刀方法。对刀前需将刀具长度补偿及基本工件坐标系 00（EXT）中的数值全部清零。对刀步骤如下。

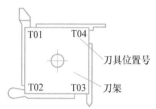

图 1-14　刀具位置号

（1）刀具 Z 方向对刀　MDI 模式下输入 "M03 S400；"指令，按数控启动键，使主轴正转。切换成手动模式，移动刀具车削工件右端面，再按 "+X"键退出刀具（刀具 Z 方向位置不能移动），如图 1-15 所示。然后进行面板操作，操作步骤见表 1-22。

（2）刀具 X 方向对刀　MDI 模式下输入 "M03 S400；"指令，按数控启动键，使主轴正转。切换成手动模式，移动刀具车削工件外圆（长 2~5mm），再按 "+Z"键退出刀具（刀具 X 方向位置不能移动），如图 1-16 所示。停机测量车削外圆直径，然后进行面板操作，操作步骤见表 1-22。

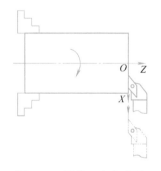

外圆车刀对刀

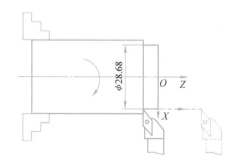

图 1-15　刀具 Z 方向对刀

图 1-16　刀具 X 方向对刀

表 1-22　使用工件坐标系指令对外圆车刀进行对刀的操作步骤

Z 方向对刀面板操作步骤	X 方向对刀面板操作步骤
1. 按 OFFSET SETTING 键，出现图 1-17 所示页面 2. 按[坐标系]软键，出现图 1-18 所示页面 3. 光标移至 G54 的 Z 轴数据 4. 输入刀具在工件坐标系中 Z 坐标值，此处为 "Z0"，按[操作]软键，再按[测量]软键，完成 Z 轴对刀	1. 按 OFFSET SETTING 键，出现图 1-17 所示页面 2. 按软键[坐标系]，出现页面如图 1-18 所示 3. 光标移至 G54 的 X 轴数据 4. 输入刀具在工件坐标系中 X 坐标值（直径），此处为 "X28.68"，如图 1-19 所示。按软键[操作]，再按软键[测量]，完成 X 轴对刀

图1-17 发那科系统参数显示窗口

图1-18 Z轴零点偏置测量值窗口

（3）对刀验证 对刀结束后，在Z轴方向和X轴方向分别验证对刀操作是否正确。X轴方向验证对刀时，应使刀具沿Z方向离开工件；Z轴方向验证对刀时，应使刀具沿X方向离开工件，防止刀具移动中撞到工件。验证操作步骤见表1-23。

表1-23 外圆车刀对刀验证操作步骤

Z方向对刀验证操作步骤	X方向对刀验证操作步骤
1. 手动（JOG）方式下使刀具沿+X方向离开工件	1. 手动（JOG）方式下使刀具沿+Z方向离开工件
2. 使机床运行于手动输入（MDI）工作模式	2. 使机床运行于手动输入（MDI）工作模式
3. 按PROG键	3. 按PROG键
4. 按[MDI]软键，自动出现加工程序名O0000，如图1-10所示	4. 按[MDI]软键，自动出现加工程序名O0000，如图1-10所示
5. 输入测试程序"G00 T0101 G54 Z0;"（或"G01 T0101 G54 Z0 M03 S300 F2"）（注：刀具应装在1号位置）	5. 输入测试程序"G00 T0101 G54 X0;"（或"G01 T0101 G54 X0 M03 S300 F2;"）（注：刀具应装在1号位置）
6. 按 键，运行测试程序	6. 按 键，运行测试程序
7. 程序运行结束后，观察刀具是否与工件右端面处于同一平面，如是，则对刀正确；如不是，则对刀操作不正确，查找原因，重新对刀	7. 程序运行结束后，观察刀尖是否处于工件中心线上，如是，则对刀正确；如不是，则对刀操作不正确，查找原因，重新对刀

6. 使用刀具长度补偿对刀

使用刀具长度补偿对刀是通过试切法测得工件坐标系原点在机床坐标系中的位置并将其输入到刀具长度补偿号中的一种对刀方法，对刀前将基本工件坐标系00（EXT）中的数值清零。以外圆车刀为例，对刀时选择工件右端面中心点为工件坐标系原点，刀尖为编程与对刀刀位点，对刀操作如下：

（1）刀具Z方向对刀 MDI模式下输入"M03 S400;"指令，按数控启动键，使主轴正转。切换成手动模式，移动刀具车削工件右端面，再按"+X"键退出刀具（刀具Z方向位置不能移动），如图1-15所示。然后进行面板操作，操作步骤见表1-24。

（2）刀具X方向对刀 MDI模式下输入"M03 S400;"指令，按数控启动键，使主轴正转。切换成手动模式，移动刀具车削工件外圆（长2~5mm），再按"+Z"键退出刀具（刀具X方向位置不能移动），如图1-16所示。停机测量车削外圆直径，然后进行面板操作，操作步骤见表1-24。

表 1-24　外圆车刀长度补偿对刀操作步骤

Z 方向对刀面板操作步骤	X 方向对刀面板操作步骤
1. 按 ⬛ 键出现图 1-17 所示页面	1. 按 ⬛ 键出现图 1-17 所示页面
2. 按[补正]软键,出现页面如图 1-20 所示	2. 按[补正]软键,出现页面如图 1-20 所示
3. 光标移至该刀具号的 Z 轴数据处	3. 光标移至该刀具号的 X 轴数据处
4. 按[操作]软键,出现页面如图 1-21 所示	4. 按[操作]软键,出现页面如图 1-21 所示
5. 输入刀具在工件坐标系中的 Z 坐标值,此处为 Z0,按[测量]软键,完成 Z 向对刀	5. 输入刀具在工件坐标系中的 X 坐标值(直径),此处为"X28.68",按[测量]软键,完成 X 向对刀

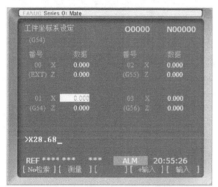
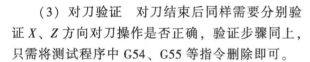

图 1-19　X 轴零点偏置测量值窗口

图 1-20　发那科系统刀具补偿窗口

（3）对刀验证　对刀结束后同样需要分别验证 X、Z 方向对刀操作是否正确,验证步骤同上,只需将测试程序中 G54、G55 等指令删除即可。

生产过程中,因数控车床所用刀具较多,选择工件坐标系指令数目有限,故采用刀具长度补偿对刀,使用方便。使用刀具长度补偿对刀和加工,空运行时,可将 G54 的 00（EXT）中 Z 轴数据设置为 200~300mm,使刀具远离工件或卡盘进行空运行和仿真,保证安全。空运行和仿真结束后再将 Z 轴数据恢复到 0。

7. 数控车床报警与诊断

当数控车床出现故障、操作失误或程序错误时,数控系统就会报警,出现报警页面（或报警信息 ALM 显示）,机床将停止运行;数控机床报警后应查找报警原因并加以消除,然后才能继续进行零件加工。

（1）发那科系统报警页面　当发那科系统出现报警时,报警页面会显示报警信息,如图 1-22 所示,报警信息由错误代码、编号及报警原因组成;有时不出现报警页面,但在显示屏下方有 ⬛ 显示,按 ⬛ 键,则显示报警页面。

图 1-21　发那科系统刀具补偿操作测量窗口

图 1-22　发那科系统报警显示页面

（2）报警履历 在发那科系统中，50个最近发生的CNC报警被存储并显示在报警页面中，操作步骤如下：

1）按键出现报警页面。

2）按［履历］软键，页面上显示报警履历。报警履历内容包括：报警发生的日期和时刻、报警类别、报警号、报警信息和存储报警件数等。若要删除记录的报警信息，按［操作］软键，然后再按［DELETE］软键。

3）可用翻页键进行换页，查找其他报警信息。

（3）报警处理及报警页面切换 根据报警原因或查阅发那科系统说明书中报警一览表，消除引起报警的原因，然后按复位键。处于报警页面时，通过清除报警或按下键返回到显示报警页面前所显示的页面。

（4）常见报警情况及原因分析 数控车床常见报警情况、原因分析及删除方法见表1-25。

表1-25 数控车床常见报警情况、原因分析及删除方法

序号	报警类型	报警情况、原因及删除方法
1	回机床参考点失败	原因：回机床参考点时方向选择错误，回机床参考点起点时太靠近参考点或紧急停止按钮被按下等 删除方法：释放紧急停止按钮、按复位键后重回机床参考点
2	X、Z 方向超程	原因：手动移动各坐标轴过程中或编写程序中，刀具移动位置超出 $+X$、$+Z$ 或 $-X$、$-Z$ 极限开关 删除方法：手动（JOG）方式下，反方向移动该坐标轴或修改程序中的 X、Z 数据
3	操作模式错误	原因：在前一工作模式未结束情况下，启用另一工作模式 删除方法：按复位键后重新启用新的工作模式
4	程序错误	原因：非法 G 指令、指令格式错误、数据错误等 删除方法：修改程序
5	机床硬件故障	原因：机床限位开关松动、接触器跳闸、变频器损坏等 删除方法：修理机床硬件

任务实施

1. 实施条件

FANUC 0i Mate-TD 系统数控车床、φ30mm×80mm 棒料、外圆车刀、游标卡尺及卡盘扳手、刀架扳手等。

2. 实施步骤

（1）开机、回机床参考点

1）接通数控车床电源。

2）打开数控车床开关。

3）打开数控系统开关，启动数控系统。

4）按键，按"+X"键，X 轴回机床参考点；按"+Z"键，Z 轴回机床参考点。

5）切换成（JOG）方式，结束回机床参考点工作方式。

（2）装夹工件

1）用自定心卡盘装夹工件，工件伸出 60mm 左右。

2）手动转动卡盘，观察工件是否偏心，若出现偏心进行找正。

3）夹紧工件。

（3）装夹车刀

1）在 MDI 模式下输入"T0101;"，按数控启动键，选择 1 号刀位。

2）将外圆车刀装夹在刀架 1 号刀位，伸出 25mm 左右。

3）调整车刀刀尖高度，使刀尖与工件中心线等高，刀杆垂直于工件

手动操作与试切削

中心线。

4）夹紧刀具。

（4）试切削端面

1）MDI 模式下，输入"M03 S400;"指令，使主轴正转。

2）切换成 JOG 方式，移动刀具接近工件外圆，Z 方向过工件右端面 0.5~1mm。

3）将进给倍率调到 2%~4%，按"−X"键试切削端面。

4）刀具切至工件中心时，按"+Z"键，退出刀具，再按"+X"键退回刀具。

（5）试切削外圆

1）MDI 模式下，输入"M03 S400;"指令，使主轴正转。

2）切换成 JOG 方式，移动刀具接近端面，X 方向切入工件外圆 0.5~1mm。

3）将进给倍率调到 2%~4%，按"−Z"键试切外圆。

4）刀具切至所需长度时，按"+X"键，退出刀具，再按"+Z"键退回刀具。

（6）使用刀具长度补偿对刀

1）Z 轴对刀步骤如下：

① MDI 模式下，输入"M03 S400;"指令，使主轴正转。

② 切换成 JOG 方式，移动刀具接近工件并试车工件右端面（刀具接近工件后，进给倍率应调小）。

③ +X 方向退出刀具，进行机床面板操作，将其值输入刀具相应长度补偿中，操作步骤见表 1-24。

2）X 轴对刀步骤如下：

① MDI 方式下，输入"M03 S400;"指令使主轴正转。

② 切换成 JOG 方式，移动刀具接近工件并试车工件外圆，长 2~5mm（刀具接近工件后，进给倍率应调小）。

③ +Z 方向退出刀具。

④ 停机测量所车外圆直径，进行机床面板操作，将其值输入刀具相应长度补偿中，操作步骤见表 1-24。

3）对刀验证步骤如下：

① 刀具退离工件表面，保证验证对刀时不发生碰撞。

② MDI 模式下输入验证程序"G01 Z0 F2 M03 S500 T0101;"，按数控启动键；程序运行结束后，按复位键停机，验证 Z 轴对刀是否正确。

③ 刀具退离工件表面，距右端面一定距离，MDI 模式下输入验证程序"G01 X0 F2 M03 S500 T0101;"，按数控启动键；程序运行结束后，按复位键停机，验证 X 轴对刀是否正确。

检测评分

将学生任务完成情况的检测与评分填入表 1-26 中。

表 1-26　数控车床对刀操作检测评分表

序号	检测项目	检测内容及要求	配分	学生自检	学生互检	教师检测	得分
1	职业素养	文明礼仪	5				
2		安全纪律	10				
3		行为习惯	5				
4		工作态度	5				
5		团队合作	5				
6	操作训练内容	开机、回机床参考点操作正确、熟练	10				
7		工件装夹熟练且符合要求	10				
8		刀具装夹熟练且正确	10				
9		使用刀具长度补偿对刀正确	30				
10		使用零点偏移指令对刀会操作	10				
综合评价							

任务反馈

在任务完成过程中，分析是否出现表 1-27 所列误差项目，了解其产生原因并提出修正措施。

表 1-27　对刀中出现的误差项目、产生原因及修正措施

误差项目	产生原因	修正措施
使用刀具长度补偿对刀 Z 轴检验不正确	1. 未回机床参考点或参考点被破坏	
	2. 刀具车端面后沿+X 方向退出过程中，Z 方向有位移	
	3. 对刀操作及验证时，刀具号或刀沿号错误	
	4. 基本工件坐标系 00（EXT）中数值不为零	
使用刀具长度补偿对刀 X 轴检验不正确	1. 机床未回参考点或参考点被破坏	
	2. 刀具试车外圆后沿+Z 方向退出过程中，X 方向有位移	
	3. 对刀操作及验证中，刀具号或刀沿号错误	
	4. 直径测量及输入错误	
	5. 基本工件坐标系 00（EXT）中数值不为零	
撞刀	1. 未回机床参考点	
	2. 试车工件端面、外圆时，进给倍率太大	
	3. 对刀错误	
	4. 验证对刀时，使用 G00 指令且刀具未离开工件表面	

任务拓展

使用选定工件坐标系指令 G54、G55 等对刀并验证。

任务拓展实施提示：使用选定工件坐标系指令对刀时，刀具长度补偿及基本工件坐标系 00（EXT）中数值全部清零，对刀步骤同刀具长度补偿对刀。Z 轴对刀时，通过试切工件右

端面后，将其值输入选定工件坐标系指令相应 *Z* 轴数据区；*X* 轴对刀时，通过试切工件外圆后，停机测量外圆直径，将其值输入选定工件坐标系指令相应 *X* 轴数据区。验证对刀是否正确时需在测试程序中加上 G54 等指令，编写零件加工程序也应写入相应选定工件坐标系指令。

任务五　数控车削仿真加工

任务描述

给定数控程序，使用斯沃数控车削仿真软件进行零件车削加工仿真。毛坯为 $\phi20mm$ 棒料，T01 为外圆车刀，T02 为切断刀，数控程序见表 1-28。

表 1-28　数控程序

程 序 段 号	程 序 内 容	程 序 段 号	程 序 内 容
N10	G00 X100.0 Z200.0 M03 S500；	N110	X10.0；
N20	T0101 M08；	N120	G01 Z-10.0；
N30	G00 X18.0 Z4.0；	N130	X16.0；
N40	G01 Z-30.0 F0.2；	N140	G00 X100.0 Z200.0；
N50	X22.0；	N150	T0202；
N60	G00 Z4.0；	N160	G00 X25.0 Z-34.0；
N70	X14.0；	N170	G01 X0.0 F0.1；
N80	G01 Z-18.0；	N180	X35.0；
N90	X20.0；	N190	G00 X100.0 Z200.0 M09；
N100	G00 Z4.0；	N200	M02；

知识目标

➲ 1. 了解数控车削仿真软件界面功能
➲ 2. 了解数控车削仿真软件菜单功能

技能目标

➲ 1. 会进行仿真加工的参数设置
➲ 2. 会进行数控车削加工仿真

知识准备

利用数控仿真软件在计算机上进行虚拟仿真加工，可以提高学生学习编程的积极性，还可以进行数控程序校验，防止因程序错误而发生损坏机床设备等现象。当数控车床设备受到限制时，也可采用数控车削仿真软件模拟车削加工环境，部分替代数控车削加工练习，弥补硬件设备不足的缺陷。本任务利用斯沃数控仿真软件 6.5 版本学习 FANUC 0i T 数控系统仿真加工。

1. 斯沃 FANUC 0i T 数控车仿真软件 6.5 版本面板

利用斯沃数控仿真软件 6.5 版本可以进行 FANUC、SIEMENS、华中、广数等国内外多种数控系统仿真加工，其中 FANUC 0i T 数控车主页面如图 1-23 所示，主要由数控系统面板、机床操作面板、加工显示区、工具条、菜单栏等组成。其数控系统面板、机床操作面板按键功能同 FANUC 0i T 数控车床；加工显示区显示数控车床加工情况，可通过工具栏图标使其放大、缩小、移动、旋转，以方便观察加工情况。

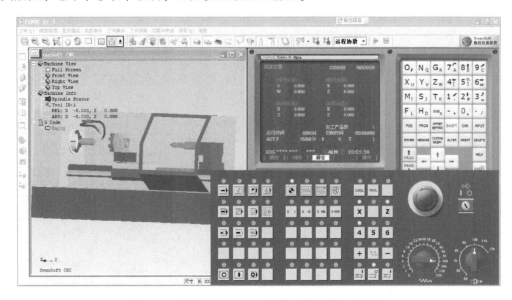

图 1-23　斯沃 FANUC 0i T 数控车仿真软件主页面

2. 斯沃 FANUC 0i T 数控车仿真软件 6.5 版本工具条功能

斯沃数控车仿真软件可通过工具条实现文件管理、视窗显示、显示模式、机床操作、工件操作、录像与示教等功能，各快捷图标功能见表 1-29。

表 1-29　斯沃 FANUC 0i T 数控车仿真软件快捷图标功能

快捷键图标	功　　能	快捷键图标	功　　能
	新建，删除编辑窗口里正在被编辑和已加载的数控代码		床身显示模式
	打开，加载项目文件（WP 工件文件；NC 程序文件；CT 刀具文件）		测量
	保存文件（如 NC 文件）		加工声效
	另存为		显示坐标
	机床参数设置		显示切屑
	刀具库管理		显示切削液

（续）

快捷键图标	功　　能	快捷键图标	功　　能
	加工区显示模式切换		显示毛坯
	工件设置		显示工件
	快速模拟		截面观察
	机床防护门开关		透明显示
	工件位置正向微调		显示刀架
	工件位置负向微调	1...n	显示刀位号
	窗口显示模式切换		显示刀具
	加工显示区整体放大		显示刀具轨迹
	加工显示区整体缩小		考试与帮助
	加工显示区缩放		录制设置(固定区域、窗口区域、全屏显示、录制设置)
	加工显示区平移		录制开始
	加工显示区旋转		录制结束
	加工显示区局部放大	远程协助	远程协助、录制、示教、重放切换
	二维显示		远程协助、录制、示教、重放开始
	平面显示切换(正视、右视、俯视、全屏)		远程协助、录制、示教、重放结束

FANUC 0i T 数控车仿真软件工具条中部分功能设置内容如下。

（1）参数设置　在仿真软件工具条中，单击参数设置图标，出现图 1-24 所示的"参数设置"对话框，用户可在此对话框进行机床操作、编程、速度控制、信息窗口参数、显示颜色等设置。

（2）刀具库管理　在仿真软件中，单击刀具库管理图标，出现图 1-25 所示的"刀具库管理"对话框，用户可以在此对话框中添加、删除刀具，可进行将刀库中的刀具安装到规定刀号的刀架中或从刀架中移除刀具等设置。

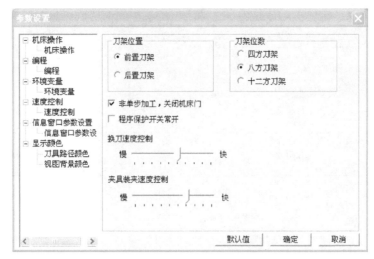

图 1-24 "参数设置"对话框

图 1-25 "刀具库管理"对话框

（3）工件设置　在仿真软件工具条中，单击工件设置图标，弹出"工件设置"菜单，用户可以设置毛坯、工件调头、切削液调整、快速定位等。单击设置毛坯菜单，出现图 1-26 所示的"设置毛坯"对话框，用户可进行毛坯尺寸、材料、夹具类型等设置。

（4）输入信息记录　在仿真软件右上角有一隐藏的"输出信息"图标，将光标移至该图标，可显示软件记录的各种操作信息。

3. 斯沃 FANUC 0i T 数控车削仿真软件 6.5 版本菜单功能

斯沃数控车削仿真软件有文件、视窗视图、显示模式、机床操作、工件操作、工件测量、习题与考试、查看、帮助 9 个主菜单，单击每个主菜单，弹出许多子菜单，再单击各个子菜单，可实现相应功能，功能内容与工具栏图标功能相同。

1）单击"文件"主菜单，出现图 1-27 所示的"文件"子菜单。

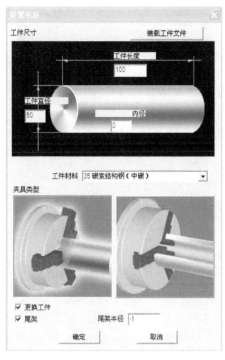

图 1-26　"设置毛坯"对话框 图 1-27　"文件"子菜单

2）单击"视窗视图"主菜单，出现图 1-28 所示的"视窗视图"子菜单。

3）单击"显示模式"主菜单，出现图 1-29 所示"显示模式"子菜单。

图 1-28　"视窗视图"子菜单 图 1-29　"显示模式"子菜单

4）单击"机床操作"主菜单，出现图 1-30 所示"机床操作"子菜单。

5）单击"工件操作"主菜单，出现图 1-31 所示"工件操作"子菜单。

6）单击"工件测量"主菜单，出现图1-32所示"工件测量"子菜单。

图1-30 "机床操作"子菜单　　　图1-31 "工件操作"子菜单　　　图1-32 "工件测量"子菜单

7）单击"习题与考试"主菜单，出现图1-33所示"习题与考试"子菜单。

8）单击"查看"主菜单，出现图1-34所示"查看"子菜单。

9）单击"帮助"主菜单，出现图1-35所示"帮助"子菜单。

图1-33 "习题与考试"子菜单　　　图1-34 "查看"子菜单　　　图1-35 "帮助"子菜单

任务实施

1. 实施条件

计算机若干台、斯沃数控车仿真软件、给定数控程序。

2. 实施步骤

1）安装斯沃数控仿真软件。

2）打开FANUC 0i T数控车仿真软件，开机、回机床参考点。

① 双击斯沃数控仿真软件图标，选择并打开FANUC 0i T数控车削仿真软件。

② 旋转释放紧急停止按钮。

③ 选择"回机床参考点"方式，分别按"+X"和"+Z"按键回机床参考点。

3）输入数控程序。仿真软件中，可通过如下两种方法输入程序：

① 通过数控面板输入，方法与数控车床相同。

② 单击文件打开图标，把已经保存在计算机中的程序输入数控仿真系统中。

4）机床、刀具、工件设置。

① 单击机床参数设置图标，进行机床参数设置。

② 单击刀具库管理图标，将外圆车刀安装到刀架T01号刀位中，将T01号刀转位至加工位置。

③ 单击工件设置图标，在弹出的对话框中选择设置毛坯，毛坯直径设置为20mm，长度设置为80mm，并快速定位，调整工件伸出长度为40mm。

5）对刀操作。

①Z轴对刀。手动方式下使主轴正转,移动刀具试车右端面后沿+X方向退出刀具,进行面板操作,面板操作步骤同数控车床。

②X轴对刀。手动方式下使主轴正转,试车外圆后,沿+Z方向退出刀具,停机,测量外圆直径。测量方法:单击图标 或单击"工件测量"主菜单下"特征点"子菜单,可得出所车外圆直径,然后退出测量,将其值输入到刀具X轴刀具补偿数据区,完成X轴对刀。

6)零件自动加工。

①选择并打开加工程序。

②选择自动工作方式。

③关上机床防护门,调小进给倍率,按数控启动键,观察加工情况,再逐渐调大进给倍率。

④更换工件后,可重新仿真加工。

7)加工结束后,退出软件,关闭计算机,清洁、整理现场。

检测评分

结合软件"输出信息"栏中记录,将学生任务完成情况的检测与评分填入表1-30中。

表1-30　数控车削仿真加工检测评分表

序号	检测项目	检测内容及要求	配分	学生自检	学生互检	教师检测	得分
1	职业素养	文明礼仪	5				
2		安全纪律	10				
3		行为习惯	5				
4		工作态度	5				
5		团队合作	5				
6	操作训练内容	回机床参考点	10				
7		输入程序	10				
8		机床、刀具、工件设置	10				
9		对刀操作	20				
10		零件自动加工	20				
综合评价							

任务反馈

在任务完成过程中,分析是否出现表1-31所列的误差项目,了解其产生原因并提出修正措施。

表1-31　数控车削仿真加工中出现的误差项目、产生原因及修正措施

误差项目	产生原因	修正措施
程序无法输入	1. 未回机床参考点	
	2. 紧急停止按钮未释放	
	3. 程序保护开关未打开	
	4. 字母"O"和数字"0"混淆	
无法自动加工零件	1. 工件设置不正确	

（续）

误 差 项 目	产 生 原 因	修 正 措 施
无法自动加工零件	2. 未选择刀具或刀具未正确对刀	
	3. 程序输入错误	
	4. 工作方式错误	
无法观察加工情况	1. 显示比例太小	
	2. 显示方向不好	
	3. 未采用显示模式切换	

项目小结

本项目通过认识数控车床、数控车床的开机与回参考点、数控程序的输入与编辑、数控车床对刀操作、数控车削加工仿真5个任务实施，熟悉了数控车床的种类、加工特点、结构与主要部件、面板功能、基本操作及数控仿真软件的使用等内容，理解机床坐标系、工件坐标系、数控程序结构等理论知识，初步具备数控车床基本操作、仿真技能，为后面零件加工项目的实施提供一定数控机床操作、程序校验与仿真等技能知识准备。

思考与练习

简答题

1. 简述数控车床代号 CK6140 的含义。

2. 按主轴位置、数控系统、数控系统功能、刀架数和控制方式分类，数控车床分别有哪几种？

3. 简述斜床身数控车床的特点。

4. 简述经济型数控车床的特点。

5. 简述全功能数控车床的特点。

6. 简述车削中心的特点。

7. 数控车床由哪几部分组成？

8. 简述数控车床主运动传动路线。

9. 数控车床加工特点有哪些？主要加工哪些表面和零件？

10. 简述数控车间实习安全文明生产要求。

11. 数控车床坐标系确定原则有哪些？

12. 卧式数控车床坐标轴有哪几个？分别位于什么位置？

13. 数控车床机床原点一般位于什么位置？

14. 数控机床开机后为什么要进行回机床参考点操作？

15. 简述数控机床的开机、关机动作次序。

16. 简述发那科系统数控车床手动回机床参考点操作步骤。

17. 发那科系统机床在什么情况下需重新回机床参考点？

18. 简述数控车床的安全操作规程。

19. 简述数控车床的日常维护保养内容。

20. FANUC 0i Mate-TD 系统程序名有何要求？主程序名与子程序名有何区别？

21. 数控程序由哪几部分组成？组成数控程序最小功能单元是什么？

22. 常见程序功能字有哪几种？

23. 什么是辅助功能字？指出 M00、M02、M03、M04、M05、M08、M09、M30 含义。

24. 数控车床工件坐标系建立原则有哪些？坐标原点设置在何处？

25. 数控车刀安装的一般要求有哪些？

26. T0202 含义是什么？

27. 如何设置数控车床的换刀点？

28. 数控仿真软件有何作用？

项 目 二

轴类零件加工

　　轴是支承转动零件并与之一起回转以传递运动、转矩的机械零件，是最常用、最重要的机器零件之一，如各类机床的主轴、机器齿轮箱中的转轴、车轮的支承轴等，如图 2-1 所示。轴由最基本的圆柱面、圆锥面、台阶面、端面、成形表面所构成，这些表面及由这些表面构成的轴类零件是数控车床加工的基本工作内容。数控车床上加工轴类零件表面，如外圆面、圆锥面、台阶面及成形表面的示意图，如图 2-2 所示。

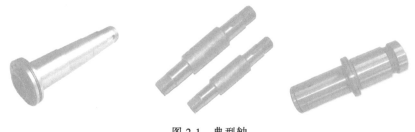

图 2-1　典型轴

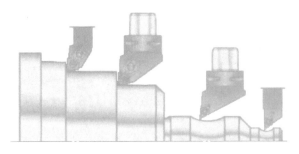

图 2-2　轴类零件表面加工示意图

学习目标

➡ 掌握简单轴加工工艺的制订。

➡ 掌握 G00、G01 等基本指令及应用。

➡ 掌握外圆加工循环、切槽循环等指令及应用。

➡ 会编写轴类零件加工程序。

➡ 掌握典型轴车削加工方法及尺寸控制方法。

○会进行数控车床单段加工、自动加工、空运行及仿真加工。

任务一　简单阶梯轴的加工

任务描述

图 2-3 所示为简单阶梯轴，由 3 个外圆面、端面及台阶面构成，外圆尺寸精度较低，为未注公差，表面粗糙度值全部为 $Ra3.2\mu m$。使用 FANUC 0i Mate-TD 系统数控车床完成该轴加工。材料为 45 钢，毛坯为 $\phi30mm$ 棒料，加工后的三维效果图如图 2-4 所示。

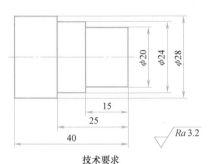

技术要求
1.锐边倒钝。
2.未注公差尺寸按GB/T 1804—m。

图 2-3　简单阶梯轴零件图

图 2-4　简单阶梯轴三维效果图

知识目标

○ 1. 掌握 G00、G01 指令及其应用
○ 2. 掌握米制、英制输入单位指令及其应用
○ 3. 理解直径编程及基点的含义
○ 4. 掌握简单阶梯轴加工工艺制订方法
○ 5. 会编写外圆面、台阶面与端面加工程序

技能目标

○ 1. 熟练装夹工件、刀具
○ 2. 熟练掌握数控机床基本操作
○ 3. 掌握零件的单段加工方法

知识准备

简单阶梯轴是由外圆面、台阶面、端面构成的，这些表面也是组成轴类零件的最基本表面，在数控车床上加工这些表面时，主要考虑切削刀具、进给路线、切削用量等工艺知识及相关编程知识。

1. 外圆车刀及选用

外圆车刀有整体式外圆车刀、焊接式外圆车刀、可转位式外圆车刀 3 种，其结构形式及加工特点见表2-1。

表2-1 外圆车刀的结构形式及加工特点

外圆车刀种类	结 构 形 式	加 工 特 点
整体式外圆车刀		由高速钢刀条刃磨而成，刀具刃口锋利，切削速度较低，效率较低，用于非铁金属材料、塑料等材料加工
焊接式外圆车刀		由硬质合金刀片焊接在刀杆上制成，价格较低，磨损后需重磨，效率低
可转位式外圆车刀		由专门企业生产，将可转位刀片装夹在刀杆上构成，一个切削刃磨损后只需将刀片松开转一个位置，再夹紧即可继续投入切削，效率高，故数控机床一般都选用可转位式外圆车刀进行加工。常见的可转位刀片如图2-5所示

外圆车刀的选择还应考虑刀具（刀片）角度大小。外圆粗车刀前角、后角应选择较小，刃倾角选择零度或负值；外圆精车刀前角、后角应选择较大，刃倾角选择正值；车台阶面时，车刀主偏角应大于或等于90°，保证台阶面与工件中心线垂直。

图 2-5 常见的可转位刀片

2. 车削路径的确定

粗车外圆时，应先车削大直径外圆，后车削小直径外圆，避免一开始加工就使工件的刚度明显降低，引起弯曲变形和振动，同时可使背吃刀量均匀分配，如图2-6所示。精车路径则从小直径外圆车至大直径外圆，保证切削路径连贯性，如图2-7所示。

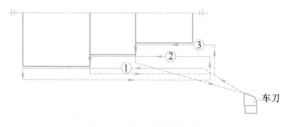

车刀

图 2-6 粗车外圆路径

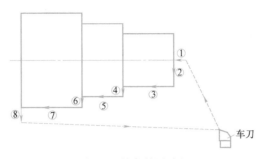

图 2-7　精车外圆路径

3. 量具选择

测量外圆直径时常用的量具有游标卡尺和外径千分尺，测量台阶长度尺寸时可用钢直尺、游标卡尺、深度千分尺等量具，其特点及应用见表 2-2。

表 2-2　常见测量外圆、长度的量具特点及应用

量具种类	量具图样	精度及应用
游标卡尺		测量分度值为 0.02mm，是常用的外圆直径及长度测量量具，此外带表游标卡尺的测量分度值为 0.01mm，测量精度高
外径千分尺		测量精度高，分度值可达 0.01mm，有 0～25mm、25～50mm、50～75mm 等多种规格
深度千分尺		测量精度高，分度值可达 0.01mm，有 0～25mm、25～50mm、50～75mm 等多种规格

4. 切削用量的选择

切削用量是指背吃刀量、进给量（进给速度）和切削速度（主轴转速）3 个要素，选择时主要考虑刀具性能、工艺系统刚性、工件材料、加工性质等因素，具体选择原则如下。

（1）背吃刀量 a_p　粗车背吃刀量的选择主要与切削力大小和车削工艺系统刚性有关，若刚性足够，在保留精车、半精车余量的前提下，应尽可能选择较大的背吃刀量，以减少进给次数，提高效率。精加工、半精加工余量较小，常一刀车削完成。数控车削所留精车、半精车余量比普通车削加工小一些，常取 0.1～0.5mm（单边）。

（2）进给量 f　进给量是指工件旋转一周，车刀沿进给方向移动的距离，表示进给速度的

快慢，其值与加工性质有关。车外圆、端面中，粗车进给量取 0.3~0.8mm/r，精车进给量取 0.1~0.3mm/r。进给量有每转进给量和每分钟进给量之分，每分钟进给量 F_f 是指单位时间（min）内，车刀沿进给方向移动的距离，与每转进给量之间的关系为

$$F_f = nf \qquad (2\text{-}1)$$

式中　n——主轴转速（r/min）；

　　　f——每转进给量（mm/r）。

每转进给量与每分钟进给量一般由数控指令 G98、G99 设定，数控车床上常用每转进给量表示。

（3）切削速度 v_c 与主轴转速 n　切削速度是指车刀切削刃上某一点相对于工件待加工面的瞬时线速度（常用单位 m/min），与主轴转速之间关系为

$$v_c = \frac{\pi n d}{1000} \qquad (2\text{-}2)$$

式中　d——零件待加工面的直径（mm）；

　　　n——主轴转速（r/min）。

切削速度的选择与刀具材料、工件材料、加工性质、电动机功率有关，通过查工具手册或根据实践经验数值确定。数控车床编程与加工中常指定车床主轴转速，粗车时主轴转速一般选 400~600r/min，精车时主轴转速选 800~1200r/min。

5. 编程知识

简单阶梯轴加工中除用到刀具功能指令 T、主轴转速功能指令 S、尺寸功能指令（X、Z）、进给功能指令 F 外，还用到 G00、G01 指令等。

（1）快速点定位指令 G00　是指刀具以机床规定的快速移动速度从所在位置移动到目标点位置。指令格式、参数含义及使用说明见表 2-3。

表 2-3　G00 指令格式、参数含义及使用说明

指 令 格 式	G00 X____ Z____ ;
参 数 含 义	X、Z 后的值为目标点坐标 如程序段"G00 X30.0 Z5.0;"是指刀具快速移动到坐标为(5,30)的位置
使 用 说 明	1. G00 指令刀具移动速度由机床规定，无须在程序段中指定 2. G00 指令为模态有效指令，一经使用持续有效，直到被同组指令（G01、G02…）取代为止 3. G00 指令移动速度快，只能使用在空行程或退刀场合，以缩短时间，提高效率 4. G00 指令目标点不能设置在工件表面,应距离工件表面有 2~5mm 安全距离,且在移动过程中不能碰到机床、夹具等,如图 2-8 所示

（2）直线插补指令 G01　指刀具以编程指定的进给速度移动到目标点。指令格式、参数含义及使用说明见表 2-4。

（3）进给速度单位设定指令 G98、G99　指令含义及使用说明见表 2-5。

（4）米制、英制尺寸输入指令 G20、G21　通过指令代码选择输入数据的单位是米制还是英制，其含义及使用说明见表 2-6。

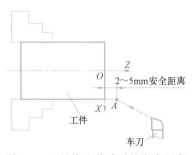

图 2-8　刀具快速移动时的安全距离

表 2-4　G01 指令格式、参数含义及使用说明

指令格式	G01 X___ Z___ F___;
参数含义	X、Z 后的值为直线插补目标点坐标,F 后的值为直线插补进给速度值(进给量) 如程序段"G01 X20.0 Z-5.0 F0.2;"是指刀具以 0.2mm/r 的移动速度直线插补到点坐标为(-5,20)的位置
使用说明	1. G01 指令用于零件切削加工,加工中必须指定刀具的进给速度,且一段程序中只能指定一个进给速度 2. G01 指令移动速度较慢,空行程或退刀过程中用此指令则刀具移动时间长,效率低 3. G01 指令为模态有效指令,一经使用持续有效,直至被同组 G 指令(G00、G02…)取代为止

表 2-5　G98、G99 指令含义及使用说明

指　令	含　义	使用说明
G99	每转进给量,单位为 mm/r	常用于数控车床,是模态有效指令,且机床开机有效
G98	每分钟进给量,单位为 mm/min	常用于数控铣床和加工中心

示例：程序段 "G01 X10.0 Z-20.0 G99 F0.3;" 表示的进给速度为 0.3mm/r。

程序段 "G01 X10.0 Z-20.0 G98 F100;" 表示的进给速度为 100mm/min。

表 2-6　G20、G21 指令含义及使用说明

指　令	含　义	使用说明
G20	英制输入	1. 在程序开头,坐标系设定之前指定 2. 米制和英制指定后,F 代码指定的进给速度、坐标指令、工件原点偏置、刀具偏置、增量进给移动量、手摇脉冲发生器每一刻度的值等单位制将随之发生变化
G21	米制输入	3. 当接通电源时,米制、英制转换 G 指令保持通电前的状态

（5）直径编程　数控车床加工的是回转体零件,一般都以直径方式编程,即以直径表示 X 坐标值;通过更改数控系统 1006 号内部参数,可以设定成以半径值作为编程坐标。

（6）基点　零件各几何要素之间的连接点称为基点,如两条直线的交点、直线与圆弧的切点等,它们往往作为直线插补、圆弧插补的目标点,是编写数控程序的重要依据。编程时工件坐标系建立以后,首先应计算出零件轮廓上的各基点坐标。

（7）零件加工程序编制方法　编制一个完整的零件加工程序主要步骤如下:

1）建立工件坐标系。根据工件坐标系建立原则建立恰当的工件坐标系（编程坐标系）,便于程序编制。

2）拟订加工工艺并计算轮廓基点坐标及工艺点坐标,作为快速点定位或直线（圆弧）插补目标点。

3）给程序命名。发那科系统以字母"O"开头,后跟四位数字,如"O2245"。

4）编写数控加工程序。编写程序时首先给出机床做好准备工作的动作指令,如主轴正转指令 M03、转速指令 S、所用刀具指令 T,切削液开指令 M08 等,以及设置数控系统初始状态指令,如米制数据输入指令 G21、每转进给量指令 G99 等。然后,根据零件加工工艺路线,依次编写刀具移动过程的程序指令。最后,写入程序结束指令 M02 或 M30。

任务实施

简单阶梯轴是由 3 个外圆面、台阶面与端面构成的简单零件，外圆尺寸精度、表面质量要求均不高，实施任务以编制数控程序和加工出形状为主。

1. 工艺分析

（1）刀具的选择　尺寸及表面质量要求不高，用一把车刀加工所有表面，且将车刀装夹在 T01 号刀位；零件有 2 个台阶面，故车刀主偏角应大于或等于 90°，取 93° 左右。实际训练中，可根据条件选用硬质合金焊接式外圆车刀或可转位车刀。工件加工完成后切断，选择切断刀，刀号为 T02。

（2）量具的选择　外圆直径及台阶长度尺寸精度要求不高，选择游标卡尺测量即能达到要求。

（3）零件加工工艺路线的制订　本任务零件尺寸精度和表面质量要求不高，不需要分粗、精加工，车削路径按粗车路径进行，如图 2-9 所示。刀具从起点快速移动至进刀点 A→直线加工至 P_5 点→沿 $+X$ 方向切至 D 点→刀具沿 $+Z$ 方向退回→沿 $-X$ 方向进刀至 B 点→直线加工至 P_3 点→刀具沿 $+X$ 方向切出至 E 点→刀具沿 $+Z$ 方向退回→沿 $-X$ 方向进刀至 C 点→直线加工至 P_1 点→刀具沿 $+X$ 方向切出至 F 点→刀具快速退回至起点→结束。

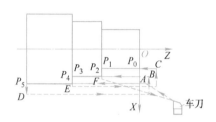

图 2-9　阶梯轴的车削路线

车削加工工艺见表 2-7。

（4）切削用量的选择　切削用量选择主要考虑工艺系统刚性、加工表面质量、工件材料等因素。工件材料为 45 钢，表面质量要求不高，故外圆车削时背吃刀量选 2~3mm，进给量选 0.2mm/r，主轴转速选 600r/min。切断时，背吃刀量为 4mm，进给量为 0.1mm/r，主轴转速选 400r/min。具体切削用量见表 2-7。

表 2-7　简单阶梯轴加工工艺

工序名	定位（装夹面）	工步序号及内容	刀具及刀号	主轴转速 $n/(\text{r/min})$	进给量 $f/(\text{mm/r})$	背吃刀量 a_p/mm
车削	夹住毛坯外圆	1. 车 $\phi28$mm 外圆	外圆车刀，刀号 T01	600	0.2	2~3
		2. 车 $\phi24$mm 外圆	外圆车刀，刀号 T01	600	0.2	2
		3. 车 $\phi20$mm 外圆	外圆车刀，刀号 T01	600	0.2	2
		4. 手动切断工件	切断刀，刀号 T02	400	0.1	4
	调头，夹住 $\phi24$mm 外圆	手动车端面，控制总长	外圆车刀，刀号 T01	600	0.2	2~3

2. 程序编制

加工零件右端轮廓时，工件坐标系原点选择在零件右端面中心点，取刀尖为刀位点，如图 2-9 所示，加工中工艺点包括点 A、B、C 等进刀点和外圆加工后沿 X 轴方向的退刀点 D、E、F，基点为点 P_0~P_5，其坐标见表 2-8。

表 2-8　基点及各工艺点坐标

基　　点	坐标(Z,X)	工　艺　点	坐标(Z,X)
P_0	(0.0,20.0)	A	(4.0,28.0)
P_1	(-15.0,20.0)	B	(4.0,24.0)
P_2	(-15.0,24.0)	C	(4.0,20.0)
P_3	(-25.0,24.0)	D	(-45.0,35.0)
P_4	(-25.0,28.0)	E	(-25.0,30.0)
P_5	(-45.0,28.0)	F	(-15.0,26.0)

参考程序见表 2-9，程序名为"O0021"，手动切断及调头手动车左端面控制总长不需编程。

表 2-9　简单阶梯轴加工参考程序

程序段号	程序内容	说　明
N10	G99 G21;	每转进给量，米制尺寸输入
N20	G00 X100.0 Z200.0 M03 S600 ;	刀具快速运动到起点位置(200,100)，主轴正转，转速为 600r/min
N30	T0101;	选择 1 号刀
N40	G00 X28.0 Z4.0;	刀具快速运动到 A 点
N50	G01 Z-45.0 F0.2;	以 G01 速度从 A 点直线加工到 P_5 点
N60	X35.0;	刀具沿+X 方向切出至 D 点
N70	G00 Z4.0;	刀具沿+Z 方向快速退回
N80	X24.0;	-X 方向进刀至 B 点
N90	G01 Z-25.0;	刀具直线加工到 P_3 点
N100	X30.0;	刀具沿+X 方向切出至 E 点
N110	G00 Z4.0;	刀具沿+Z 方向快速退回
N120	X20.0;	刀具-X 方向进刀至 C 点
N130	G01 Z-15.0;	刀具直线加工到 P_1 点
N140	X26.0;	刀具沿+X 退出至 F 点
N150	G00 X100.0 Z200.0;	刀具退回至起点
N160	M02;	程序结束

3. 加工操作

（1）加工准备

1）开机回机床参考点，建立机床坐标系，使后面的操作有一个基准位置。

2）装夹工件。夹住毛坯外圆，伸出长度 50mm 左右。

3）装夹刀具。将外圆车刀装夹在 T01 号刀位，切断刀装夹在 T02 号刀位；刀具刀尖与工件回转中心等高，外圆车刀主偏角大于或等于 90°，切断刀刀头垂直于工件轴线。

4）对刀操作。采用试切法对刀，将对刀数据输入 T01 号刀具长度补偿中。外圆车刀对刀完成后，分别进行 X、Z 方向对刀测试，检验对刀是否正确。

5）输入程序及校验。采用数控仿真软件进行程序校验，程序校验正确后将其输入机床数控系统。

（2）零件加工　首次进行零件加工，尽可能采用单段加工。程序单段加工即按数控启动键后只执行一段程序便停止，再按数控启动键，再执行一段程序，如此一段一段地执行程序，便于仔细检查和校验程序。

设置方法：按数控机床面板上的单段运行键，单段运行指示灯亮，再按一次该键，可取消单段运行。

1）加工零件右端轮廓。

① 调出"O0021"程序，检查工件、刀具是否按要求夹紧，刀具是否已对刀。

② 选择自动加工方式，调小进给倍率，按数控机床上的单段运行键，按数控启动键，进行零件加工，每段程序运行结束后继续按数控启动键，即可一段一段地执行程序。加工中观察切削情况，逐步将进给倍率调至适当位置。

③ 手动切断工件。

2）调头夹住 $\phi24$mm 外圆，手动车左端面，控制总长。

3）加工结束后，及时清扫机床并切断机床电源。

单段加工与
自动加工

检测评分

将学生任务完成情况的检测与评分填入表 2-10 中。

表 2-10 简单阶梯轴加工检测评分表

序号	检测项目	检测内容及要求	配分	学生自检	学生互检	教师检测	得分
1	职业素养	文明礼仪	5				
2		安全纪律	10				
3		行为习惯	5				
4		工作态度	5				
5		团队合作	5				
6	工艺制订	1. 选择装夹与定位方式 2. 选择刀具 3. 选择加工路径 4. 选择合理的切削用量	5				
7	程序编制	1. 编程坐标系选择正确 2. 指令使用与程序格式正确 3. 基点坐标正确	10				
8	机床操作	1. 开机前检查、开机、回机床参考点 2. 工件装夹与对刀 3. 程序输入与校验	5				
9	零件加工	$\phi28$mm	10				
10		$\phi24$mm	10				
11		$\phi20$mm	10				
12		40mm	5				
13		25mm	5				
14		15mm	5				
15		表面粗糙度值 $Ra3.2\mu$m	5				
综合评价							

任务反馈

在任务完成过程中，分析是否出现表 2-11 所列的误差项目，了解其产生原因并提出修正措施。

表 2-11　简单阶梯轴加工中出现的误差项目、产生原因及修正措施

误差项目	产生原因	修正措施
撞刀	1. 未回机床参考点	
	2. 刀具对刀错误	
	3. 操作错误	
	4. 程序错误编写及输入错误	
形状不正确	1. 基点坐标计算错误	
	2. 坐标输入错误	
外圆尺寸超差	1. 编程尺寸输入错误	
	2. 刀具 X 方向对刀不准	
	3. 测量错误	
长度尺寸超差	1. 编程尺寸输入错误	
	2. 刀具 Z 方向对刀不准	
	3. 测量错误	
台阶面与工件轴线不垂直	1. 刀具主偏角小于 90°	
	2. 刀杆不垂直于工件轴线	
表面粗糙度值超差	1. 工艺系统刚性不足	
	2. 刀具角度不正确或刀具磨损	
	3. 切削用量选择不当	

任务拓展

加工图 2-10 所示零件，毛坯材料、尺寸与本任务相同。

任务拓展实施提示：零件仍由 3 个外圆面、台阶面与端面构成，尺寸精度与表面质量要求也不高，但 $\phi20mm$ 外圆与 $\phi28mm$ 外圆相差 4mm 余量（单边），$\phi10mm$ 外圆与 $\phi20mm$ 外圆相差 5mm 余量（单边），余量较大，不能一次车完，需分 2~3 次进给才能完成，编程和加工中注意分层切削。

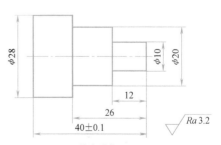

技术要求
未注公差尺寸按GB/T 1804—m。

图 2-10　任务拓展零件图

数控车削编程与加工（FANUC系统） 第2版

任务二　外圆锥轴的加工

任务描述

使用 FANUC 0i Mate-TD 系统数控车床，完成图 2-11 所示外圆锥轴零件的加工，材料为 45 钢，毛坯为 ϕ30mm 的棒料，零件主要加工表面有圆柱面、圆锥表面等，尺寸精度较低。加工后的三维效果图如图 2-12 所示。

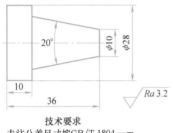

技术要求
未注公差尺寸按GB/T 1804—m。

图 2-11　外圆锥轴零件图

图 2-12　外圆锥轴三维效果图

知识目标

1. 掌握绝对坐标、增量坐标含义及指令
2. 掌握直线切削循环指令及应用
3. 掌握锥度切削循环指令及应用
4. 了解圆锥面各参数含义

技能目标

1. 会计算圆锥面各部分尺寸
2. 会制订外圆锥面加工工艺
3. 会编写外圆锥面加工程序
4. 具有加工外圆锥面并达到一定精度要求的能力

知识准备

圆锥面配合传递转矩大，且内、外圆锥面结合后同轴度高，具有较高的定心作用，在轴类零件中比较常用，如机床主轴、各种传动轴等。编写圆锥表面加工程序时需了解圆锥面各部分参数，计算圆锥面相应部分的尺寸。此外，在数控车床上加工圆锥面，还需要考虑如何选择切削刀具、进刀方法、切削用量及测量方法等。

1. 圆锥面基本参数及计算公式（表 2-12）

2. 外圆锥车刀及选用

外圆锥车刀与外圆柱面车刀选择基本相同，不同之处在于车倒锥时，车刀副偏角应足够大，避免副切削刃与已加工表面产生干涉现象，如图 2-13 所示。

表 2-12　圆锥面基本参数及计算公式

基 本 参 数	图　　例
最大圆锥直径 D	
最小圆锥直径 d	
圆锥长度 L	
锥度　$C=\dfrac{D-d}{L}$	
圆锥半角　$\dfrac{\alpha}{2}$	
$\dfrac{C}{2}=\tan\left(\dfrac{\alpha}{2}\right)$	
备注:圆锥面具有 4 个基本参数(C、D、d、L),只要已知其中 3 个参数,便可以通过公式 $$C=\dfrac{D-d}{L}$$ 计算出未知参数	

3. 圆锥面车削路径

车圆锥面之前毛坯是圆柱表面,圆锥大、小端加工余量不均匀,若一刀切削,小端余量过大,使切削力过大而引发加工事故;此外,大、小端余量不均匀也会影响圆锥表面质量。因此,粗车圆锥表面时需沿圆锥面方向分层加工,如图 2-14 所示,进给次数视小端余量及每次的背吃刀量而定。

图 2-13　车圆锥面时副切削刃的干涉情况

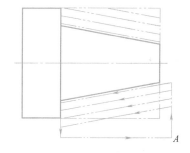

图 2-14　粗车外圆锥路径

4. 量具选择

圆锥面加工中,重点控制的尺寸是圆锥角,生产中常用游标万能角度尺、角度样板、正弦规、锥度量规等量具测量圆锥角,其特点及应用见表 2-13。

表 2-13　圆锥角度量具的特点及应用

测 量 量 具	实　　物	特点及应用
游标万能角度尺		能测 $0°\sim320°$ 范围角度,分度值为 $2'$,用于单件或小批量生产零件的圆锥角度测量

（续）

测 量 量 具	实 物	特点及应用
角度样板		专用测量工具,测量简便,用于大批量生产中圆锥角度测量
正弦规		测量精度高,测量较复杂,用于单件生产中圆锥角度测量
锥度量规		测量精度高,用于标准锥度圆锥或配合精度高的圆锥面测量

5. 切削用量选择

车圆锥时切削用量选择同车外圆，主要与刀具性能、工艺系统刚性、工件材料、加工性质等因素有关，具体如下。

（1）背吃刀量 a_p　当车削工艺系统刚性足够大，保留精车、半精车余量的前提下，尽可能选择较大的背吃刀量，以减少进给次数，提高效率。精车、半精车余量常取 0.1~0.5mm。

（2）进给量（速度）f　粗车时选择较大的进给速度以提高生产率，精车时选择较小的进给速度以提高表面质量，一般粗车进给速度取 0.3~0.8mm/r，精车进给速度取 0.1~0.3mm/r。

（3）主轴转速 n　粗车时选中速，精车时选高速或低速，具体选择与刀具材料、工件材料、加工性质等有关。一般情况下，用硬质合金车刀粗车时主轴转速取 400~600r/min，精车时主轴转速取 800~1200r/min。

6. 编程知识

（1）绝对坐标、增量（相对）坐标

1）绝对坐标：刀具的位置坐标是以工件坐标系原点为基准计量的，即刀具当前位置在工件坐标系中的坐标。

2）增量（相对）坐标：刀具位置坐标是相对于前一位置的增量，方向与坐标轴方向一致为正，方向与坐标轴方向相反为负。

发那科数控系统中，X、Z 后的值为绝对坐标，U、W 后的值为 X 向和 Z 向的增量坐标。

如图 2-15 所示零件，从 A 点加工至 F 点，工

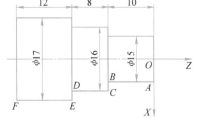

图 2-15　绝对坐标、增量坐标编程零件图

件坐标系原点设在 O 点，用绝对坐标、增量坐标编写程序。

绝对坐标、增量坐标编程示例程序见表 2-14。

表 2-14　绝对坐标、增量坐标编程示例程序

绝对坐标编程	增量坐标编程	程 序 说 明
⋮	⋮	⋮
N40 G01 X15.0 Z0 F0.2;	N40 G01 X15.0 Z0 F0.2;	直线加工至 A 点
N50 Z-10.0;	N50 U0 W-10.0;	直线加工至 B 点
N60 X16.0;	N60 U1.0 W0;	直线加工至 C 点
N70 Z-18.0;	N70 U0 W-8.0;	直线加工至 D 点
N80 X17;	N80 U1 W0;	直线加工至 E 点
N90 Z-30;	N90 U0 W-12;	直线加工至 F 点
⋮	⋮	⋮

注：发那科数控车床中采用 A 类 G 代码体系，可以绝对坐标、增量坐标混合编程，即在一段程序中 X 和 W 或 U 与 Z 同时存在。数控铣床中常用 B 类 G 代码体系，即用指令 G90、G91 分别指定绝对坐标和增量坐标。

（2）外圆（内孔）直线切削循环指令 G90　G90 指令格式、参数含义及使用说明见表 2-15。

表 2-15　G90 指令格式、参数含义及使用说明（一）

指 令 格 式	G90 X(U)___ Z(W)___ F___;
参 数 含 义	X、Z:指定纵向切削终点绝对坐标值(x,z) U、W:指定至纵向切削终点的移动量,纵向切削终点相对于循环起点的增量坐标(u,w) F:指定切削进给速度
切削循环动作 次序图示	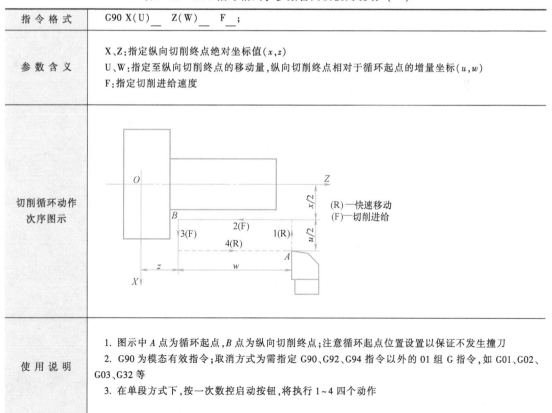
使 用 说 明	1. 图示中 A 点为循环起点,B 点为纵向切削终点;注意循环起点位置设置以保证不发生撞刀 2. G90 为模态有效指令;取消方式为需指定 G90、G92、G94 指令以外的 01 组 G 指令,如 G01、G02、G03、G32 等 3. 在单段方式下,按一次数控启动按钮,将执行 1~4 四个动作

（3）锥度切削循环指令 G90　G90 指令格式、参数含义及使用说明见表 2-16。

表 2-16　G90 指令格式、参数含义及使用说明（二）

指 令 格 式	G90 X(U)＿ Z(W)＿ R＿ F＿ ；
参 数 含 义	X、Z：指定纵向切削终点绝对坐标值(x,z) U、W：指定至纵向切削终点的移动量，即纵向切削终点相对于循环起点的增量坐标(u,w) R：指定锥度量 r，即圆锥大、小端直径差的 1/2，其值有正、负规定 F：指定切削进给速度
切削循环动作 次序图示	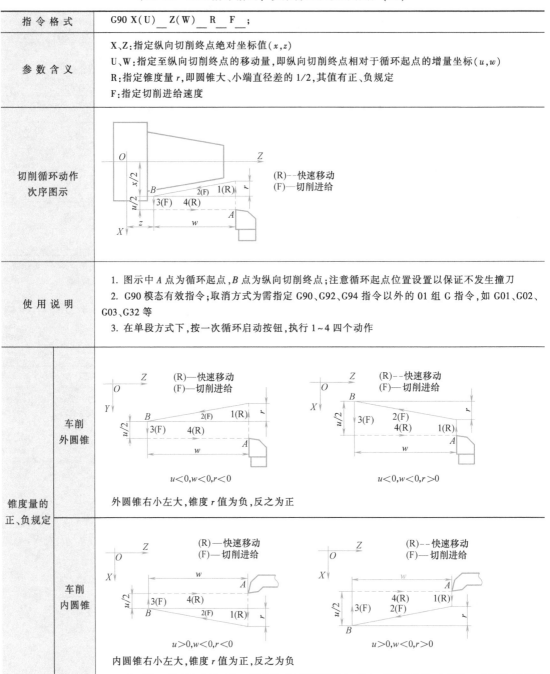
使 用 说 明	1. 图示中 A 点为循环起点，B 点为纵向切削终点；注意循环起点位置设置以保证不发生撞刀 2. G90 模态有效指令；取消方式为需指定 G90、G92、G94 指令以外的 01 组 G 指令，如 G01、G02、G03、G32 等 3. 在单段方式下，按一次循环启动按钮，执行 1~4 四个动作
锥度量的 正、负规定	车削 外圆锥 $u<0,w<0,r<0$　　　　　$u<0,w<0,r>0$ 外圆锥右小左大，锥度 r 值为负，反之为正 车削 内圆锥 $u>0,w<0,r<0$　　　　　$u>0,w<0,r>0$ 内圆锥右小左大，锥度 r 值为正，反之为负

任务实施

本任务圆锥表面质量要求不高，尺寸及角度精度要求也较低，任务实施主要考虑圆锥面加工时余量大且不均匀问题。

1．工艺分析

（1）圆锥尺寸的计算　本任务给出圆锥小端直径为 $\phi10mm$，圆锥长度为 26mm，圆锥角为 20°，需计算出圆锥面大端直径，才能进行程序编制。大端直径的计算方法：$C/2 = \tan(\alpha/2) = \tan10° = 0.1763$，$D = d + LC = 10mm + 26mm × 0.1763 × 2 = 19.17mm$。另外，圆锥面分层切削时还需计算出每次车削时的大端直径。

（2）刀具的选择　根据实际情况选用硬质合金焊接式外圆车刀或可转位车刀，车刀主偏角大于 90°，零件质量要求不高，粗、精加工采用同一把车刀车削并将车刀装夹在 T01 号刀位。选用切断刀手动切断工件，切断刀刀号为 T02。

（3）零件加工工艺路线的制订　本任务加工工艺路线为夹住毛坯外圆，粗车 $\phi28mm$ 外圆，留 0.6mm 精车余量；粗车圆锥面，分 4 次进给切除余量，车削路径如图 2-14 所示；然后精车端面、圆锥、外圆；最后用切断刀手动切断。调头夹住 $\phi28mm$ 外圆，手动车左端面，控制总长，具体工艺见表 2-17。

（4）量具的选择　零件外圆、长度等尺寸精度较低，采用游标卡尺测量；圆锥角度采用游标万能角度尺测量；表面粗糙度用粗糙度样板比对。

（5）切削用量的选择　工件材料为 45 钢，粗加工背吃刀量取 2～3mm，进给量取 0.2mm/r，主轴转速取 600r/min；精加工背吃刀量取 0.3mm，进给量取 0.1mm/r，主轴转速取 800r/min；手动切断时背吃刀量取 4mm，进给量取 0.1mm/r，主轴转速取 400r/min。具体切削用量见表 2-17。

表 2-17　外圆锥轴车削加工工艺

工序名	定位（装夹面）	工步序号及内容	刀具及刀号	主轴转速 $n/(r/min)$	进给量 $f/(mm/r)$	背吃刀量 a_p/mm
车削	夹住毛坯外圆	1．粗车圆锥、外圆面	外圆车刀，刀号 T01	600	0.2	2～3
		2．精车圆锥、外圆面	外圆车刀，刀号 T01	800	0.1	0.3
		3．手动切断	切断刀，刀号 T02	400	0.1	4
	调头，夹住 $\phi28mm$ 外圆	手动车左端面，控制总长	外圆车刀，刀号 T01	600	0.2	2～3

2．程序编制

编程时工件坐标系原点选择在零件右端面中心点；取外圆车刀刀尖为刀位点，粗车 $\phi28mm$ 外圆采用直线切削循环指令 G90 编程，分层粗车圆锥面余量采用锥度切削循环指令 G90 编程，循环起点 A 坐标设为（5，34），锥度量 $= (D-d)/2 = (19.17-10)mm/2 = 4.585mm$（外圆锥右小左大，值为负），每次纵向车削终点 B 坐标为（-25.7，32.0）、（-25.7，28.0）（-25.7，24.0）、（-25.7，20.0）。

参考程序见表 2-18，程序名为"O0022"。手动切断和调头手动车左端面不需要编程。

表 2-18　外圆锥轴加工参考程序

程序段号	程序内容	指令含义
N10	G99 G21 M03 S600 T0101；	每转进给量，米制尺寸输入，主轴正转，转速为 600r/min，选 T01 号外圆车刀
N20	G00 X34.0 Z5.0 M08；	刀具快速移至循环起点，切削液开

（续）

程序段号	程序内容	指令含义
N30	G90 X28.6 Z-40.0 F0.2;	用外圆循环粗车 φ28mm 外圆，进给量为 0.2mm/r
N40	G90 X32.0 Z-25.7 R-4.585;	第一次用锥面循环粗车圆锥面
N50	G90 X28.0 Z-25.7 R-4.585;	第二次用锥面循环粗车圆锥面
N60	G90 X24.0 Z-25.7 R-4.585;	第三次用锥面循环粗车圆锥面
N70	G90 X20.0 Z-25.7 R-4.585;	第四次用锥面循环粗车圆锥面
N80	S800;	选择精车主轴转速为800r/min
N90	G00 X0 Z5.0;	刀具快速移至进刀点
N100	G01 Z0 F0.1;	精车至工件端面
N110	X10.0;	精车端面
N120	X19.17 Z-26.0;	精车圆锥面
N130	X28.0;	精车台阶面
N140	Z-40.0;	精车 φ28mm 外圆
N150	X34.0;	刀具沿 X 方向切出
N160	G00 X100.0 Z200.0;	刀具退回
N170	M05 M09;	主轴停，切削液关
N180	M30;	程序结束

3. 加工操作

（1）加工准备

1）开机回机床参考点，建立机床坐标系，使后续操作有一个基准位置。

2）装夹工件。夹住毛坯外圆，伸出长度45mm左右。

空运行与仿真

3）装夹刀具。将外圆车刀装夹在 T01 号刀位，切断刀装夹在 T02 号刀位；使刀具刀尖与工件回转中心等高，切断刀刀头垂直于工件轴线。

4）对刀操作。对外圆车刀采用试切法对刀，对刀后将数据分别输入刀具相应长度补偿中。刀具对刀完成后，分别进行 X、Z 方向对刀测试，检验对刀是否正确。

5）输入程序并校验。将"O0222"程序输入机床数控系统，调出"O0222"程序，设置空运行及仿真，进行校验程序并观察刀具轨迹。操作步骤如下：

工作方式选择自动方式，打开程序"O0222"，按空运行键，按图形参数键，在图形参数页面中可根据需要设置毛坯尺寸、坐标位置、比例等，按[图形]软键，显示加工轨迹页面，如图2-16所示。按数控启动键 ⬛ ，执行程序并在屏幕上显示加工轨迹。

空运行刀具移动速度快，切忌发生撞刀事故。校验程序时可不装夹工件，或者刀具对刀后将数控系统中刀具 Z 方向值增加 50~100mm，防止撞刀，程序校验结束后必须随时取消空运行等有关设置，

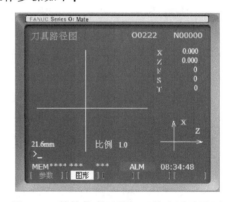

图2-16 数控仿真刀具加工轨迹显示页面

有些机床还需要重回机床参考点。

发那科系统机床还可按辅助功能（机床）锁住键 及空运行键进行轨迹仿真，此时，刀具将不发生移动，只运行程序并显示加工轨迹。

（2）零件加工

1）加工零件右端轮廓，加工步骤如下：

① 调出 "O0222" 程序，检查工件、刀具是否按要求夹紧，刀具是否已对刀。

② 选择自动加工方式，调小进给倍率，按数控启动键，进行自动加工。加工中观察切削情况，逐步将进给倍率调至适当值。

③ 手动切断工件。

2）调头夹住 $\phi28mm$ 外圆，手动车左端面，控制总长。加工中为避免自定心卡盘破坏已加工外圆，可垫一圈铜皮做防护。

3）加工结束后及时清扫机床。

检测评分

将学生任务完成情况的检测与评分填入表 2-19 中。

表 2-19　外圆锥轴加工检测评分表

序号	检测项目	检测内容及要求	配分	学生自检	学生互检	教师检测	得分
1	职业素养	文明礼仪	5				
2		安全纪律	10				
3		行为习惯	5				
4		工作态度	5				
5		团队合作	5				
6	工艺制订	1. 选择装夹与定位方式 2. 选择刀具 3. 选择加工路径 4. 选择合理的切削用量	5				
7	程序编制	1. 编程坐标系选择正确 2. 指令使用与程序格式正确 3. 基点坐标正确	10				
8	机床操作	1. 开机前检查、开机、回机床参考点 2. 工件装夹与对刀 3. 程序输入与校验	5				
9	零件加工	$\phi28mm$	10				
10		$\phi10mm$	10				
11		36mm	5				
12		10mm	5				
13		20°	10				
14		表面粗糙度值 $Ra3.2\mu m$	10				
综合评价							

任务反馈

在任务完成过程中，分析是否出现表 2-20 所列的误差项目，了解其产生原因并提出修正措施。

表 2-20　外圆锥轴加工出现的误差项目、产生原因及修正措施

误 差 项 目	产 生 原 因	修 正 措 施
圆锥面大小端直径超差	1. 圆锥编程尺寸计算或输入错误	
	2. 刀具 X 方向对刀误差大	
	3. 测量错误	
圆锥面长度尺寸超差	1. 圆锥编程尺寸计算或输入错误	
	2. 刀具 Z 方向对刀误差大	
	3. 测量错误	
圆锥角度不正确或圆锥母线出现双曲线误差	1. 圆锥编程尺寸计算或输入错误	
	2. 车刀刀尖与工件旋转中心不等高	
表面粗糙度值超差	1. 工艺系统刚性不足	
	2. 刀具角度不正确或刀具磨损	
	3. 切削用量选择不当	

任务拓展一

用增量坐标编程指令编写图 2-11 所示零件的加工程序并完成其加工练习。

任务拓展二

加工图 2-17 所示零件，材料为 45 钢。

任务拓展实施提示：零件有 3 个外圆锥面，已知圆锥角度、长度等尺寸，还需计算圆锥面其他部分尺寸；加工表面质量要求较高，需分粗、精加工完成，粗车圆锥表面需分多次进给；零件有倒圆锥存在，注意解决加工中刀具角度选择等问题。

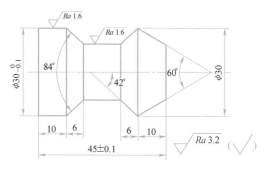

技术要求

未注公差尺寸按GB/T 1804—m。

图 2-17　任务拓展训练题

任务三	多槽轴的加工

任务描述

使用 FANUC 0i Mate-TD 系统数控车床，完成图 2-18 所示的多槽轴加工，材料为 45 钢，其中 4mm×1mm 窄槽 3 个，6mm×2mm 宽槽 3 个，零件表面粗糙度值全部为 $Ra3.2\mu m$，尺寸精度为未注公差尺寸。加工后的三维效果图如图 2-19 所示。

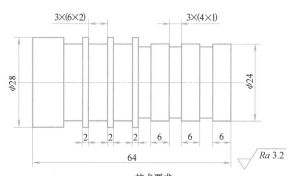

技术要求

未注公差尺寸按GB/T 1804—m。

图 2-18　多槽轴零件图

图 2-19　多槽轴的三维效果图

知识目标

1. 掌握 G04 指令及应用
2. 掌握回参考点指令及应用
3. 掌握切槽循环指令及应用
4. 掌握子程序的定义及应用
5. 会制订各种外槽加工工艺

技能目标

1. 会编写各种外槽加工程序
2. 会进行外槽车刀的安装及对刀
3. 具有加工各种外槽零件并达到一定精度要求的能力

知识准备

　　轴类零件表面上有各种类型的槽，如直槽、V（梯）形槽、圆形槽等，如图 2-20 所示，主要用作螺纹退刀槽、砂轮越程槽、密封槽、冷却槽等，精度要求不是很高。在数控车床上加工槽，主要考虑切槽刀具、进刀方法、切削用量等工艺知识及相关编程知识。

1. 外槽车刀及选用

　　外槽车刀有整体式、焊接式、可转位式 3 种结构，

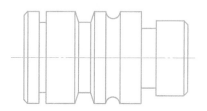

图 2-20　各种外槽形状

在数控车床上，为提高切削效率，选用可转位式切槽刀，常见外槽车刀及加工特点见表 2-21。

表 2-21　常见外槽车刀及加工特点

外槽车刀种类	结构形式	加工特点
整体式外槽车刀		由高速钢刀条刃磨而成，切削速度较低，效率较低，易折断，常用于非铁金属材料、塑料等材料的加工，也可用于钢、铸铁材料的加工。为防止折断，可用弹性刀夹夹持

（续）

外槽车刀种类	结 构 形 式	加 工 特 点
焊接式外槽车刀		由硬质合金刀片焊接在刀杆上制成,价格较低,但磨损后需重磨,效率低
可转位式外槽车刀		由专门企业生产,将可转位刀片装夹在刀杆上构成,一个切削刃磨损后只需将刀片松开转一个位置,再夹紧即可继续投入切削,效率高,故数控机床一般都选用可转位式切槽刀进行加工

　　切槽或切断中，应确定外槽车刀刀头长度 L 和刀头宽度 a （图 2-21）。刀头长度与槽的深度有关，一般按经验公式计算

$$L = h + (2 \sim 3) \, \text{mm}$$

式中　L——刀头长度（mm）；

　　　　h——切入深度（mm）。

　　刀头宽度的计算公式为

$$a = (0.5 \sim 0.6)\sqrt{d}$$

式中　a——刀头宽度（mm）；

　　　　d——待加工表面直径（mm）。

　　加工槽宽小于 5mm 的槽时，刀头宽度取槽宽尺寸。

2. 切外槽的进刀方法

　　（1）切窄直槽的进、退刀方法　切窄直槽的进、退刀方法与切断工件时的进、退刀方法相同，采用一次进给切入、切出，如图 2-21 所示。

　　（2）切宽直槽的进刀方法　用切槽刀沿横向多次粗车，槽侧和槽底留精车余量，最后精车槽侧和槽底，如图 2-22 所示。

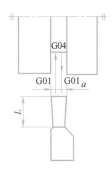

图 2-21　切窄直槽的进、退刀方法

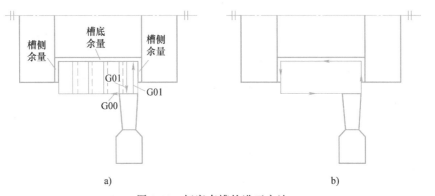

a)　　　　　　　　　　　　　　　b)

图 2-22　切宽直槽的进刀方法

a）宽直槽粗车进刀方法　b）宽直槽精车进刀方法

（3）切V（梯）形槽的进刀方法 V形槽根据槽尺寸大小采用成形槽刀直进法、左右切削法切削。当V形槽尺寸较小，用V形槽刀直进法，如图2-23a所示。V形槽也可用直槽刀分3次切削完成，第1刀车直槽，第2刀车右侧V形部分，第3刀车左侧V形部分，如图2-23b所示。

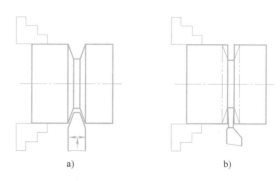

图2-23 切V（梯）形槽的进刀方法
a）用V形槽刀直进法 b）用直槽刀分三次切削完成

3. 切槽的切削用量

切槽切削用量选择主要考虑工件材料、刀具类型、工艺系统刚性及表面粗糙度等因素，因外槽车刀窄而长，刀具强度低，易折断，故切削用量相对较小。

（1）选择背吃刀量 当槽宽 b<5mm 时，外槽车刀刀头宽度等于槽宽，背吃刀量为刀头宽度；切宽槽时，用刀头宽度小于5mm的外槽车刀分次车削加工，精车槽侧及槽底的背吃刀量（精车余量）取0.1~0.3mm。

（2）选择进给量 切槽进给量选择较小值，因为外槽车刀越切入槽底，排屑越困难，切屑易堵在槽内，增大切削力。一般粗车进给量为0.08~0.1mm/r，精车进给量为0.05~0.08mm/r。

（3）选择切削速度 切槽时切削速度不宜太低，切削速度太低，切削力增大；随着切槽的深入，切削速度越来越小，切削力也相应增大，刀具易折断。此外，切削速度的选择还应考虑刀具性质。一般情况下，采用高速钢外槽车刀及焊接式外槽车刀时主轴转速一般为200~300r/min，采用可转位外槽车刀时主轴转速为300~400r/min。

4. 测量槽尺寸的量具

外槽的尺寸主要有槽的宽度和槽底直径（或槽深）。槽宽根据精度高低可选用钢直尺、游标卡尺、样板、内测千分尺等量具来测量。槽底直径选用卡钳、游标卡尺、外径千分尺等量具来测量。V形槽角度选用样板或角度尺测量。

5. 编程知识

（1）暂停指令G04 加工宽度不大的槽时，用G01直线插补指令直进法切入、切出，为保证槽底光滑圆整，外槽车刀车至槽底时需用G04指令暂停，以光整槽底表面，如图2-21所示。G04指令格式、参数含义及使用说明见表2-22。

表2-22 G04指令格式、参数含义及使用说明

指令格式	G04 X(U)___;或 G04 P___;
参数含义	X、U后跟暂停时间，单位为s，其后需带小数点，表示暂停数秒时间 P后跟暂停时间，单位为ms，不可用带小数点的数，表示暂停数毫秒时间
使用说明	G04指令是程序段有效指令，可通过系统内部参数DWL（NO.3405#1）设定为暂停主轴转动

（2）回参考点指令G28 回参考点指令可使刀具经过某一中间点快速返回到参考点。G28指令格式、参数含义及使用说明见表2-23。

表 2-23　G28 指令格式、参数含义及使用说明

指 令 格 式	G28 X__ Z__ ;
参 数 含 义	X、Z指定中间点的坐标 如：N1 G28 X40.0 Z10.0；刀具经中间点（10,40）返回至参考点
使 用 说 明	1. 该指令为程序段有效指令 2. 使用回参考点指令前，为安全起见应取消刀具半径补偿和长度补偿 3. 若程序段为"G28 U0 W0;"，则表示直接回参考点

（3）径向沟槽复合循环指令 G75　当槽尺寸较大或有多个相同尺寸的槽时，可通过调用径向沟槽复合循环指令 G75 来编程。G75 指令格式、参数含义及使用说明见表 2-24。

表 2-24　G75 指令格式、参数含义及使用说明

径向沟槽复合切 削循环指令格式	G75 R(e)； G75 X(U)__ Z(W)__ P(Δi) Q(Δk) R(Δd) F(f)；
切削循环路径	
参 数 含 义	e：返回量 X、Z：指定槽底终点绝对坐标（x,z） U、W：指定槽底终点相对于循环起点的增量坐标（u,w） Δi：X轴方向的切削深度，无符号，半径值，输入单位为 μm Δk：Z轴方向的移动量，无符号，输入单位为 μm Δd：槽底位置 Z轴方向的退刀量，无要求时尽量不要设置数值，取 0 以免断刀 f：进给量
使 用 说 明	1. X(U) 或 Z(W) 指定了值，而 Δi 或 Δk 未指定或值为零时将发生报警 2. Δk 值一般小于刀头宽度，Δk 值为负时将发生报警，Δk 值大于槽宽时，将切出多个相同的槽 3. Δi 值大于 U/2 或设置为负时将发生报警 4. 返回量 e 大于切削深度 Δi 时将发生报警

（4）子程序　当加工零件相同部分的形状和结构时，可将这部分形状和结构的加工编写成子程序，在主程序适当位置调用、运行，以简化程序结构。

FANUC 系统子程序命名规则与主程序相同，以字母"O"开头，后跟四位数字，但程序结束用指令 M99 表示。例如子程序"O2233"如下：

N10 G00 W-10.0；-Z 方向快速移动 10mm

N20 G01 U−8.0；−X 方向直线进给 8mm

N30 G04 X2.0；暂停时间 2s

N40 G01 U8.0；X 方向直线切出 8mm

N50 M99；子程序结束

式中子程序结束指令 M99 不一定要构成一个独立的程序段。

子程序调用

（5）子程序调用指令 M98　M98 指令格式、参数含义及使用说明见表 2-25。

表 2-25　M98 指令格式、参数含义及使用说明

指令格式	M98 P××××××；
参数含义	P 后为子程序被重复调用次数及子程序名，其中后四位数表示子程序名。不指定次数时，默认调用一次 例：N20 M98 P2233；调用子程序"O2233" ⋮ N40 M98 P30113；重复调用子程序"O0133"3 次
使用说明	主程序可以调用子程序，子程序还可以继续调用子程序，一般可嵌套 10 层
调用子程序后，程序执行次序图	主程序 N10⋯； N20 M98 P2233； N30⋯； N40 M98 P31133； N50⋯； 子程序 O2233 N10⋯； N20⋯； N30⋯； N40⋯； N50 M99； 子程序 O1133 N10⋯； N20⋯； N30⋯； N40 M99； 发那科系统程序运行路线

任务实施

本任务中 3 个窄槽和 3 个宽槽分别处于不同的台阶面上，为方便加工，选用刀头宽度相同的同一把切槽刀，窄槽一次切削至尺寸要求，宽槽分几次粗车，最后再精车完成；此外，切槽前还需完成相应的外圆表面车削。

1. 工艺分析

（1）刀具的选择　加工外圆面、端面选用硬质合金外圆车刀或可转位式车刀；切槽选用宽度为 4mm 硬质合金焊接式外槽车刀或可转位式外槽车刀。

（2）车削零件的工艺路线的制订　加工时，先夹住毛坯外圆，车工件端面、外圆面，然后换切槽刀分别加工 6 个槽，最后切断工件；调头夹住 φ28mm 外圆，车削工件左端面控制总长。车削工艺见表 2-26。

（3）切削用量的选择　粗、精车外圆切削用量同前面任务，切槽主要考虑转速和进给量大小，转速选择350r/min，进给量选择0.08mm/r。所有表面加工切削用量见表2-26。

表2-26　车削多槽轴加工工艺

工序名	定位（装夹面）	工步序号及内容	刀具及刀号	主轴转速 n/(r/min)	进给量 f/(mm/r)	背吃刀量 a_p/mm
车削	夹住毛坯外圆，车工件右端轮廓、槽	1. 粗车φ28mm及φ24mm外圆	外圆车刀，刀号T01	600	0.2	2
		2. 精车φ28mm及φ24mm外圆	外圆车刀，刀号T01	800	0.1	0.3
		3. 切3个4mm×1mm窄槽	外槽车刀，刀号T02	350	0.08	4
		4. 切3个6mm×2mm宽槽	外槽车刀，刀号T02	350	0.08	4
		5. 切断	外槽车刀，刀号T02	350	0.08	4
	调头装夹	手动车端面,控制总长	外圆车刀,刀号T01	600	0.2	2

2. 程序编制

编写槽加工程序时，因右端3个4mm×1mm槽及3个6mm×2mm槽结构形状相同，可采用增量方式分别编写两个子程序，然后在主程序中分别连续调用3次即可，调头车端面控制总长不需要编写加工程序。

（1）主程序　加工零件右端轮廓，工件坐标系原点选择在零件右端面（装夹后）中心点；加工槽时，外槽车刀刀位点选取左侧刀尖点。参考程序见表2-27，程序名为"O0023"。

表2-27　车零件右端轮廓参考程序

程序段号	程序内容	含义
N10	G40 G18 G21 G99;	参数初始化
N20	M03 S600 T0101;	主轴正转,转速为600r/min,选T01号外圆车刀
N30	G00 X32.0 Z5.0 M08;	刀具快速移至循环起点,切削液开
N40	G90 X28.6 Z-69.0 F0.2;	调用循环粗车φ28mm外圆,进给速度为0.2mm/r
N50	G90 X24.6 Z-29.8;	调用循环粗车φ24mm外圆
N60	S800;	主轴转速调为800r/min
N70	G00 X0 Z5.0;	刀具快速移至进刀点
N80	G01 Z0 F0.1;	精车至端面
N90	X24.0;	精车端面
N100	Z-30.0;	精车φ24mm外圆
N110	X28.0;	精车台阶面
N120	Z-69.0;	精车φ28mm外圆
N130	X32.0;	刀具沿X方向切出
N140	G28 X60.0 Z50.0;	刀具返回机床参考点
N150	T0202;	换外槽车刀
N160	G00 X32.0 Z0 S350;	刀具返回切削起点,切槽的主轴转速为350r/min
N170	M98 P30001;	调用窄槽子程序,加工3个窄槽
N180	M98 P30002;	调用宽槽子程序,加工3个宽槽
N190	G00 Z-69.0;	刀具移至Z=-69处,留切断余量
N200	G01 X0 F0.08;	切断工件
N210	X32.0;	刀具切出

（续）

程序段号	程序内容	含　义
N220	G28 X60.0 Z50.0 M09;	刀具返回机床参考点,切削液关
N230	M05;	主轴停
N240	M30;	程序结束

（2）加工 4mm×1mm 窄槽子程序　子程序见表 2-28，程序名为"O0001"。

表 2-28　加工窄槽子程序

程序段号	程序内容	含　义
N10	G00 W-10;	-Z 方向移动 10mm
N20	G01 U-10 F0.08;	-X 方向切入 10mm,进给量为 0.08mm/r
N30	G04 X3;	槽底暂停 3s
N40	U10;	X 方向切出 10mm
N50	M99;	子程序结束并返回

（3）加 6mm×2mm 宽槽子程序　参考程序见表 2-29，程序名为"O0002"。

表 2-29　加工宽槽子程序

程序段号	程序内容	含　义
N10	G00 W-6.3;	-Z 方向移动 6.3mm,槽侧留 0.3mm 余量
N20	G01 U-7.7 F0.08;	-X 方向切入 7.7mm,槽底留 0.15mm 余量
N30	G04 X3;	槽底暂停 3s
N40	U7.7;	X 方向切出 7.7mm
N50	G00 W-1.4;	-Z 方向移动 1.4mm
N60	G01 U-7.7 F0.08;	-X 方向切入 7.7mm,槽底留 0.15mm 余量
N70	G04 X3;	槽底暂停 3s
N80	U7.7;	X 方向切出 7.7mm
N90	G00 W1.7;	Z 方向移动 1.7mm
N100	G01 U-8 F0.08;	-X 方向切入 8mm,进给量为 0.08mm/r
N110	W-2;	-Z 方向切削 2mm
N120	U8;	X 方向切出 8mm
N130	M99;	子程序结束并返回

3. 加工操作

（1）加工准备

1）开机回机床参考点，建立机床坐标系，使后续的操作有一个基准位置。

2）装夹工件。加工零件右端轮廓时，夹住毛坯外圆，伸出长度为 75mm 左右，调头夹住 φ28mm 外圆，手动车端面时需进行找正，保证工件不歪斜。

3）装夹刀具。本任务用到外圆车刀、4mm 外槽车刀等，分别将刀具装夹在 T01、T02 号刀位中；装夹时要保证刀具刀尖与工件回转中心等高，外槽车刀刀头严格垂直于工件轴线。

4）对刀操作。对外圆车刀采用试切法对刀。外槽车刀对刀时刀位点选左侧刀尖，对刀步骤如下：

① Z 方向对刀。MDI 方式下输入程序"M03 S400;"，使主轴正转；切换成手动方式，将外槽车刀左侧刀尖碰至工件端面，沿 +X 方向退出刀具，如图 2-24 所示。然后进行面板操作，面板操作步骤与外圆车刀相同。

② X 方向对刀。MDI 方式下输入程序"M03 S400;"，使主轴正转；切换成手动方式，用外槽车刀主切削刃试切工件外圆面（长 3~5mm），沿+Z 方向退出刀具，如图 2-25 所示。停机，测量外圆直径，然后进行面板操作，面板操作步骤与外圆车刀 X 方向对刀相同。

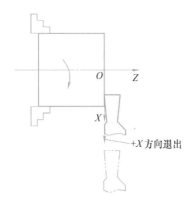

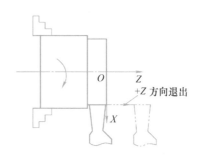

图 2-24 外槽车刀 Z 方向对刀操作过程　　图 2-25 外槽车刀 X 方向对刀操作过程　　外槽车刀对刀

刀具对刀完成后，分别进行 X、Z 方向对刀测试，检验对刀是否正确。

5）输入程序并校验。将"O0023""O0001""O0002"3 个程序全部输入机床数控系统，调出"O0023"程序，设置空运行及仿真，进行校验程序并观察刀具轨迹，程序校验结束后取消空运行等设置。

（2）零件加工

1）加工零件右端轮廓，步骤如下：

① 调出"O0023"程序，检查工件、刀具是否按要求夹紧，刀具是否已对刀。

② 选择自动加工方式，调小进给倍率，按数控启动键，进行自动加工。加工中观察切削情况，逐步将进给倍率调至适当位置。

2）调头夹住 $\phi28$mm 外圆，车端面，控制总长。

3）加工结束后及时清扫机床。

检测评分

将学生任务完成情况的检测与评分填入表 2-30 中。

表 2-30 多槽轴加工检测评分表

序号	检测项目	检测内容及要求	配分	学生自检	学生互检	教师检测	得分
1	职业素养	文明礼仪	5				
2		安全纪律	10				
3		行为习惯	5				
4		工作态度	5				
5		团队合作	5				
6	工艺制订	1. 选择装夹与定位方式 2. 选择刀具 3. 选择加工路径 4. 选择合理的切削用量	5				

（续）

序号	检测项目	检测内容及要求	配分	学生自检	学生互检	教师检测	得分
7	程序编制	1. 编程坐标系选择正确 2. 指令使用与程序格式正确 3. 基点坐标正确	10				
8	机床操作	1. 开机前检查、开机、回机床参考点 2. 工件装夹与对刀 3. 程序输入与校验	5				
9	零件加工	$\phi28mm$	5				
10		$\phi24mm$	5				
11		4mm×1mm 槽（3 个）	12				
12		6mm×2mm 槽（3 个）	12				
13		6mm	3				
14		2mm	3				
15		表面粗糙度值 $Ra3.2\mu m$	10				
	综合评价						

任务反馈

在任务完成过程中，分析是否出现表 2-31 所列的误差项目，了解其产生原因并提出修正措施。

表 2-31　多槽轴加工出现的误差项目、产生原因及修正措施

误差项目	产生原因	修正措施
槽宽度尺寸不正确	1. 刀具刀头宽度尺寸不正确	
	2. 编程坐标错误	
槽深度尺寸不正确	1. 编程坐标错误	
	2. 测量错误	
槽表面粗糙度超差	1. 工艺系统刚性不足	
	2. 刀具角度不正确	
	3. 切削用量选择不当	
	4. 外槽车刀安装不正确	
外槽车刀折断	1. 外槽车刀角度不正确	
	2. 外槽车刀安装不正确	
	3. 切削用量不当	
	4. 未充分使用切削液	
	5. 切屑阻断	

任务拓展一

用径向沟槽复合循环指令 G75 编写图 2-18 所示的宽槽加工程序并练习加工。

任务拓展二

加工图 2-26 所示零件，毛坯材料为 45 钢，尺寸为 $\phi48mm\times55mm$。

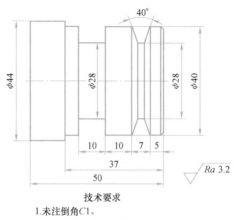

技术要求
1. 未注倒角C1。
2. 未注公差尺寸按GB/T 1804—m。

图 2-26　任务拓展二训练题

拓展任务

实施提示：零件主要由外圆面、端面、台阶面、V 形槽及宽直槽构成，槽底宽分别为 2.6mm、10mm，加工时先粗、精车外圆面、端面，车削 V 形槽时，先用刀头宽为 2.6mm 的外槽车刀加工宽度等于槽底尺寸的直槽，然后分别加工两侧边部分，宽直槽用 G75 循环指令循环加工。

任务四　　多阶梯轴的加工

任务描述

使用 FANUC 0i Mate-TD 系统数控车床，完成图 2-27 所示的多阶梯轴零件加工，材料为 45 钢，毛坯为 ϕ32mm×75mm 棒料，零件由多个外圆柱面、外圆锥面、台阶面与端面组成，且零件尺寸精度要求较高，表面质量要求也较高，形状复杂。加工后的三维效果图如图 2-28 所示。

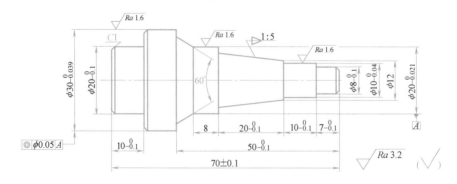

技术要求
1. 未注公差尺寸按GB/T 1804—m。
2. 未注倒角C1。

图 2-27　多阶梯轴零件图

知识目标

- 1. 理解编程尺寸的概念
- 2. 了解轴类零件的装夹工艺
- 3. 掌握发那科系统轮廓粗、精加工复合循环
指令的格式及参数含义

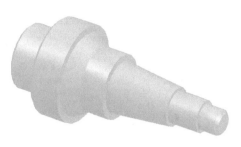

图 2-28　多阶梯轴三维效果图

技能目标

- 1. 会制订多阶梯轴加工工艺
- 2. 会用轮廓粗、精加工复合循环指令编写多阶梯轴粗、精加工程序
- 3. 具备加工多阶梯轴并达到一定精度要求的能力

知识准备

卡爪的装拆

中等复杂轴一般都是多阶梯轴，常由圆柱面、圆锥面、台阶面、端面、圆弧面等表面构成，其加工工艺由各表面加工知识综合而成，编程方法则采用轮廓粗、精车复合循环指令，以简化程序结构。

1. 轴类零件的装夹方法

数控车床上装夹工件有手动装夹和自动装夹两种。手动装夹工件采用自定心卡盘、单动卡盘、一夹一顶、两顶尖等，自动装夹工件采用液压卡盘。装夹方法及特点见表 2-32。

表 2-32　数控车床轴类零件装夹方法及特点

装 夹 方 法	图　示	特　点
自定心卡盘装夹工件		夹紧力较小,具有自动定心作用,一般不需要找正;但装夹较长的工件时,工件离卡盘夹持部分较远处的旋转中心不一定与车床主轴旋转中心重合,需找正;自定心卡盘长时间使用后,精度会下降,也应进行找正;常用于装夹小型、规则形状的零件
单动卡盘装夹工件		单动卡盘的每个卡爪独立运动,夹紧力大,但不能自动定心,装夹工件后需找正;用于装夹大型或形状不规则的零件
一夹一顶装夹工件	自定心卡盘 工件 尾座顶尖	对于较长工件的粗加工及较重的工件,为安全起见,宜采用一夹一顶装夹;为防止工件轴向位移,必须在卡盘内装一限位支承或利用工件的台阶进行限位;可承受较大轴向力

（续）

装夹方法	图　　示	特　　点
两顶尖装夹工件	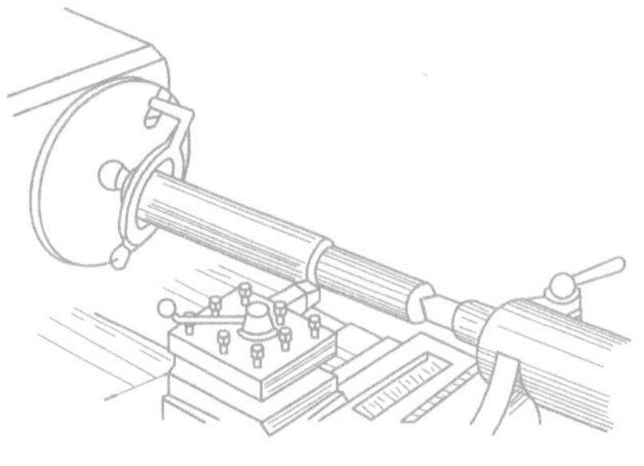	对于较长的轴或必须经过多次装夹才能完成加工的轴，宜采用两顶尖装夹；装夹定心精度高，但刚性差，适用于精加工；工件装夹前应在工件两端钻好中心孔，并用鸡心夹头夹住工件以传递动力
液压卡盘自动装夹工件		使用液压缸自动控制卡爪夹紧与松开动作，不需要找正；夹紧工件迅速，效率高，是高档数控车床常用夹紧工件方法

2. 多阶梯轴加工车刀及选用

多阶梯轴加工车刀以外圆车刀为主。根据零件精度要求，分别用粗、精车刀进行粗加工和精加工；若多阶梯轴零件具有圆锥面、圆弧面，则需考虑车刀主、副偏角的大小，防止产生干涉现象。

3. 多阶梯轴加工的车削路径

多阶梯轴各段外圆加工余量大小不同，大直径外圆加工余量较小，可一刀车削；小直径外圆余量较大，需多次车削。为减少粗加工车削路径和编程，一般采用毛坯（轮廓）复合切削循环指令去除余量和轮廓精加工复合循环指令进行精加工；若零件径向尺寸不呈单向递增或递减，则必须采用分层切削方式粗车，路径与车外圆、圆锥、圆弧面相同。此外发那科数控系统还可以采用毛坯（轮廓）封闭循环指令 G73 进行粗加工（详见项目四任务二）。

4. 多阶梯轴加工的切削用量

多阶梯轴的加工切削用量选择与车外圆面、端面、圆锥面等切削用量选择相同，当工艺系统刚性足够，尽可能选择较大的背吃刀量，以减少进给次数，提高效率。粗车进给量选大一些，精车选小一些。粗车时选中等切削速度，精车时选择较高的切削速度。

5. 测量多阶梯轴的量具

多阶梯轴的量具由组成轴的各表面决定。外圆直径用游标卡尺、外径千分尺测量；长度用游标卡尺或深度尺测量；锥角用游标万能角度尺、标准量规测量等。

6. 编程知识

（1）编程尺寸　数控车床上加工的零件尺寸精度，常通过设置刀具磨损量来控制，在一次轮廓加工中，其控制量是相同的。对于不同精度的尺寸，必须以其极限尺寸平均值作为编程尺寸，才能实现对所有轮廓精度的控制。编程尺寸公式计算为

$$编程尺寸 = 公称尺寸 + \frac{上极限偏差 + 下极限偏差}{2}$$

例如，$\phi 25_{-0.1}^{0}$ mm 外圆的编程尺寸 = 25mm + （0 - 0.1） mm/2 = 24.95mm；长度为 25 ± 0.1mm 时，编程尺寸为 25mm。

（2）恒定切削速度指令 G96、取消恒定切削速度指令 G97　使用恒定切削速度功能后，可以使刀具切削点切削速度始终为常数（主轴转速×直径=常数），保证各表面加工质量一致，如图 2-29 所示。即切削速度不随刀具位置而发生变化，切削时工件直径发生变化，主轴转速随之变化，保证各点切削速度 v_A、v_B、v_C 恒定。

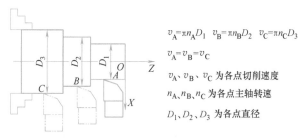

$v_A = \pi n_A D_1$　$v_B = \pi n_B D_2$　$v_C = \pi n_C D_3$

$v_A = v_B = v_C$

v_A、v_B、v_C 为各点切削速度

n_A、n_B、n_C 为各点主轴转速

D_1、D_2、D_3 为各点直径

图 2-29　恒定切削速度主轴转速与直径关系

恒定切削速度指令含义、格式及使用说明见表 2-33。

表 2-33　FANUC 系统中恒定切削速度功能指令含义、格式及使用说明

指 令 含 义	G96:恒定切削速度生效 G97:取消恒定切削速度
指 令 格 式	G96 S __ ;S 后数值表示切削速度(m/min) G50 S __ ;设定主轴转速上限。S 后数值表示主轴转速(r/min) G97 S __ ;S 后数值表示主轴转速(r/min)
使 用 说 明	1. 主轴必须为受控主轴,该指令才能生效 2. 当从工件大直径加工到工件小直径时,主轴转速可能提高得非常快,因此使用恒定切削速度时,必须设定主轴转速上限 3. 用 G00 快速移动指令时,主轴转速不改变 4. 取消恒定切削速度后,S 后数值生效,单位为 r/min,如果没有重新写地址 S,则主轴以 G96 功能生效前的转速旋转

（3）FANUC 系统轮廓粗加工复合循环指令 G71　应用该指令，只需指定粗加工背吃刀量、精加工余量和精加工路线等参数，系统便可自动计算出粗加工路线和加工次数，完成内、外轮廓表面的粗加工。轮廓粗加工复合循环指令的外轮廓粗车循环路径、指令格式及参数含义等见表 2-34。

表 2-34　FANUC 系统轮廓粗加工复合循环指令的外轮廓粗车循环路径、指令格式及参数含义等

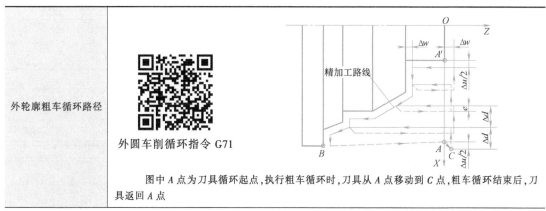

图中 A 点为刀具循环起点,执行粗车循环时,刀具从 A 点移动到 C 点,粗车循环结束后,刀具返回 A 点

（续）

轮廓粗车循环 指令格式	G71　U(Δd)　R(e)； G71　P(n_s)　Q(n_f)　U(Δu)　W(Δw)； N(n_s)…； F__ S__ T__；$\left.\rule{0pt}{18pt}\right\}$ $n_s \sim n_f$ 的程序段为 A' 点到 B 点的运行指令 ⋮ N(n_f)…；
参 数 含 义	Δd：每刀背吃刀量，半径值。一般 45 钢件取 $1\sim2$mm，铝件取 $1.5\sim3$mm e：退刀量，半径值。一般取 $0.5\sim1$mm n_s：精加工路线的第一个程序段的段号 n_f：精加工路线的最后一个程序段的段号 Δu：X 方向精加工余量，直径值；一般取 0.5mm 左右。加工内轮廓时，为负值 Δw：Z 方向精加工余量，一般取 $0.05\sim0.1$mm
使 用 说 明	1. 循环动作由带有地址 P 和 Q 的 G71 指令实现。在 n_s 和 n_f 程序段中指定的 F、S、T 功能轮廓粗车时无效，在 G71 程序段中或前面程序段中指定的 F、S、T 功能有效 2. 区别外圆、内孔。正、反阶梯由 X、Z 方向精加工余量（Δu、Δw）的正、负值来确定，具体如图 2-30 所示 3. 精车形状程序段开头（n_s 程序段中）应指定 G00 或 G01 指令，否则会报警 4. 使用 G71 指令时，工件径向尺寸必须单向递增或递减 5. 调用 G71 指令前，刀具应处于循环起点 A 处，A 点位置随加工表面不同而不同 6. 顺序号 $n_s \sim n_f$ 之间的程序段中不能调用子程序

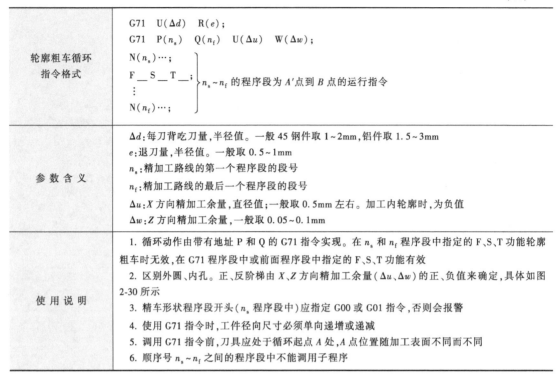

图 2-30　后置刀架和前置刀架加工不同表面时 Δu、Δw 正负情况

a）后置刀架　b）前置刀架

（4）FANUC 系统轮廓精加工复合循环指令 G70　用 G71 指令、G73 指令粗车完毕，用精加工循环指令 G70，使刀具进行 $A \rightarrow A' \rightarrow B$ 的精加工。

轮廓精加工复合循环指令格式及参数含义等见表 2-35。

表 2-35　FANUC 系统中轮廓精加工复合循环指令格式及参数含义等

指 令 格 式	G70　P(n_s)　Q(n_f)；
参 数 含 义	n_s：指定精加工路线的第一个程序段的段号 n_f：指定精加工路线的最后一个程序段的段号
使 用 说 明	1. 精车循环 G70 状态下，$n_s \sim n_f$ 程序中指定的 F、S、T 有效；当 $n_s \sim n_f$ 程序中不指定 F、S、T 时，粗车循环 G71 指令、G73 指令中指定的 F、S、T 有效 2. G70 循环加工结束时，刀具返回到起点并读下一个程序段 3. G70 中 $n_s \sim n_f$ 间的程序段不能调用子程序

任务实施

1. 工艺分析

（1）刀具的选择 根据实际情况选用硬质合金焊接式车刀或可转位式车刀；轮廓面尺寸精度、表面质量要求较高，分别用粗、精车刀车削；轮廓面存在台阶，故车刀主偏角应大于或等于90°。

阶梯轴加工

（2）零件加工工艺路线的制订 本任务尺寸精度和表面质量要求较高，不仅需要分粗、精加工完成，还需要调头装夹车削。先粗、精车右端轮廓表面，再调头装夹，粗、精车左端面及外圆。因工件径向尺寸单向递增，采用轮廓粗加工复合循环指令进行车削，以简化分层粗车时的编程及计算，轮廓精加工采用精加工复合循环指令编程。

（3）量具的选择 外圆直径用外径千分尺测量，长度尺寸用游标卡尺测量，圆锥角度用游标万能角度尺测量，表面粗糙度用粗糙度样板比对。

（4）切削用量的选择 粗车背吃刀量取 2 ~ 3mm，进给量取 0.2mm/r，主轴转速取 600r/min；精车背吃刀量取 0.3mm，进给量取 0.1mm/r，主轴转速取 1000r/min，具体切削用量见表 2-36。

表 2-36 多阶梯轴加工工艺

工序名	定位 （装夹面）	工步序号及内容	刀具及刀号	主轴转速 $n/(r/min)$	进给量 $f/(mm/r)$	背吃刀量 a_p/mm
车削	夹住毛坯外圆，伸出 60mm 左右	1. 粗车右端外轮廓	外圆粗车刀，刀号 T01	600	0.2	2 ~ 3
		2. 精车右端外轮廓	外圆精车刀，刀号 T02	1000	0.1	0.3
	调头，夹住 $\phi 20_{-0.021}^{0}mm$ 外圆	1. 粗车左端外轮廓	外圆粗车刀，刀号 T01	600	0.2	2 ~ 3
		2. 精车左端外轮廓	外圆精车刀，刀号 T02	1000	0.1	0.3

2. 程序编制

（1）加工零件右端轮廓程序 夹住毛坯外圆，工件坐标系原点选择在零件右端面中心点；编程时取刀尖为刀位点，编程尺寸取极限尺寸平均值，采用轮廓粗、精车复合循环指令进行编程。精加工外圆时使用 G96 恒定切削速度指令，以保证直径不等的各外圆表面切削速度一致。参考程序见表 2-37，程序名为"O0024"。

表 2-37 加工零件右端轮廓参考程序

程序 段号	程序内容	含 义
N10	G40 G21 G99;	参数初始化
N20	M03 S600 F0.2 T0101 M08;	选择 T01 号外圆粗车刀，设置粗车用量，切削液开
N30	G00 X36.0 Z5.0;	刀具快速移动至循环起点
N40	G71 U2 R1;	设置循环参数，调用轮廓粗加工复合循环指令
N50	G71 P60 Q180 U0.6 W0.1;	
N60	G00 X0;	刀具移至 $X = 0$ 处（以下为轮廓精加工程序段）
N70	G01 Z0;	刀具切削至端面

（续）

程序段号	程序内容	含 义
N80	X5.95；	车右端面
N90	X7.95 Z-1.0；	车倒角
N100	Z-6.95；	车 $\phi 8_{-0.1}^{0}$mm 外圆
N110	X9.98；	车台阶
N120	Z-16.95；	车 $\phi 10_{-0.04}^{0}$mm 外圆
N130	X12.0；	车台阶
N140	X16.0 Z-36.95；	车 1：5 圆锥
N150	X19.99；	车台阶
N160	Z-45.0；	车 $\phi 20_{-0.021}^{0}$mm 外圆
N170	X25.77 Z-49.95；	车 60° 圆锥
N180	X34.0；	车台阶
N190	G28 X100.0 Z100.0；	刀具返回参考点
N200	M00 M05 M09；	主轴停，程序停，切削液关
N210	T0202；	换 T02 精车刀
N220	G96 M03 S100 F0.1 M08；	精车，主轴转速为 100r/min，进给量为 0.1mm/r，切削液开
N230	G00 G50 S1500 X36.0 Z5.0；	刀具快速移动到循环起点，设置主轴转速上限
N240	G70 P60 Q180；	调用轮廓精车复合循环精车轮廓
N250	G28 X100.0 Z200.0；	刀具返回参考点
N260	M00 M09 G97；	程序停，切削液关
N270	M30；	程序结束

（2）加工左端轮廓程序 调头夹住 $\phi 20_{-0.021}^{0}$mm 外圆，取工件端面中心点为工件坐标系原点，程序名为"O0124"，参考程序见表 2-38。

表 2-38 加工零件左端轮廓参考程序

程序段号	程序内容	含 义
N10	G40 G21 G99；	参数初始化
N20	M03 S600 F0.2 T0101 M08；	选择 T01 号外圆粗车刀，设置粗车用量，切削液开
N30	G00 X36.0 Z5.0；	刀具快速移动至循环起点
N40	G71 U2 R1；	设置循环参数，调用循环粗加工轮廓
N50	G71 P60 Q140 U0.6 W0.1；	
N60	G00 X0；	刀具移至 X=0 处（以下为轮廓精加工程序段）
N70	G01 Z0；	刀具切削至端面
N80	X17.95；	车端面
N90	X19.95 Z-1.0；	车倒角

（续）

程序 段号	程序内容	含　义
N100	Z-9.95;	车 $\phi20_{-0.1}^{0}$mm 外圆
N110	X27.98;	车台阶
N120	X29.98 Z-10.95;	车倒角
N130	Z-22.0;	车 $\phi30_{-0.039}^{0}$mm 外圆
N140	X34.5	车至毛坯轮廓
N150	G28 X100.0 Z100.0;	刀具返回机床参考点
N160	M00 M05 M09;	主轴停,程序停,切削液关,测量
N170	T0202;	换 T02 外圆精车刀
N180	M03 G96 S100 F0.1 M08;	精车,主轴转速为 100r/min,进给量为 0.1mm/r,切削液开
N190	G00 G50 S1500 X36.0 Z5.0;	刀具快速移动至循环起点,设置主轴转速上限
N200	G70 P60 Q140;	调用轮廓精车复合循环指令精车轮廓
N210	G28 X100.0 Z200.0;	刀具返回机床参考点
N220	M00 M09 G97;	程序停,切削液关
N230	M30;	程序结束

3. 加工操作

（1）加工准备

1）开机回机床参考点,建立机床坐标系,使后续的操作有一个基准位置。

2）装夹工件。夹住毛坯外圆,伸出长度为 60mm 左右;调头夹住 $\phi20_{-0.021}^{0}$mm 外圆时需找正工件,且不能破坏已加工表面。

3）装夹刀具。将外圆粗车刀装夹在 T01 号刀位中,将外圆精车刀装夹在 T02 号刀位中,保证刀具主偏角大于或等于 90°。

4）对刀操作。工件调头装夹前后,需对外圆精车刀、外圆粗车刀进行对刀操作,对刀方法同前面任务。对刀完成后,分别进行 X 方向、Z 方向对刀测试,检验对刀是否正确。

5）输入程序并校验。将 "O0024" 和 "O0124" 程序输入机床数控系统,设置空运行及仿真,分别进行程序校验和刀具轨迹检查,程序校验结束后取消空运行等设置。

（2）零件加工

1）加工零件右端轮廓,步骤如下。

① 调出程序 "O0024",检查工件、刀具是否按要求夹紧,刀具是否已对刀。

② 选择自动工作方式,调小进给倍率,按数控启动键,进行自动加工,加工中观察切削情况,逐步将进给倍率调至适当位置。

③ 程序运行至 N200 段时,测量外圆直径,设置刀具磨损量,以控制零件尺寸精度。

④ 外圆精车刀磨损量设置后,按数控启动键,运行轮廓精车程序。

刀具磨损量调整方法:如外圆精车余量为 0.3mm（半径值）,程序运行至 N200 段时,测量 $\phi10_{-0.04}^{0}$mm 外圆直径实际尺寸为 $\phi10.62$mm,则余量为 0.62～0.66mm,取中间值 0.64mm,单边余量为 0.32mm,即将刀具磨损量设为 0.32mm-0.3mm=0.02mm,运行轮廓

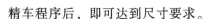

精车程序后，即可达到尺寸要求。

还有一种外圆尺寸的控制方法：在程序运行至 N200 段时，设置外圆精车刀刀具磨损量为 0.02mm，运行精车外轮廓程序后测量工件实际尺寸，根据实际尺寸修调外圆精车的刀具磨损量，然后用程序再启动功能（Q-TYPE、P-TYPE）重新运行精车轮廓程序。若机床无程序再启动功能，可将精车轮廓单独编写一个程序，反复运行，以控制尺寸。

2）加工零件左端轮廓，夹住 $\phi 20_{-0.021}^{0}$ mm 外圆，采用软卡爪装夹并用百分表进行找正，保证左、右两侧外圆中心线的同轴度要求。加工步骤如下：

① 调出 "O0124" 程序，检查工件、刀具是否按要求夹紧，刀具是否已对刀。

② 选择自动加工方式，调小进给倍率，按数控启动键，进行自动加工。加工中观察切削情况，逐步将进给倍率调至适当位置。

③ 当程序运行至 N160 段时，停机测量外圆直径，并设置外圆精车刀刀具磨损量。

④ 按数控启动键，进行轮廓精加工。

3）加工结束后及时清扫机床。

检测评分

将学生任务完成情况的检测与评分填入表 2-39 中。

表 2-39 多阶梯轴加工检测评分表

序号	检测项目	检测内容及要求	配分	学生自检	学生互检	教师检测	得分
1	职业素养	文明礼仪	3				
2		安全纪律	8				
3		行为习惯	3				
4		工作态度	3				
5		团队合作	3				
6	工艺制订	1. 选择装夹与定位方式 2. 选择刀具 3. 选择加工路径 4. 选择合理的切削用量	5				
7	程序编制	1. 编程坐标系选择正确 2. 指令使用与程序格式正确 3. 基点坐标正确	10				
8	机床操作	1. 开机前检查、开机、回机床参考点 2. 工件装夹与对刀 3. 程序输入与校验	5				
9	零件加工	$\phi 8_{-0.1}^{0}$ mm	5				
10		$\phi 10_{-0.04}^{0}$ mm	5				
11		$\phi 20_{-0.021}^{0}$ mm	5				
12		$\phi 20_{-0.1}^{0}$ mm	3				
13		$\phi 30_{-0.039}^{0}$ mm	5				
14		$\phi 12$ mm	1				

（续）

序号	检测项目	检测内容及要求	配分	学生自检	学生互检	教师检测	得分
15		$7_{-0.1}^{0}$ mm	3				
16		$10_{-0.1}^{0}$ mm（两处）	5				
17		$20_{-0.1}^{0}$ mm	3				
18		$50_{-0.1}^{0}$ mm	3				
19		70 ± 0.1 mm	3				
20	零件加工	8mm	1				
21		1：5 圆锥	4				
22		60° 圆锥	4				
23		倒角 C1	1				
24		同轴度 $\phi0.05$ mm	3				
25		表面粗糙度值 $Ra1.6\mu$ m	4				
26		表面粗糙度值 $Ra3.2\mu$ m	2				
	综合评价						

任务反馈

在任务完成过程中，分析是否出现表 2-40 所列的误差项目，了解其产生原因并提出修正措施。

表 2-40 多阶梯轴加工出现误差项目、产生原因及修正措施

误差项目	产生原因	修正措施
程序报警	1. 编程错误	
	2. 编程尺寸计算或输入错误	
	3. 操作方式不正确	
轮廓尺寸超差	1. 编程尺寸计算或输入错误	
	2. 刀具 X 方向和 Z 方向对刀不准	
	3. 刀具磨损量设置不正确	
	4. 测量错误	
	5. 机床刀架、丝杠间隙大	
圆锥角度不正确、圆锥母线不直	1. 编程尺寸计算或输入错误	
	2. 测量错误	
	3. 刀尖与工件旋转中心不等高	
轮廓粗糙度超差	1. 工艺系统刚性不足	
	2. 刀具角度不正确或刀具磨损	
	3. 切削用量选择不当	
同轴度超差	1. 调头装夹时未正确找正	
	2. 机床精度差	

任务拓展

加工图 2-31 所示的零件，毛坯材料为 45 钢，尺寸为 $\phi35mm\times75mm$。

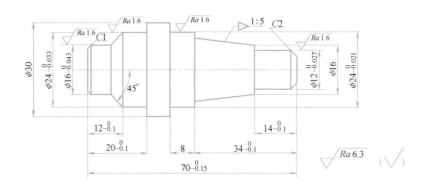

技术要求
未注公差尺寸按GB/T 1804—m。

图 2-31　任务拓展训练题

任务拓展实施提示：任务由外圆柱面、端面、台阶面、圆锥面组成，两边均呈台阶状，需调头装夹车削，先夹住毛坯外圆，车右端轮廓；再调头夹住 $\phi24_{-0.021}^{0}mm$ 外圆车左端轮廓。两边径向尺寸呈单向递增，粗、精加工可用轮廓切削循环完成，以减少粗车路径尺寸计算。零件轮廓精度要求较高，以极限尺寸的平均尺寸作为编程尺寸。零件调头加工时，所有刀具均应重新对刀。

项目小结

轴类零件主要由外圆面、端面、台阶面、外圆锥面、外圆弧面等表面构成，通过学习这些典型表面加工时刀具的选择、粗精加工路径的确定、测量工具的选择、切削用量的选择及编程方法，基本学会简单轴类零件数控编程及加工方法，为以后其他类型零件加工如套类零件、螺纹类零件的加工奠定基础。

思考与练习

一、简答题

1. 按结构分类，外圆车刀有哪几种？数控车床上常用哪种数控车刀？为什么？
2. 切削用量包括哪些内容？粗、精车外圆时切削用量如何选择？
3. 简述粗车外圆的切削路径。
4. G00 指令和 G01 指令有何区别？各使用在什么场合？
5. 什么是锥度？锥度与圆锥角度有何关系？
6. 什么是绝对坐标编程？什么是增量坐标编程？
7. 简述空运行操作步骤及注意事项。

8. 加工 V（梯）形外槽时如何进刀？

9. 如何调用 FANUC 系统子程序？

10. 轴类零件装夹方法有哪些？各有何特点？

11. 调用轮廓复合切削循环 G71 指令应注意哪些问题？

二、加工训练题

1. 编写图 2-32 所示台阶轴的数控加工程序并练习加工，材料为 45 钢，毛坯为 $\phi 40$mm 棒料。

2. 编写图 2-33 所示槽轴的数控加工程序并练习加工，材料为 45 钢，毛坯为 $\phi 20$mm 棒料。

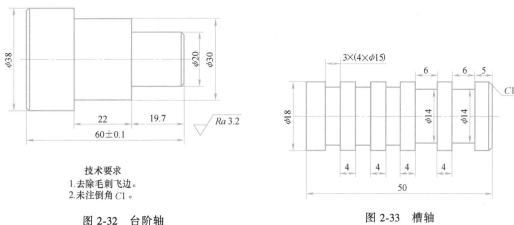

图 2-32　台阶轴

图 2-33　槽轴

3. 编写图 2-34 所示锥面轴的数控加工程序并练习加工，材料为 45 钢，毛坯为 $\phi 35$mm 棒料。

4. 编写图 2-35 所示多阶梯轴的数控加工程序并练习加工，材料为 45 钢，毛坯为 $\phi 30$mm×80mm。

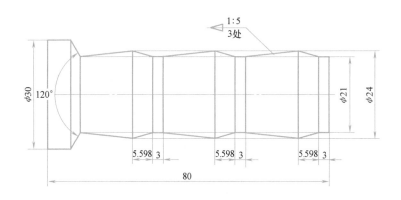

图 2-34　锥面轴

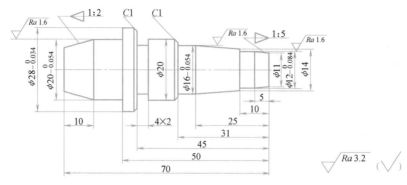

图 2-35 多阶梯轴

项 目 三

套类零件加工

套类零件是机器中常用零件之一，如轴套、轴承衬套、导套、缸套等，它们主要由内外圆柱面、内外圆锥面、槽等表面构成；除此之外，齿轮、法兰盘、空心轴等零件也具有套类零件的内轮廓面。常见的套类零件如图 3-1 所示。在数控车床上会加工内轮廓表面及由这些表面构成的套类零件，是数控车床操作的基本工作内容。

图 3-1 常见套类零件

学习目标

- 掌握简单套类零件加工工艺的制订。
- 掌握内圆柱面车削方法。
- 掌握内圆锥面车削方法。
- 会编写内圆柱、内圆锥表面加工程序。
- 掌握典型套类零件车削加工方法。

任务一 通孔轴套的加工

任务描述

使用 FANUC 0i Mate-TD 系统的数控车床，完成图 3-2 所示通孔轴套零件的加工，材料为 45 钢，毛坯为 $\phi36\text{mm} \times 45\text{mm}$，其主要表面有外圆柱面、内圆柱面，其中 $\phi18^{+0.084}_{0}\text{mm}$ 内圆柱面和 $\phi30^{0}_{-0.021}\text{mm}$ 外圆尺寸精度和表面质量要求较高。加工后效果图如图 3-3 所示。

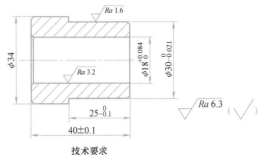

技术要求
1. 未注倒角C1。
2. 未注公差尺寸按GB/T 1804—m。

图 3-2　通孔轴套零件图

图 3-3　通孔轴套三维效果图

知识目标

1. 了解套类零件加工工艺制订方法
2. 会编写内圆柱面加工程序
3. 了解钻孔循环指令格式及参数含义

技能目标

1. 会正确安装内孔车刀及进行对刀操作
2. 会加工内圆柱面并达到一定的精度要求

知识准备

套类零件典型表面之一是内圆柱面，会加工内圆柱面是加工套类零件的基础，数控车床上加工内圆柱面，主要是切削刀具、加工方法、切削用量、定位方法的选择等工艺知识及相关编程知识。

1. 内孔车刀及选用

内孔车刀主要用来车削内圆柱面、内圆锥面，有整体式、焊接式、可转位式 3 种结构，其常见结构形式和加工特点见表 3-1。

表 3-1　内孔车刀常见结构形式和加工特点

内孔车刀种类	结构形式	加 工 特 点
整体式 内孔车刀		由高速钢刀条刃磨而成，切削速度较低，效率较低，用于非铁金属材料、塑料等材料加工
焊接式 内孔车刀		由硬质合金刀片焊接在刀杆上制成，成本较低，但磨损后需重磨，效率低

（续）

内孔车刀种类	结构形式	加工特点
可转位式 内孔车刀	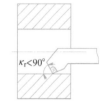	由专门企业生产,将可转位刀片装夹在刀杆上构成,一个切削刃磨损后只需将刀片松开转一个位置,再夹紧即可继续投入切削,效率高,故数控机床一般都选用可转位式内孔车刀进行加工

　　选择内孔车刀还需考虑刀具主偏角的大小。通孔车刀主偏角一般小于 90°，以增大刀头强度，如图 3-4 所示。

　　内孔车刀刀杆尺寸也是重点考虑的因素，刀杆尺寸太小，刚性差、易振动；刀杆尺寸太大，刀杆会与内孔表面发生干涉，一般选择不发生干涉的最大刀杆尺寸。

$\kappa_r<90°$

图 3-4　通孔车刀参数要求

2. 内圆柱面的加工方法

　　数控车床上加工内圆柱面的方法有钻孔、扩孔、铰孔、车孔等，每种加工方法的特点及应用见表 3-2。

表 3-2　孔加工方法的特点及应用

孔加工方法	特点及应用
钻孔	用麻花钻在实心材料上加工孔,尺寸公差等级可达 IT11~IT12,表面粗糙度值大($Ra12.5~Ra25\mu m$)
扩孔	用扩孔钻将孔径扩大,常用于孔的半精加工,尺寸公差等级可达 IT9~IT10,表面粗糙度值为 $Ra5~Ra10\mu m$
铰孔	用铰刀切除孔上微量材料层,常用于孔径不大、硬度不高的孔的精加工;尺寸公差等级可达 IT7~IT9,表面粗糙度值可达 $Ra0.4\mu m$
车孔(镗孔)	孔粗、精加工最常用方法,尺寸公差等级可达 IT7~IT8,表面粗糙度值可达 $Ra0.8\mu m$

3. 测量内圆柱面的量具

　　测量内孔直径的量具有游标卡尺、内径百分表、内测千分尺及塞规等，常见内孔量具的特点及应用见表 3-3。

表 3-3　常见内孔量具的特点及应用

量具种类	量具图样	特点及应用
游标卡尺		游标卡尺有普通游标卡尺、带表游标卡尺、数显游标卡尺等,带表游标卡尺测量读数方便,精度高

（续）

量具种类	量具图样	特点及应用
内径百分表		分度值可达 0.01mm，属于间接测量，测量精度高，但测量麻烦，可测较深孔的孔径，用于测量单件和小批量生产零件
内测千分尺		分度值可达 0.01mm，属于直接测量，测量方便，不能测较深孔的孔径，用于单件和小批量生产零件，有 5~30mm、25~50mm 等规格
塞　规		专用量规，只能判别加工孔合格与否，不能测出实际尺寸，有通端（T）和止端（Z），通端能通过而止端不能通过为合格，用于批量生产零件

4. 内孔切削用量

孔加工的方法不同，其切削用量也不同。钻孔、扩孔时，主轴转速取 400~600r/min，进给量取 0.1~0.3mm/r；钻孔前还需钻中心孔，钻中心孔时主轴转速一般取 800~1000r/min，进给量较小，选 0.1mm/r 左右。铰孔时主轴转速应选择小一些，为 100~200r/min，进给量选 0.2~0.4mm/r。

车孔时，因内孔车刀伸出较长，刀杆刚性较差，切削用量比车外圆时小，粗车背吃刀量取 0.4~2mm，进给量取 0.2~0.4mm/r，主轴转速取 400~600r/min。精车余量一般取 0.1~0.3mm，进给量取 0.08~0.15mm/r，精车时主轴转速选 800~1000r/min。

5. 编程知识

（1）钻孔、扩孔、铰孔编程指令　使用普通数控车床时，由于主轴为变频主轴，常将刀具装夹在机床尾座套筒内，手动钻孔、扩孔及铰孔，不需要编程；也可将刀具装夹在回转刀架中，用 G01 直线插补指令进行钻孔、扩孔及铰孔。若使用高档伺服主轴数控机床，可采用钻孔循环指令进行钻孔、扩孔及铰孔。钻孔循环指令的格式及参数含义见表 3-4。

表 3-4　钻孔循环指令的格式及参数含义

指令格式	G83 X __ C __ Z __ R __ Q __ F __ P __ K __ M __ ; G80;取消循环
加工图例	

（续）

参数含义	X、C:指定孔位置数据,即 X 轴、C 轴坐标 Z:指定孔底的位置坐标(绝对值时),从 R 点平面到孔底的距离(增量值时) R:指定初始平面到 R 点平面的距离 Q:指定每次钻削深度,如不指定则指一般钻孔 F:指定切削进给速度 P:指定孔底停留时间 K:指定重复次数 M:C 轴夹紧的 M 指令(需要时用)
使用说明	1. 调用循环前,应指定主轴转速及转向 2. G17 平面必须有效 3. 发那科系统钻孔循环(G83)中,当指定重复次数时,只对第一个孔执行 M 指令;对第二个或以后的孔,不执行 M 指令 4. G83 指令为模态有效指令,用 G80 或 01 组 G(G01、G02…)指令取消

（2）车内圆柱面编程指令　车内圆柱面时,可以用直线插补 G01 指令粗、精车,也可以用轮廓切削单一循环指令 G90 或轮廓切削复合循环指令 G71 和 G70 完成粗、精加工,指令格式及应用参照前面项目的内容。

任务实施

本任务零件由两个外圆柱面和一个通孔内圆柱面构成,其中内圆柱面尺寸精度和表面质量要求均较高,是重点完成内容。

内孔加工

1. 工艺分析

（1）刀具的选择　车外圆面、端面、台阶面选用 90°外圆粗、精车刀,内圆柱面是通孔,选择主偏角小于 90°的通孔粗、精车刀进行粗、精车;刀具种类均选焊接式刀具,以降低实训成本;钻中心孔选用 A3 中心钻,钻孔选用 ϕ16mm 麻花钻。

（2）零件加工工艺路线的制订　零件 $\phi18^{+0.084}_{0}$mm 内圆柱面和 $\phi30^{0}_{-0.021}$mm 外圆柱面尺寸精度和表面质量要求高,车削时需分粗、精加工;其他外圆柱面、台阶面及端面精度要求较低,只安排粗加工即能达到要求。加工内圆柱表面前还需要安排钻中心孔和钻孔工艺,具体工艺路线见表 3-5。

（3）量具的选择　长度尺寸及 ϕ34mm 外圆柱面精度较低,选用游标卡尺测量,$\phi30^{0}_{-0.021}$mm 外圆柱面尺寸用外径千分尺测量,$\phi18^{+0.084}_{0}$mm 内孔精度较高,选用内测千分尺测量,表面粗糙度用粗糙度样板比对。

（4）切削用量的选择　外圆柱面、端面切削用量同前面任务,内圆柱面粗车背吃刀量取 1~2mm,进给量选 0.2mm/r,主轴转速取 600r/min;精车背吃刀量取 0.2mm,进给量取 0.1mm/r,主轴转速取 800r/min,具体切削用量见表 3-5。

2. 程序编制

（1）零件内、外轮廓加工程序　夹住毛坯外圆,加工零件右端内、外轮廓,工件坐标系原点选择在零件右端面中心点,在伺服主轴的高档数控车床上加工,参考程序见表 3-6,程序名为"O0031"。

表 3-5 通孔轴套加工工艺

工序名	定位（装夹面）	工步序号及内容	刀具及刀号	主轴转速 $n/(r/min)$	进给量 $f/(mm/r)$	背吃刀量 a_p/mm
车削	夹住毛坯外圆	1. 粗车端面及 $\phi30_{-0.021}^{0}$ mm 外圆	外圆粗车刀,刀号 T01	600	0.2	2~3
		2. 钻中心孔	A3 中心钻,刀号 T03	1000	0.1	—
		3. 钻 $\phi16$mm 孔	麻花钻,刀号 T04	400	0.1	—
		4. 粗车 $\phi18_{0}^{+0.084}$ mm 内孔	内孔粗车刀,刀号 T05	600	0.2	1~2
		5. 精车 $\phi18_{0}^{+0.084}$ mm 内孔	内孔精车刀,刀号 T06	800	0.1	0.2
		6. 精车 $\phi30_{-0.021}^{0}$ mm 外圆	外圆精车刀,刀号 T02	1000	0.1	0.2
	调头,夹住 $\phi30_{-0.021}^{0}$ mm 外圆	1. 车端面、倒角、$\phi34$mm 外圆	外圆粗车刀,刀号 T01	600	0.2	2~3
		2. 车内孔倒角 $C1$	倒角刀,刀号 T07	600	0.15	手动

表 3-6 通孔轴套右端轮廓加工参考程序

程序段号	程序内容	含　义
N10	G40 G99 G80 G18 G21;	设置初始状态
N20	T0101;	选择外圆粗车刀
N30	M03 S600 M08;	设置工件转速,切削液开
N40	G00 X36.0 Z5.0 F0.2;	刀具移至进刀点
N50	G90 X34.4 Z-24.8;	用轮廓单一循环指令第一次粗车 $\phi30_{-0.021}^{0}$ mm 外圆
N60	G90 X30.4 Z-24.8;	用轮廓单一循环指令第二次粗车 $\phi30_{-0.021}^{0}$ mm 外圆
N70	G00 X100.0 Z200.0;	刀具退至换刀点
N80	M00 M05 M09;	程序停,主轴停,切削液关
N90	T0303;	换中心钻(若手动钻中心孔、钻孔,则 N90-N180 段程序舍去)
N100	M03 S1000;	设置钻中心孔转速
N110	G00 X0 Z10.0 M08 G17;	刀具移动至循环起点,切削液开
N120	G83 X0 C0 Z-4.0 R5 P2 F0.1 M31;	设置循环参数,调用钻孔循环钻中心孔
N130	G00 X100.0 Z200.0 M09;	刀具退至换刀点
N140	T0404;	换麻花钻
N150	M03 S400;	设置钻孔速度
N160	G00 X0 Z10.0 M08;	钻头移至循环起点
N170	G83 X0 C0 Z-47.0 R5 Q6 P2 F0.1 M31;	设置循环参数,调用钻孔循环钻 $\phi16$mm 孔

（续）

程序 段号	程序内容	含　义
N180	G00 X100.0 Z200.0 M09;	刀具退至换刀点,切削液关
N190	T0505;	换 T05 内孔粗车刀
N200	M03 S600;	设置粗车内孔转速
N210	G00 X10.0 Z10.0 M08 G18;	刀具移至循环起点,切削液开
N220	G90 X17.6 Z-42.0 F0.2;	调用轮廓单一切削循环粗车 $\phi18^{+0.084}_{0}$ mm 内孔
N230	G00 X100.0 Z200.0;	刀具退至换刀点
N240	M00 M05 M09;	程序停、主轴停、切削液关,测量
N250	T0606;	换 T06 内孔精车刀
N260	M03 S800;	精车转速为 800r/min
N270	G00 X10.0 Z5.0 M08;	车刀快速移至进刀点,切削液开
N280	G90 X18.042 Z-42.0 F0.1;	精车 $\phi18^{+0.084}_{0}$ mm 内孔
N290	G00 X100.0 Z200.0;	刀具退至换刀点
N300	M00 M05 M09;	程序停、主轴停、切削液关,测量
N310	T0202;	换 T02 外圆精车刀
N320	M03 S1000;	精车转速为 1000r/min
N330	G00 X36.0 Z5.0 M08;	车刀快速移至进刀点,切削液开
N340	G90 X29.9895 Z-24.95 F0.1;	精车 $\phi30^{0}_{-0.021}$ mm 外圆
N350	G00 X100.0 Z200.0 M09;	刀具退至换刀点,切削液关
N360	M05;	主轴停
N370	M30;	程序结束

（2）左端轮廓加工程序　调头,夹住 $\phi30^{0}_{-0.021}$ mm 外圆,车工件左端轮廓,工件坐标系建立在装夹后工件右端面中心点,参考程序见表 3-7,程序名为"O0131"。

表 3-7　通孔轴套左端轮廓加工参考程序

程序 段号	程序内容	含　义
N10	G40 G99 G80 G18 G21;	设置初始状态
N20	T0101;	选择外圆粗车刀
N30	M03 S600 M08;	设置工件转速,切削液开
N40	G00 X0 Z5.0;	刀具移至进刀点
N50	G01 Z0 F0.2;	刀具车至工作端面
N60	X32.0;	车端面
N70	X34.0 Z-1.0;	车 C1 倒角
N80	W-16.0;	车 $\phi34$ mm 外圆
N90	X40.0;	刀具沿 X 方向切出

（续）

程序段号	程序内容	含　义
N100	G00 X100. 0 Z200. 0 M09；	刀具退至换刀点，切削液关
N110	M05；	主轴停
N120	M30；	程序结束

3. 加工操作

（1）加工准备

1）开机回机床参考点，建立机床坐标系，使后续的操作有一个基准位置。

2）装夹工件。夹住毛坯外圆，伸出长度为 30mm 左右，调头夹住 $\phi30_{-0.021}^{0}$ mm 外圆车左端轮廓时需找正工件。

3）装夹刀具。将90°外圆粗车刀、外圆精车刀、中心钻、麻花钻、内孔粗车刀、内孔精车刀、倒角车刀分别装夹在 T01、T02、T03、T04、T05、T06、T07 号刀位，使刀具刀尖与工件旋转中心等高；若采用手动钻中心孔、钻孔，则将中心钻和麻花钻分别装入尾座套筒中依次钻中心孔和钻孔，其他刀具装入对应刀号中。

4）对刀操作。对外圆车刀，按前面项目所述采用试切法对刀；对中心钻和麻花钻，将钻头移至工件右端面中心点进行对刀，对刀后将数据输入刀具相应长度补偿中。内孔车刀对刀步骤如下：

① Z 方向对刀。通孔车刀，因无法车端面，只能借助金属直尺等工具使刀具刀尖与工件右端面对齐（图3-5a），然后进行面板操作，面板操作内容与外圆车刀对刀相同。

② X 方向对刀。在 MDI 方式下输入"M03 S400；"，使主轴正转，转速为 400r/min，切换成手动方式，移动内孔车刀试切内孔，深度为 2~3mm，再沿+Z 方向退出，停机，测量所车内孔直径，如图 3-5b 所示，然后通过面板操作将其值输入相应的刀具长度补偿中。

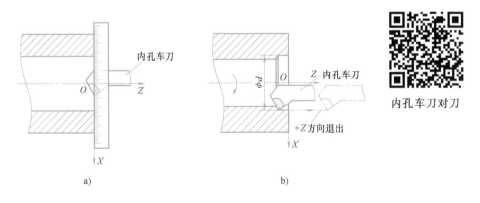

内孔车刀对刀

图 3-5　内孔车刀对刀示意图
a）Z 方向对刀示意图　b）X 方向对刀示意图

对刀结束后分别进行 X、Z 方向对刀验证。工件调头装夹车削前，所用车刀都应重新对刀并验证。

5）输入程序并校验。将"O0031"和"O0131"程序输入机床数控系统，分别调出

"O0031"和"O0131"程序，设置空运行及仿真，进行程序校验并观察刀具轨迹，程序校验结束后取消空运行等设置。也可采用数控仿真软件进行仿真验证。

（2）零件加工

1）加工零件右端轮廓，加工步骤如下：

① 调出"O0031"程序，检查工件、刀具是否按要求夹紧，刀具是否已对刀。

② 选择自动加工方式，调小进给倍率，按数控启动键，进行自动加工。加工过程中观察切削情况，逐步将进给倍率调至适当位置。

③ 当程序运行至 N240 段时，停机测量内孔直径并设置内孔精车刀磨损量。

④ 继续按数控启动键，运行精车内孔程序，保证尺寸精度。

内孔精度控制时应注意内孔车刀刀具磨损量设置与外圆车刀相反，如内孔精车余量为 0.2mm（单边）粗车 $\phi18^{+0.084}_{0}$mm 内孔后实测尺寸为 $\phi17.60$mm，直径还差 $0.4 \sim 0.484$mm，取平均值为 0.442mm，单边值为 0.221mm，则应将内孔精车刀刀具磨损应设为 -0.221mm $+$ 0.2mm $= -0.021$mm。

⑤ 程序运行至 N300 段时，停机测量外圆直径并设置外圆精车刀刀具磨损，以控制外圆尺寸精度。

2）加工零件左端轮廓。调头夹住 $\phi30^{0}_{-0.021}$mm 外圆，调出"O0131"程序，自动方式下按数控启动键，进行自动加工。所加工表面尺寸精度较低，不需要测量调试。加工中为避免自定心卡盘破坏已加工外圆，可垫一圈铜皮做防护。

3）加工结束后及时清扫机床。

检测评分

将学生任务完成情况的检测与评分填入表 3-8 中。

表 3-8　通孔轴套加工检测评分表

序号	检测项目	检测内容及要求	配分	学生自检	学生互检	教师检测	得分
1	职业素养	文明礼仪	5				
2		安全纪律	10				
3		行为习惯	5				
4		工作态度	5				
5		团队合作	5				
6	工艺制订	1. 选择装夹与定位方式 2. 选择刀具 3. 选择加工路径 4. 选择合理的切削用量	5				
7	程序编制	1. 编程坐标系选择正确 2. 指令使用与程序格式正确 3. 基点坐标正确	10				
8	机床操作	1. 开机前检查、开机、回机床参考点 2. 工件装夹与对刀 3. 程序输入与校验	5				

（续）

序号	检测项目	检测内容及要求	配分	学生自检	学生互检	教师检测	得分
9	零件加工	$\phi30_{-0.021}^{0}$ mm	10				
10		$\phi18_{0}^{+0.084}$ mm	10				
11		$\phi34$ mm	5				
12		40 ± 0.1 mm	5				
13		$25_{-0.1}^{0}$ mm	5				
14		$C1$	2				
15		表面粗糙度值 $Ra1.6\mu m$	5				
16		表面粗糙度值 $Ra3.2\mu m$	5				
17		表面粗糙度值 $Ra6.3\mu m$	3				
	综合评价						

任务反馈

在任务完成过程中，分析是否出现表 3-9 所列的误差项目，了解其产生原因并提出修正措施。

表 3-9　通孔轴套加工出现的误差项目、产生原因及修正措施

误差项目	产生原因	修正措施
无法加工	1. 编程或输入错误出现报警	
	2. 刀杆直径太大,发生干涉	
	3. 机床操作不正确	
外圆或内孔直径超差	1. 编程尺寸输入错误	
	2. 刀具 X 方向对刀不准	
	3. 刀具磨损设置不当	
	4. 测量错误	
长度尺寸超差	1. 刀具 Z 方向对刀不正确	
	2. 调头装夹未找正	
	3. 测量错误	
表面粗糙度超差	1. 刀具伸出太长或刀杆太细	
	2. 刀具角度不正确或刀具磨损	
	3. 切削用量选择不当	
	4. 刀杆与内孔表面发生摩擦	

任务拓展

加工图 3-6 所示零件，材料为 45 钢，毛坯尺寸为 $\phi35$ mm×43 mm。

任务拓展实施提示：零件由通孔和外圆柱面构成，内孔及一个外圆尺寸精度及表面质量

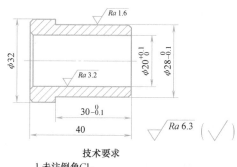

图 3-6　任务拓展训练题

要求较高，需粗、精加工完成。另外，孔壁较薄，粗、精车需分开进行，采用一定的夹紧装置，防止零件发生变形。

任务二　阶梯孔轴套的加工

任务描述

使用 FANUC 0i Mate-TD 系统数控车床，完成图 3-7 所示阶梯孔轴套零件的加工，材料为 45 钢，毛坯为 $\phi 40 \text{mm} \times 50 \text{mm}$ 棒料，零件主要加工表面为两个阶梯孔表面及一个外圆柱面，表面质量及尺寸精度要求较高，而且 $\phi 24^{+0.021}_{0} \text{mm}$ 孔的轴线对 $\phi 32^{0}_{-0.039} \text{mm}$ 外圆轴线有较高的同轴度要求。加工后的三维效果图如图 3-8 所示。

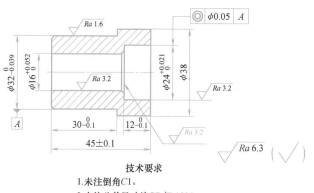

图 3-7　阶梯孔轴套零件图

图 3-8　阶梯孔轴套三维效果图

知识目标

- 1. 掌握倒角指令及应用
- 2. 了解套类零件的装夹方法及位置精度控制方法
- 3. 掌握阶梯孔轴套零件的程序编制方法

技能目标

⟳ 1. 会制订阶梯孔加工工艺
⟳ 2. 会加工阶梯孔轴套并达到一定的精度要求

知识准备

阶梯孔轴套零件的主要表面也是内孔表面，其加工方法、切削用量、量具的选择同通孔表面，不同之处在于切削刀具的选择；此外，本任务的零件内、外圆柱面有较高的位置精度要求，需要选择合适的定位方法，安排合理的工艺才能实现。

1. 内孔车刀及选用

阶梯孔车刀与通孔车刀基本相同，有整体式、焊接式、可转位式3种结构形式；不同之处是刀具的主偏角，主偏角必须大于或等于90°，否则刀头部分会发生干涉，如图3-9所示。

车刀刀杆尺寸尽可能选择大一些，以提高刀杆刚性，但必须以刀杆不会与内孔表面发生干涉为前提。加工平底孔表面，为保证能将孔底车平，车刀刀尖至刀背距离还应小于内孔半径（$a<R$）。

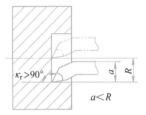

图3-9 不通孔、阶梯孔
车刀参数要求

2. 套类零件的装夹方法

数控车床上加工套类零件以外圆定位时常用自定心卡盘、单动卡盘、软卡爪装夹，以内孔定位时常将套类零件装夹在圆柱心轴、圆锥心轴、小锥度心轴、胀力心轴上，再将心轴装夹在车床主轴上实现工件的装夹。以内孔定位时各种装夹方法及特点见表3-10。

表3-10 数控车床套类零件装夹方法及特点

装 夹 方 法	图 示	特 点
圆柱心轴装夹工件	1—工件 2—螺母 3—圆柱心轴	装夹方便，一次可装夹多个零件，但定心精度较低
圆锥心轴装夹工件	1—工件 2—螺母 3—圆锥心轴	装夹方便，定心精度高，承受切削力大，必须用于圆锥孔零件

（续）

装夹方法	图　示	特　点
小锥度心轴装夹工件	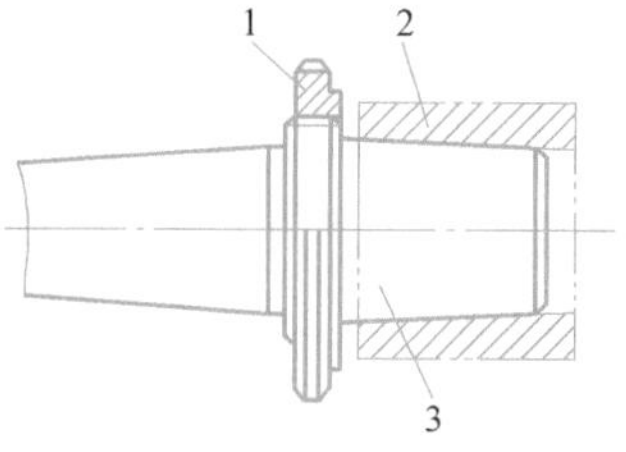 1—螺母　2—工件　3—小锥度心轴	制造容易，定心精度高，但轴向无法定位，承受切削力小
胀力心轴装夹工件	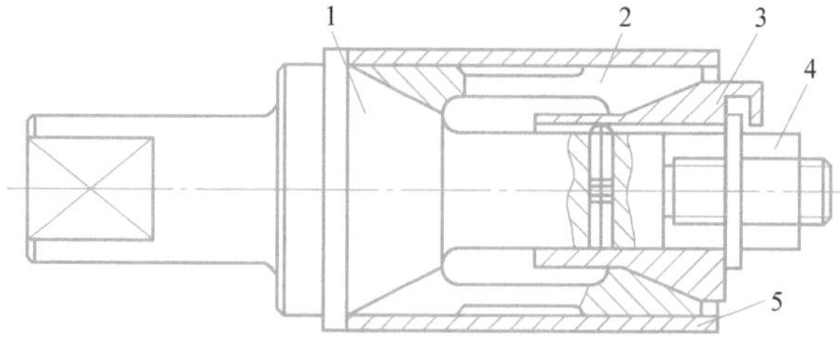 1—夹具体　2—弹簧套夹　3—锥套　4—螺母　5—工件	依靠材料弹性变形所产生的胀力来夹紧工件，装卸方便，定心精度高，应用广泛

3. 套类零件表面间的位置精度及保证方法

套类零件表面间的位置精度主要是内、外圆轴线间的同轴度要求及端面对内圆中心线的垂直度要求。位置精度的保证方法主要有以下几种：

（1）采用基准统一原则　在一次装夹中完成内孔、外圆及端面的加工。由于基准统一，无安装误差，可以获得很高的相互位置精度，多适用于尺寸较小的套类零件加工。

（2）采用互为基准原则　分两种情况。一是先终加工内孔，再以内孔为定位基准终加工外圆。以内孔为定位基准时采用的夹具为表3-10中各种心轴，这种方法安装误差较小，可以保证较高的位置精度。二是先终加工外圆，再以外圆为定位基准终加工内孔。以外圆为定位基准时常采用各种卡盘装夹工件，若用普通卡盘，则安装误差较大，位置精度较低，故一般需选用定心精度高的卡盘，如弹性膜片卡盘、经过修磨后的自定心卡盘及软卡爪等。

4. 测量套类零件的量具

测量阶梯孔直径的量具与通孔相同，主要有游标卡尺、内径百分表、内测千分尺及塞规等。阶梯孔深度常用游标卡尺、深度千分尺等量具测量。

5. 阶梯孔的切削用量

阶梯孔加工中，钻中心孔、钻孔、粗车孔、精车孔切削用量与前一任务相同。

6. 编程知识

利用倒角（直线过渡）指令，可在直线与直线插补或直线与圆弧插补之间自动插入直线过渡。指令格式及参数含义见表3-11。

表 3-11　倒角指令格式及参数含义

指令格式	G01 X __ Z __ F __ , C __ ;
参数含义	X、Z：指定拐角点的坐标 F：指定进给量 C：指定拐角顶点到拐角起点或拐角终点的距离

（续）

图 例	
	N20 G01 X40.0 Z85.0 F0.2,C7.0; N30 X35.0 Z45.0;
使用说明	1. 指定倒角程序段后面必须是直线插补 G01 程序段或圆弧插补 G02、G03 程序段，其间可插入 G04 程序段，否则会有报警 PS0051 发出 2. 直线插补 G01 或圆弧插补 G02、G03 以外的程序段指定倒角时，",C"将被忽略 3. 指定倒角后使插补超出原先的移动范围，将会有报警 PS0055 发出

任务实施

本任务加工零件的主要表面是两阶梯孔及一个外圆面，尺寸精度和表面质量要求较高，且 $\phi24^{+0.021}_{0}$ mm 内孔和 $\phi32^{0}_{-0.039}$ mm 外圆有较高的位置精度要求，这是本任务实施时需重点考虑的内容。

1. 工艺分析

（1）刀具的选择　粗、精车外圆柱面时分别选用硬质合金焊接式粗、精外圆车刀，粗、精车内圆柱面时分别选用硬质合金焊接式粗、精内孔车刀，内孔车刀的直径以不发生干涉的最大直径为宜。车内圆柱面之前还用到 A3 中心钻、$\phi14$mm 麻花钻等刀具，以进行钻中心孔和钻孔。

（2）零件加工工艺路线的制订　粗、精加工严格分开进行，$\phi24^{+0.021}_{0}$ mm 内孔和 $\phi32^{0}_{-0.039}$ mm 外圆有较高的同轴度要求，精加工时不能采用在一次装夹中同时加工这两个面来保证其位置精度要求，只能采用互为基准原则，即以 $\phi32^{0}_{-0.039}$ mm 外圆为定位基准加工 $\phi24^{+0.021}_{0}$ mm 内孔的方式保证其位置精度，具体加工工艺过程见表 3-12。

（3）量具的选择　本任务的零件长度及阶梯孔深度采用游标卡尺测量；外圆尺寸精度要求较高，采用外径千分尺测量，内孔直径采用内径百分表测量；表面粗糙度用粗糙度样板比对。

（4）切削用量的选择　工件材料为 45 钢，需考虑粗、精加工外圆，粗、精加工内圆柱面、钻中心孔、钻孔等切削用量，具体数值见表 3-12。

2. 程序编制

（1）粗车 $\phi38$mm 外圆、钻孔及粗车内孔程序　编程时工件坐标系原点选择在零件右端面中心点，采用 G90 轮廓单一循环指令编程，钻中心孔和钻孔采用手动方式，不需要编程；外圆车刀及内孔车刀均取刀尖为刀位点，参考程序见表 3-13，程序名为 "O0032"。

（2）粗、精加工左端面及 $\phi32^{0}_{-0.039}$ mm 外圆程序　编程时工件坐标系原点选择在装夹后零件右端面中心点，程序名为 "O0132"，见表 3-14。

表 3-12　阶梯孔轴套零件加工工艺

工序名	定位（装夹面）	工步序号及内容	刀具及刀号	主轴转速 $n/(\mathrm{r/min})$	进给量 $f/(\mathrm{mm/r})$	背吃刀量 a_p/mm
车削	夹住 $\phi 32_{-0.039}^{\ 0}$ mm 毛坯外圆，伸出 20mm 左右	1. 粗车端面、ϕ38mm 外圆	外圆粗车刀，刀号 T01	600	0.2	2~3
		2. 手动钻中心孔	A3 中心钻	1000	0.1	—
		3. 手动钻孔	ϕ14mm 麻花钻	400	0.1	—
		4. 粗车内圆柱面	内孔粗车刀，刀号 T03	600	0.2	2
	调头，夹住 ϕ38mm 外圆	1. 粗车 $\phi 32_{-0.039}^{\ 0}$ mm 外圆	外圆粗车刀，刀号 T01	600	0.2	2~3
		2. 精车 $\phi 32_{-0.039}^{\ 0}$ mm 外圆	外圆精车刀，刀号 T02	1000	0.1	0.3~0.5
	用软卡爪夹住 $\phi 32_{-0.039}^{\ 0}$ 外圆	精车 $\phi 24_{0}^{+0.021}$ mm 内孔及 $\phi 16_{0}^{+0.052}$ mm 内孔	内孔精车刀，刀号 T04	800	0.1	0.3~0.5

表 3-13　粗车右端轮廓参考程序

程序段号	程序内容	含义
N10	M03 S600 T0101;	主轴正转，转速为 600r/min，选 T01 号外圆粗车刀
N20	G00 X42.0 Z5.0 M08;	刀具快速移至循环起点，切削液开
N30	G90 X38.0 Z-17.0 F0.2;	用轮廓单一循环粗车 ϕ38mm 外圆，进给为 0.2mm/r
N40	G28 U0 W0;	刀具移至机床参考点
N50	S1000;	设置钻中心孔转速
N60	M00;	程序停，手动钻中心孔
N70	S400;	设置钻孔转速
N80	M00;	程序停，手动钻 ϕ14mm 孔
N90	M03 S600 T0303;	主轴正转，转速为 600r/min，选 T03 号内孔粗车刀
N100	G00 X10.0 Z5.0;	刀具快速移至循环起点
N110	G90 X15.2 Z-46.0 F0.2;	用轮廓单一循环粗车 ϕ16mm 内孔，进给量为 0.2mm/r
N120	G90 X19.2 Z-11.5;	用轮廓单一循环第一次粗车 ϕ24mm 内孔
N130	G90 X23.2 Z-11.5;	用轮廓单一循环第二次粗车 ϕ24mm 内孔
N140	G00 X100.0 Z200.0;	刀具返回
N150	M05 M09;	主轴停，切削液关
N160	M30;	程序结束

表 3-14　粗、精加工左端面及 $\phi 32_{-0.039}^{\ 0}$ mm 外圆程序

程序段号	程序内容	含义
N10	M03 S600 T0101;	主轴正转，转速为 600r/min，选 T01 号外圆粗车刀
N20	G00 X42.0 Z5.0 M08;	刀具快速移至循环起点，切削液开
N30	G90 X37.0 Z-29.5 F0.2;	用轮廓循环第一次粗车 $\phi 32_{-0.039}^{\ 0}$ mm 外圆，进给量为 0.2mm/r

（续）

程序 段号	程序内容	含义
N40	G90 X33.0 Z−29.5;	用轮廓循环第二次粗车 $\phi32_{-0.039}^{0}$mm 外圆
N50	G00 X100.0 Z200.0;	刀具退至换刀点
N60	M00 M05 M09;	程序停,主轴停,切削液关,测量
N70	T0202;	换外圆精车刀
N80	M03 S1000 M08;	设置精车转速,切削液开
N90	G00 X0 Z5.0;	刀具移至进刀点
N100	G01 X0 Z0 F0.1;	车至端面,进给量为 0.1mm/r
N110	G01 X31.9805,C1;	精车端面并倒角
N120	Z−29.95;	精车 $\phi32_{-0.039}^{0}$mm 外圆
N130	X40;	刀具沿 X 方向切出
N140	G00 X100 Z200 M09;	刀具返回,切削液关
N150	M05;	主轴停
N160	M30;	程序结束

（3）精加工 $\phi24_{0}^{+0.021}$mm 及 $\phi16_{0}^{+0.052}$mm 内孔程序　编程时工件坐标系原点选择在装夹后零件右端面中心点,参考程序见表 3-15,程序名为"O0232"。

表 3-15　精加工 $\phi24_{0}^{+0.021}$mm 及 $\phi16_{0}^{+0.052}$mm 内孔程序

程序 段号	程序内容	含义
N10	M03 S800 T0404;	主轴正转,转速为 800r/min,选 T04 号内孔精车刀
N20	G00 X24.0105 Z5.0 M08;	刀具快速移至起点,切削液开
N30	G01 Z−11.95 F0.1;	精加工 $\phi24_{0}^{+0.021}$mm 内孔
N40	G01 X16.026,C1;	车台阶面并倒角
N50	Z−46.0;	精车 $\phi16_{0}^{+0.052}$mm 内孔
N60	X10.0;	刀具 X 方向切出
N70	G00 Z10.0;	刀具 Z 方向退出
N80	G00 X100.0 Z200.0 M09;	刀具返回,切削液关
N90	M05;	主轴停
N100	M30;	程序结束

3. 加工操作

（1）加工准备

1）开机回机床参考点,建立机床坐标系,使后续的操作有一个基准位置。

2）装夹工件。本任务共涉及三次工件的装夹。第一次是夹住毛坯外圆,伸出长度为 20mm 左右,粗车 $\phi38$mm 外圆及钻孔、粗车内孔;第二次是夹住 $\phi38$mm 外圆,夹紧长度为 10mm 左右,粗、精车 $\phi32_{-0.039}^{0}$mm 外圆;第三次是夹住 $\phi32_{-0.039}^{0}$mm 外圆,精车内孔。尤其是第三次装夹时，要注意不能破坏已加工表面，且用软卡爪装夹，装夹后还需要找正工件，否则不能保证同轴度要求。

3）装夹刀具。将外圆粗车刀、外圆精车刀、内孔粗车刀、内孔精车刀分别装夹在 T01、T02、T03、T04 号刀位，使刀具刀尖与工件回转中心等高；中心钻、麻花钻分别装夹在尾座套筒中，钻心与工件回转中心重合；内孔车刀在对刀前应先用手动方式验证刀具是否会发生干涉。

4）对刀操作。每次装夹工件后将需要用到的车刀进行对刀操作，步骤同前面任务，对刀后分别进行验证。

5）输入程序并校验。将"O0032""O0132""O0232"程序输入机床数控系统；分别调出各程序，设置空运行及仿真，校验程序并观察刀具轨迹，程序校验结束后取消空运行等设置。也可以采用数控仿真软件进行仿真校验。

（2）零件加工

1）粗车 $\phi38$mm 外圆及钻孔、粗车内孔，加工步骤如下：

① 调出"O0032"程序，检查工件、刀具是否按要求夹紧，刀具是否已对刀。

② 选择自动加工方式，调小进给倍率，按数控启动键，进行自动加工。加工中观察切削情况，逐步将进给倍率调至适当位置。

③ 当程序运行至 N60 段，用手动方式钻中心孔。

④ 中心孔钻好后，按循环启动键，程序运行至 N80 段，手动钻 $\phi14$mm 孔。

⑤ $\phi14$mm 孔钻好后，按循环启动键，继续内孔粗加工至程序结束。

2）调头，夹住 $\phi38$mm 外圆，粗、精车 $\phi32_{-0.039}^{0}$mm 外圆，步骤如下：

① 调出"O0132"程序，检查工件、刀具是否按要求夹紧，刀具是否已对刀。

② 选择自动加工方式，调小进给倍率，按数控启动键，进行自动加工。加工中观察切削情况，逐步将进给倍率调至适当位置。

③ 程序运行至 N60 段，测量 $\phi32_{-0.039}^{0}$mm 外圆和 $30_{-0.1}^{0}$mm 实际尺寸，根据实测结果修调外圆车刀 X、Z 方向的磨损量，进行尺寸控制。

④ 按数控启动键，继续运行精车外圆程序。

3）精加工 $\phi24_{0}^{+0.021}$mm 及 $\phi16_{0}^{+0.052}$mm 内孔，步骤如下：

① 调出"O0232"程序，检查工件、刀具是否按要求夹紧，刀具是否已对刀，将内孔精车刀 X 方向磨损设置为 0.2mm，Z 方向磨损量设置为 0.1mm。

② 选择自动加工方式，调小进给倍率，按数控启动键，进行自动加工。加工中观察切削情况，逐步将进给倍率调至适当位置。

③ 程序运行结束后，测量 $\phi24_{0}^{+0.021}$mm 内孔和 $\phi16_{0}^{+0.052}$mm 实际尺寸，根据实测结果修调内孔精车刀磨损量。

④ 重新运行"O0232"程序，再次测量实际尺寸并修调刀具磨损量，以进行尺寸控制，直至尺寸达到图样要求。

4）加工结束后及时清扫机床。

检测评分

将学生任务完成情况的检测与评分填入表 3-16 中。

表 3-16　阶梯孔轴套加工检测评分表

序号	检测项目	检测内容及要求	配分	学生自检	学生互检	教师检测	得分
1	职业素养	文明礼仪	5				
2		安全纪律	10				
3		行为习惯	5				
4		工作态度	5				
5		团队合作	5				
6	工艺制订	1. 选择装夹与定位方式 2. 选择刀具 3. 选择加工路径 4. 选择合理的切削用量	5				
7	程序编制	1. 编程坐标系选择正确 2. 指令使用与程序格式正确 3. 基点坐标正确	10				
8	机床操作	1. 开机前检查、开机、回机床参考点 2. 工件装夹与对刀 3. 程序输入与校验	5				
9	零件加工	$\phi 32_{-0.039}^{0}$ mm	6				
10		$\phi 16_{0}^{+0.052}$ mm	6				
11		$\phi 24_{0}^{+0.021}$ mm	6				
12		$\phi 38$ mm	2				
13		45 ± 0.1 mm	3				
14		$30_{-0.1}^{0}$ mm	5				
15		$12_{-0.1}^{0}$ mm	5				
16		$C1$	2				
17		同轴度 $\phi 0.05$ mm	6				
18		表面粗糙度值 $Ra1.6\mu m$	3				
19		表面粗糙度值 $Ra3.2\mu m$	4				
20		表面粗糙度值 $Ra6.3\mu m$	2				
	综合评价						

任务反馈

在任务完成过程中，分析是否出现表 3-17 所列的误差项目，了解其产生原因并提出修正措施。

表 3-17　阶梯孔轴套加工出现的误差项目、产生原因及修正措施

误差项目	产生原因	修正措施
内、外圆直径尺寸超差	1. 编程尺寸输入错误	
	2. 外圆、内孔车刀 X 方向对刀不准	
	3. 刀具磨损设置不当	
	4. 内孔刀伸出太长	
	5. 测量错误	

（续）

误差项目	产生原因	修正措施
长度尺寸超差	1. 刀具 Z 方向对刀不正确	
	2. 调头装夹未找正	
	3. 测量错误	
同轴度超差	1. 调头装夹不正确	
	2. 装夹后没有找正	
	3. 机床精度差	
表面粗糙度超差	1. 刀具伸出太长或刀杆太细	
	2. 刀具角度不正确或刀具磨损	
	3. 切削用量选择不当	
	4. 刀杆与内孔表面发生摩擦	

任务拓展

加工图 3-10 所示零件，材料为 45 钢，毛坯尺寸为 $\phi40\text{mm}\times40\text{mm}$。

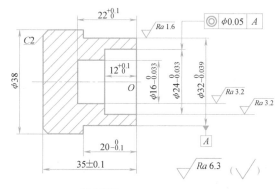

技术要求
未注公差尺寸按GB/T 1804—m。

图 3-10　任务拓展训练题

任务拓展实施提示：本拓展任务零件主要由一个阶梯孔和一个平底孔构成，两内孔面要求较高，$\phi24_{-0.033}^{0}\text{mm}$ 内孔对外圆柱面还有较高的位置精度要求，加工时需在一次装夹中车削，以保证位置精度；内孔车刀主偏角大于或等于 90°，为保证把孔底车平而不发生干涉，选择较小的刀杆尺寸和切削用量，粗车余量采用分层切削或用毛坯单一切削循环加工，其他工艺同本任务。

任务三　锥孔轴套的加工

任务描述

使用 FANUC 0i Mate-TD 系统数控车床，完成图 3-11 所示锥孔轴套加工，材料为 45 钢，

毛坯为 $\phi 40\text{mm} \times 45\text{mm}$ 棒料，零件的主要加工表面为 3：10 内圆锥面、$\phi 32_{-0.039}^{0}\text{mm}$ 外圆柱面和 $\phi 16_{0}^{+0.043}\text{mm}$ 内孔表面，尺寸精度较高，表面粗糙度值为 $Ra1.6\mu\text{m}$，且内锥面对 $\phi 32_{-0.039}^{0}\text{mm}$ 外圆中心线有较高的位置精度要求。加工后的三维效果图如图 3-12 所示。

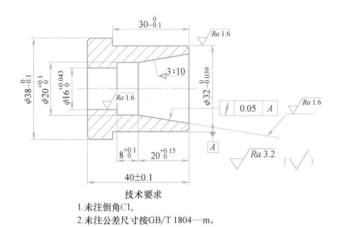

图 3-11　锥孔轴套零件图

图 3-12　锥孔轴套三维效果图

知识目标

- 1. 了解内圆锥面加工工艺特点
- 2. 掌握内圆锥面加工程序编制方法
- 3. 掌握刀尖圆弧半径补偿指令及应用

技能目标

- 1. 会制订锥孔轴套加工工艺
- 2. 会设置机床刀尖圆弧半径补偿值及刀尖位置号
- 3. 具有加工锥孔轴套并达到一定精度要求的能力

知识准备

锥孔轴套的主要加工问题是如何加工内圆锥面，而内圆锥面与外圆锥面加工过程基本相同，包括圆锥部分尺寸计算、加工工艺制订、编程等。

1. 内圆锥面各部分尺寸及计算公式

内圆锥面各部分尺寸及计算公式同外圆锥表面，见表 2-12。

2. 车内圆锥面的刀具及选用

车内圆锥面的刀具与内孔车刀相同，主要考虑刀具角度大小及刀杆尺寸大小，如车削带阶梯的内锥面，车刀主偏角必须大于或等于 90°，即采用不通孔车刀，如图 3-13 所示；刀具前、后角大小根据加工性质选定；刀杆尺寸以车内孔表面不发生干涉为宜。

3. 内圆锥面的车削路径

内圆锥面与外圆锥面一样，粗车时大、小端余量不等，需沿圆锥面分层切削，粗车路径如图 3-14 所示。

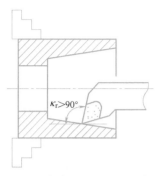

图 3-13　车带台阶内圆锥面车刀

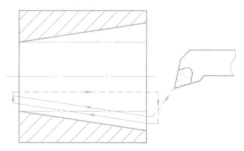

图 3-14　粗车内圆锥面路径

4. 测量内圆锥面的量具

测内圆锥角度的量具有游标万能角度尺、角度样板、圆锥塞规等。

5. 切削用量

内圆锥切削用量与内圆柱面切削用量选择基本相同，粗车时，背吃刀量取 2mm 左右，进给量取 0.2~0.4mm/r，主轴转速取 500~600r/min。精车时，余量取 0.1~0.3mm，进给量取 0.08~0.15mm/r，主轴转速取 800~1000r/min。

6. 编程知识

内圆锥表面可用直线插补指令车削，也可用轮廓切削单一循环或轮廓切削复合循环指令进行粗、精加工，编程方法与车外圆锥面类似。

加工精度较高的内、外圆锥面时，刀尖圆弧会对其精度和形状产生一定的影响，主要原因是编程时以假想刀尖为刀位点进行编程，对刀时也以假想刀尖作为刀位点对刀，而实际上，刀具有刀尖圆弧，车削过程中因刀尖圆弧半径会产生欠切削或过切削现象，如图 3-15所示。

图 3-15　刀尖圆弧半径在车圆锥时产生欠切削或过切削

为消除刀尖圆弧半径的影响，需使用刀尖圆弧半径补偿功能指令，使刀具往工件轮廓左边或右边偏离一个刀尖圆弧半径值，避免车圆锥表面时产生欠切削或过切削现象。

刀尖圆弧半径补偿指令代码、格式和使用说明见表 3-18。

表 3-18　刀尖圆弧半径补偿指令代码、格式和使用说明

指令代码	G41：刀尖圆弧半径左补偿(沿加工方向看，刀具位于轮廓左侧时为左补偿) G42：刀尖圆弧半径右补偿(沿加工方向看，刀具位于轮廓右侧时为右补偿) G40：取消刀尖圆弧半径补偿

（续）

指令格式	G00/G01 G41 X__ Z__ ;建立刀尖圆弧半径左补偿 G00/G01 G42 X__ Z__ ;建立刀尖圆弧半径右补偿 G00/G01 G40 X__ Z__ ;取消刀尖圆弧半径补偿
参数含义	X、Z:指定建立或撤销刀尖圆弧半径补偿时刀具移动目标点的坐标
使用说明	1)建立或取消刀尖圆弧半径补偿必须在刀具直线移动命令中进行 2)建立刀尖圆弧半径补偿应在轮廓加工前进行 3)取消刀尖圆弧半径补偿应在轮廓加工完毕后进行 4)G41、G42指令不能同时使用,使用G41指令后也不能直接使用G42,必须用G40指令取消刀尖圆弧半径补偿后才能进行左、右补偿转换
补偿方向的判别	左、右补偿判别方法是在补偿平面内,沿加工方向看,刀具位于轮廓左边,用左补偿;刀具位于轮廓右边,用右补偿。对于数控车床前置刀架,应从后往前看,若为后置刀架,则应从前往后看,如图3-16所示。不论是前置刀架还是后置刀架,自右往左车削外轮廓都是用刀尖圆弧半径右补偿G42,车削内轮廓都是用刀尖圆弧半径左补偿G41
机床刀补值和刀尖位置号的输入	使用刀尖圆弧半径补偿指令时,还需要在数控车床对应刀具号中输入刀尖圆弧半径值及刀尖位置号,作为刀尖圆弧半径补偿依据。粗车刀的刀尖圆弧半径值取0.8mm,半精车刀刀尖圆弧半径取0.4mm,精车刀刀尖圆弧半径取0.2mm;不论是前置刀架还是后置刀架,刀尖位置号是一样的,自右至左车削外圆,刀尖位置号都是3,自右至左车削内孔,刀尖位置号是2,如图3-17所示

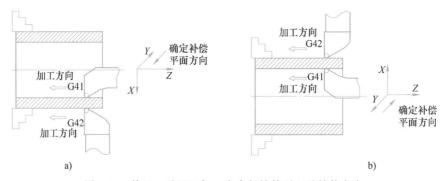

图 3-16 前置、后置刀架刀尖半径补偿平面及补偿方向

a）前置刀架时的补偿平面及补偿方向 b）后置刀架时的补偿平面及补偿方向

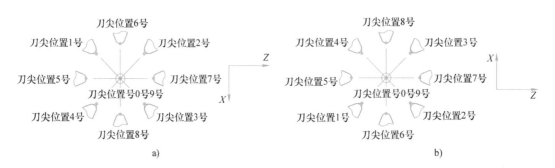

图 3-17 前置、后置刀架刀尖位置代号

a）前置刀架 b）后置刀架

任务实施

本任务零件的外圆柱面、内圆锥面、内圆柱面尺寸精度和表面质量要求较高，内圆锥面对外圆面还有较高的位置精度要求，实施任务时需重点考虑。

1. 工艺分析

（1）圆锥尺寸的计算　本任务给出圆锥小端直径为 $\phi20^{+0.1}_{0}$ mm，圆锥长度为 $20^{+0.15}_{0}$ mm，锥度为 3∶10，需计算出大端直径才能进行程序编制，大端直径 $D = d + LC = 20.05$ mm $+ 20.075$ mm $\times 3/10 = 26.07$ mm。另外，还需要计算圆锥角以便于测量，$\tan(\alpha/2) = C/2 = 3/20 = 0.15$，$\alpha/2 = 8°32'$。

（2）刀具的选择　粗、精车外圆时分别选用硬质合金焊接式外圆粗、精车刀，粗、精车内表面时分别选用硬质合金焊接式内孔粗、精车刀，车内孔之前还用中心钻、麻花钻等刀具钻中心孔和钻孔，具体见表 3-19。

（3）零件加工工艺路线的制订　锥孔轴套零件表面粗糙度要求较高，需分粗、精加工完成；粗加工内孔时，因切削余量较大，可采用轮廓切削循环指令完成，内锥面对 $\phi32^{0}_{-0.039}$ mm 外圆中心线有较高的位置精度要求，应在一次装夹中同时加工两表面，以保证其径向圆跳动公差要求，具体加工工艺过程见表 3-19。

（4）量具的选择　本任务长度尺寸采用游标卡尺测量；外圆尺寸采用外径千分尺测量，内圆柱孔径采用内径百分表测量，内圆锥角度采用游标万能角度尺测量，表面粗糙度用粗糙度样板比对。

（5）切削用量的选择　工件材料为 45 钢，需考虑粗、精加工外圆，粗、精加工内孔面、钻中心孔、钻孔等切削用量，具体数值见表 3-19。

表 3-19　锥孔轴套加工工艺

工序名	定位（装夹面）	工步序号及内容	刀具及刀号	主轴转速 n/(r/min)	进给量 f/(mm/r)	背吃刀量 a_p/mm
车削	夹住 $\phi38^{0}_{-0.1}$ mm 毛坯外圆	1. 粗车端面、$\phi32^{0}_{-0.039}$ mm 外圆	外圆粗车刀，刀号 T01	600	0.2	2~3
		2. 手动钻中心孔	A3 中心钻	1000	0.1	—
		3. 手动钻孔	$\phi14$ mm 麻花钻	400	0.1	—
		4. 粗车内孔面	内孔粗车刀，刀号 T03	600	0.2	2
	调头，夹住 $\phi32^{0}_{-0.039}$ mm 外圆	1. 粗车端面，倒角及 $\phi38^{0}_{-0.1}$ mm 外圆	外圆粗车刀，刀号 T01	600	0.2	2~3
		2. 精车端面、倒角、$\phi38^{0}_{-0.1}$ mm 外圆	外圆精车刀，刀号 T02	1000	0.1	0.3
	用软卡爪夹住 $\phi38^{0}_{-0.1}$ mm 外圆	1. 精车端面、$\phi32^{0}_{-0.039}$ mm 外圆	外圆精车刀，刀号 T02	1000	0.1	0.3
		2. 精车内孔面	内孔精车刀，刀号 T04	800	0.1	0.3

2. 编制程序

（1）粗车端面、$\phi 32_{-0.039}^{0}$ mm 外圆及内孔面程序　编程时工件坐标系原点选择在零件右端面中心点；取刀尖为刀位点，粗车内孔面采用毛坯切削循环 G71 指令，指令格式中，X 方向的精加工余量 Δu 参数值为负值。参考程序见表3-20，程序名为"O0033"。

表 3-20　粗车锥孔轴套右端轮廓参考程序

程序段号	程序内容	含　义
N10	G40 G99 M03 S600 T0101;	主轴正转,转速为 600r/min,选 T01 号外圆粗车刀
N20	G00 X42.0 Z5.0 M08;	刀具快速移至循环起点,切削液开
N30	G90 X36.0 Z−29.5 F0.2;	用轮廓单一循环指令粗车 $\phi 32_{-0.039}^{0}$ mm 外圆,进给量为 0.2mm/r
N40	G00 X0;	刀具移至 $X=0$ 处
N50	G01 Z0;	车削到工件端面
N60	X32.6;	车端面
N70	Z−29.7;	第二次粗车 $\phi 32_{-0.039}^{0}$ mm 外圆
N80	X42.0;	刀具沿 X 方向切出
N90	G28 U0 W0;	刀具直接回机床参考点
N100	S1000;	设置钻中心孔转速
N110	M00;	程序停,手动钻中心孔
N120	S400;	设置钻孔转速
N130	M00;	程序停,手动钻 $\phi 14$mm 孔
N140	M03 S600 T0303;	主轴正转,转速为 600r/min,选 T03 号内孔粗车刀
N150	G00 X0 Z5.0;	刀具快速移至循环起点
N160	G71 U2.0 R1.0;	设置循环参数,调用轮廓切削循环指令粗车内孔
N170	G71 P180 Q240 U−0.6 W0.3;	
N180	G01 X26.07 Z5.0 F0.2;	刀具车到圆锥孔口(精加工路径第一段程序)
N190	Z0;	车至端面
N200	X20.05 Z−20.075;	车 3:10 内圆锥
N210	Z−28.125;	车 $\phi 20_{0}^{+0.1}$ mm 内孔
N220	X16.021;	车内台阶面
N230	Z−42.0;	车 $\phi 16_{0}^{+0.043}$ mm 内孔
N240	X14.0;	刀具沿 X 方向切出
N250	G00 X100.0 Z200.0 M09;	刀具返回,切削液关
N260	M05;	主轴停
N270	M30;	程序结束

（2）粗、精车左端面，倒角及 $\phi 38_{-0.1}^{0}$ mm 外圆程序　工件坐标系原点选择在零件装夹后右端面中心点；参考程序见表3-21，程序名为"O0133"。

表 3-21　粗、精车锥孔轴套左端面及 $\phi38_{-0.1}^{0}$ mm 外圆参考程序

程序段号	程序内容	含义
N10	G40 G99 M03 S600 T0101;	主轴正转,转速为 600r/min,选 T01 号外圆粗车刀
N20	G00 X42.0 Z5.0 M08;	刀具快速移至循环起点,切削液开
N30	G90 X38.6 Z-12.0 F0.2;	用轮廓单一循环粗车 $\phi38$mm 外圆,进给量为 0.2mm/r
N40	G28 U0 W0;	刀具直接回机床参考点
N50	M00 M5 M09;	程序停,主轴停,切削液关,测量
N60	T0202;	换 T02 号外圆精车刀
N70	M03 S1000 M08;	精车外圆,主轴转速为 1000r/min,切削液开
N80	G00 X0 Z5.0;	刀具移至切削起点
N90	G01 Z0 F0.1;	车至工件端面,进给量为 0.1mm/r
N100	X35.95;	精车端面
N110	X37.95 Z-1.0;	车倒角
N120	Z-12.0;	精车 $\phi38_{-0.1}^{0}$ mm 外圆
N130	X42.0;	刀具切出
N140	G00 X100.0 Z200.0 M09;	刀具返回,切削液关
N150	M05;	主轴停
N160	M30;	程序结束

（3）精车 $\phi32_{-0.039}^{0}$ mm 外圆及内轮廓程序　工件坐标系原点选择在零件装夹后右端面中心点；参考程序见表 3-22,程序名为 "O0233"。

表 3-22　精车 $\phi32_{-0.039}^{0}$ mm 外圆及内轮廓面参考程序

程序段号	程序内容	含义
N10	G40 G99 M03 S1000 T0202;	主轴正转,转速为 1000r/min,选 T02 号外圆精车刀
N20	G00 X25.0 Z5.0 M08;	刀具快速移至切削起点,切削液开
N30	G01 Z0 F0.1;	车至端面,进给量为 0.1mm/r
N40	X31.98 ,C1;	车端面并倒角
N50	Z-29.95;	精车 $\phi32_{-0.039}^{0}$ mm 外圆
N60	X40.0;	刀具沿 X 方向退出
N70	G28 U0 W0 M09;	刀具快速回机床参考点,切削液关
N80	T0404;	换 T04 号内孔精车刀
N90	M03 S800 M08;	精车内孔,主轴转速为 800r/min,切削液开
N100	G00 G41 X26.07 Z5.0;	刀具快速移至切削起点,建立刀尖圆弧半径左补偿
N110	G01 Z0 F0.1;	车至端面,进给量为 0.1mm/r
N120	X20.05 Z-20.075;	车 3:10 内圆锥
N130	Z-28.125;	车 $\phi20_{0}^{+0.1}$ mm 内孔
N140	X16.021;	车内台阶面

（续）

程序段号	程序内容	含　义
N150	Z-42.0;	车 $\phi16^{+0.043}_{0}$ mm 内孔
N160	G40 X12.0;	刀具沿 X 方向切出，取消刀尖圆弧半径补偿
N170	G00 Z10.0;	刀具沿 Z 方向退出
N180	X100.0 Z200.0 M09;	刀具返回，切削液关
N190	M05;	主轴停
N200	M30;	程序结束

3. 加工操作

（1）加工准备

1）开机回机床参考点，建立机床坐标系，使后续的操作有一个基准位置。

2）装夹工件。本任务共有三次装夹，第一次夹住毛坯外圆，伸出长度为 35mm 左右，粗车右端轮廓；第二次是夹住 $\phi32^{0}_{-0.039}$ mm 外圆，粗、精车左端面及 $\phi38^{0}_{-0.1}$ mm 外圆；第三次是夹住 $\phi38^{0}_{-0.1}$ mm 外圆，精加工零件右端内、外轮廓面。需要重点关注的是第三次装夹，一方面不能破坏已加工表面，另一方面需用软卡爪装夹并找正，否则精加工余量不够，内锥面对 $\phi32^{0}_{-0.039}$ mm 中心线的径向圆跳动公差要求也不易保证。

3）装夹刀具。将外圆粗车刀、外圆精车刀、内孔粗车刀、内孔精车刀分别装夹在 T01、T02、T03、T04 号刀位，使刀具刀尖与工件回转中心等高，中心钻、麻花钻分别装夹在尾座套筒中。对刀操作后将刀尖圆弧半径及刀位号输入相应机床刀具号中。

4）对刀操作。每次装夹工件后，分别将需要用到的车刀采用试切法对刀，并将对刀数据分别输入相应的刀具长度补偿中。对刀完成后，分别进行 X、Z 方向对刀测试，检验对刀是否正确。

5）输入程序并校验。将"O0033""O0133"和"O0233"程序输入机床数控系统；分别调出各程序，设置空运行及仿真，进行程序校验并观察刀具轨迹；程序校验结束后取消空运行等设置。也可以采用数控仿真软件进行仿真校验。

（2）零件加工

1）粗车端面、$\phi32^{0}_{-0.039}$ mm 外圆及内孔面，加工步骤如下：

① 调出"O0033"程序，检查工件、刀具是否按要求夹紧，刀具是否已对刀。

② 选择自动加工方式，调小进给倍率，按数控启动键，进行自动加工。加工中观察切削情况，逐步将进给倍率调至适当位置。

③ 当程序运行至 N110 段，用手动方式钻中心孔。

④ 中心孔钻好后，按循环启动键，程序运行至 N130 段，手动钻 $\phi14$ mm 孔。

⑤ $\phi14$ mm 孔钻好后，按循环启动键，进行内孔粗加工至程序结束。

2）粗、精车左端面，倒角及 $\phi38^{0}_{-0.1}$ mm 外圆。加工步骤如下：

① 调出"O0133"程序，检查工件、刀具是否按要求夹紧，刀具是否已对刀。

② 选择自动加工方式，调小进给倍率，按数控启动键，进行自动加工。加工中观察切削情况，逐步将进给倍率调至适当位置。

③ 程序运行至 N50 段，停机测量 $\phi 38_{-0.1}^{0}$mm 外圆尺寸，调整机床外圆精车刀的 X 方向磨损量，进行尺寸控制。

④ 按数控启动键，精车外圆。

3）精车 $\phi 32_{-0.039}^{0}$mm 外圆及内轮廓，加工步骤如下：

① 调出 "O0233" 程序，检查工件、刀具是否按要求夹紧，刀具是否已对刀，对外圆精车刀和内孔精车刀设置一定的磨损量。

② 选择自动加工方式，调小进给倍率，按数控启动键，进行自动加工。加工中观察切削情况，逐步将进给倍率调至适当位置。

③ 程序运行结束后测量 $\phi 32_{-0.039}^{0}$mm 外圆及内孔尺寸，调整机床外圆精车刀和内孔精车的磨损量。

④ 重新运行 "O0233" 程序，控制尺寸至尺寸符合图样要求。

4）加工结束后及时清扫机床。

检测评分

将学生任务完成情况的检测与评分填入表 3-23 中。

表 3-23 锥孔轴套加工检测评分表

序号	检测项目	检测内容及要求	配分	学生自检	学生互检	教师检测	得分
1	职业素养	文明礼仪	5				
2		安全纪律	10				
3		行为习惯	5				
4		工作态度	5				
5		团队合作	5				
6	工艺制订	1. 选择装夹与定位方式 2. 选择刀具 3. 选择加工路径 4. 选择合理的切削用量	5				
7	程序编制	1. 编程坐标系选择正确 2. 指令使用与程序格式正确 3. 基点坐标正确	10				
8	机床操作	1. 开机前检查、开机、回机床参考点 2. 工件装夹与对刀 3. 程序输入与校验	5				
9	零件加工	$\phi 38_{-0.1}^{0}$mm	5				
10		$\phi 32_{-0.039}^{0}$mm	5				
11		$\phi 20_{0}^{+0.1}$mm	3				
12		$\phi 16_{0}^{+0.043}$mm	5				
13		40 ± 0.1mm	5				
14		$30_{-0.1}^{0}$mm	3				
15		$20_{0}^{+0.15}$mm	3				

（续）

序号	检测项目	检测内容及要求	配分	学生自检	学生互检	教师检测	得分
16	零件加工	$8^{+0.1}_{0}$ mm	3				
17		3∶10 圆锥	5				
18		径向圆跳动 0.05mm	5				
19		C1	2				
20		表面粗糙度值 $Ra1.6\mu m$（3处）	4				
21		表面粗糙度值 $Ra3.2\mu m$	2				
综合评价							

任务反馈

在任务完成过程中，分析是否出现表 3-24 所列的误差项目，了解其产生原因并提出修正措施。

表 3-24　锥孔轴套加工出现的误差项目、产生原因及修正措施

误差项目	产生原因	修正措施
圆锥面大小端直径超差	1. 圆锥编程尺寸计算或输入错误	
	2. 刀具 X 方向对刀误差大	
	3. 未输入刀尖圆弧半径补偿值	
	4. 测量错误	
圆锥角度不正确	1. 圆锥编程尺寸计算或输入错误	
	2. 刀杆刚性差，让刀	
圆锥素线出现双曲线误差	车刀刀尖与工件旋转中心不等高	
位置精度要求超差	1. 卡盘精度降低	
	2. 未找正	
	3. 机床精度低	
表面粗糙度超差	1. 刀杆刚性不足，产生振动	
	2. 刀具角度不正确或刀具磨损	
	3. 切削用量选择不当	
	4. 刀杆与内孔表面发生干涉	

任务拓展

加工图 3-18 所示零件，材料为 45 钢，毛坯尺寸为 $\phi40mm\times45mm$。

任务拓展实施提示：拓展任务零件的外圆柱面、内圆柱面、内圆锥表面质量要求均较高，且圆锥孔底有台阶面，应粗、精车分开进行。内锥孔车刀应选择主偏角大于或等于 90° 的车刀，内孔直径较小，切削用量应选择较小，粗车采用分层切削或用毛坯切削循环指令加工。位置精度只能采用互为基准方式来保证，其他工艺同本任务。

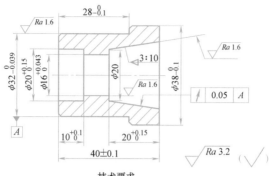

技术要求

1.未注倒角C1。

2.未注公差尺寸按GB/T 1804—m。

图 3-18　任务拓展训练题

任务四　　非标缸套的加工

任务描述

使用 FANUC 0i Mate-TD 系统数控车床，完成图 3-19 所示非标缸套的加工，材料为 45 钢，毛坯为 $\phi42mm\times48mm$ 棒料，零件的主要加工表面为内沟槽面、$\phi40_{-0.039}^{0}mm$ 外圆柱面和 $\phi24_{0}^{+0.039}mm$ 内孔表面，尺寸精度和表面质量要求高，且外圆柱面对内孔有较高的位置精度要求。加工后的三维效果图如图 3-20 所示。

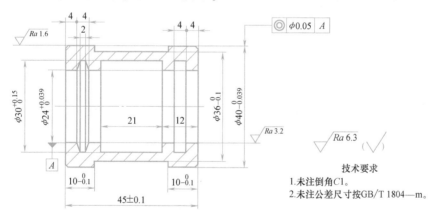

技术要求

1.未注倒角C1。

2.未注公差尺寸按GB/T 1804—m。

图 3-19　非标缸套零件图

图 3-20　非标缸套三维效果图

知识目标

➡ 1. 了解内沟槽加工工艺特点

➡ 2. 掌握内沟槽加工的程序编制方法

➡ 3. 掌握薄壁零件加工工艺要求

技能目标

➡ 1. 会正确安装内槽车刀，会进行内槽车刀对刀

➡ 2. 会测量内沟槽的相关尺寸

➡ 3. 会加工非标缸套并达到一定的精度要求

知识准备

非标缸套主要加工表面是外圆柱面、内孔和内沟槽，本任务涉及的主要问题是内沟槽相关知识、工艺、编程及加工等。此外，零件壁厚较薄，属于薄壁零件，加工时要处理好零件变形问题。

1. 内沟槽类型

内沟槽位于内孔表面，主要用作砂轮越程槽、螺纹退刀槽、密封槽、冷却槽等，常见类型有直槽、圆弧形槽、梯形槽等，如图 3-21 所示。

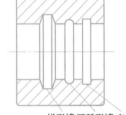

梯形槽 圆弧形槽 直槽

图 3-21　内沟槽

2. 内槽车刀及进刀方式

内槽车刀有整体式、焊接式和可转位式等，其中焊接式和可转位式内槽车刀如图 3-22 所示。

a)　　　　　　　　　　　　　　　　b)

图 3-22　内槽车刀

a）焊接式内槽车刀　b）可转位式内槽车刀

车内沟槽的进刀方式主要根据槽的宽度及精度选择，具体见表 3-25。

3. 车内沟槽的切削用量

车内沟槽的切削用量与车外槽的切削用量相同，当槽宽 b<5mm 时，选用刀头宽度等于槽宽的内槽车刀，背吃刀量为刀头宽度；车宽槽时，用刀头宽度为 2~4mm 的内槽车刀分次粗加工，再精加工。一般粗车进给量为 0.1mm/r 左右，精车进给量为 0.08mm/r 左右。采用高速钢内槽车刀时主轴转速一般为 150~250r/min，采用焊接式内槽车刀和可转位式内槽车刀时主轴转速为 300~400r/min。

表 3-25　车内沟槽的进刀方式

内沟槽类型	进刀方式图示	说　明
窄槽及精度较低的内沟槽		窄槽及精度较低的内沟槽,用与槽形状相同的内槽车刀采用直进法进刀,包括尺寸较小的圆弧形槽和梯形槽
宽槽及精度较高的宽直槽	粗车　　精车	宽槽及精度较高的内沟槽,先分次进给粗车,再沿着侧面及槽底精车
梯形槽		尺寸较大的梯形槽,分 3 次进给,先车直槽,再车槽两侧边

4. 编程知识

车宽度较小的内沟槽,采用直进法进刀,编程时使用 G00 指令快速定位,然后用 G01 指令切削加工,用 G04 指令暂停,以光整槽底表面。

车宽槽可用 G00、G01 指令根据宽槽切削工艺先粗加工再精加工,也可以用径向沟槽复合切削循环指令 G75 编程加工。用 G75 复合切削循环指令时刀具循环起点位置应在内孔以内且运行指令时不会发生碰撞,还需注意槽底坐标及其他循环参数的设置。

5. 防止套类零件变形的工艺措施

套类零件壁厚较薄,刚性较差,加工过程中因夹紧力、切削力和切削热等因素影响,容易产生变形,这是套类零件加工中需重点关注的问题。防止套类零件变形的措施有以下几种。

1）将粗、精加工分开进行,以减少切削力和切削热的影响。

2）改变夹紧力的方向,改径向夹紧为轴向夹紧,或使用弹性套夹具,使径向夹紧力沿圆周均匀分布,从而减少夹紧力的影响。

3）若需要进行热处理,则将热处理安排在粗、精加工之间,使热处理变形在精加工中得以纠正,并适当增大精加工余量,减少热处理的影响。

6. 内沟槽相关尺寸的测量

内沟槽尺寸有内沟槽直径、槽宽及槽的位置尺寸等,根据槽尺寸精度高低可采用内卡钳、内沟槽游标卡尺、带表卡尺、数显卡尺等量具测量,具体见表 3-26。

表 3-26　测量内沟槽相关尺寸的量具

量具名称	实 物 图 样	精度及使用
内卡钳	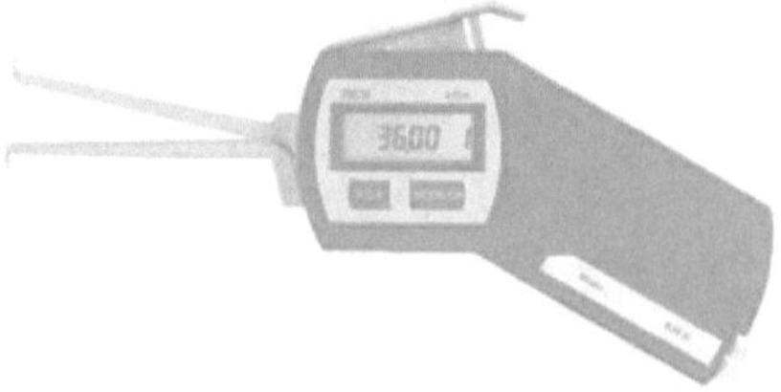	内卡钳有普通内卡钳、带表内卡钳和数显内卡钳，常用于测量内沟槽直径。普通内卡钳测量精度较低且需和钢直尺或外径千分尺结合使用才能测出内沟槽直径
内沟槽游标卡尺	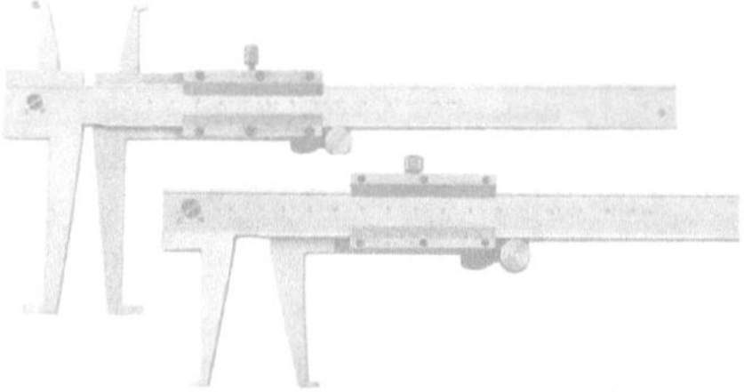	内沟槽游标卡尺（Ⅳ型卡尺），测量精度较低，用于测量不同孔径或深度的内沟槽直径
带表（数显）卡尺	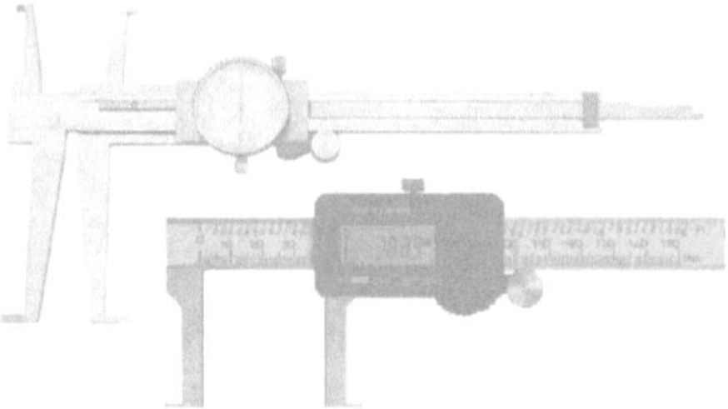	带表（数显）卡尺（Ⅳ型卡尺）测量精度较高，测量方便，用于测量不同孔径或深度的内沟槽直径
内沟槽宽度卡尺		用于测量内沟槽宽度尺寸，测量精度较高。当内沟槽宽度精度较低时，也可用钢直尺或宽度样板测量
深度卡尺		深度卡尺有游标深度卡尺、带表深度卡尺和数显深度卡尺等，用于测量内沟槽轴向位置尺寸。当内沟槽轴向位置尺寸要求不高时，也可用钢直尺测量

任务实施

本任务除了外圆柱面、内孔表面尺寸精度、表面质量要求较高以外，最主要的表面是内沟槽面。此外，外圆轴线对内孔轴线还有较高的位置精度要求，任务实施时需重点考虑。

1. 工艺分析

（1）刀具的选择　粗、精车外圆时分别选用硬质合金焊接式外圆粗、精车刀，粗、精车内表面分别选用硬质合金焊接式内孔粗、精车刀，直槽及宽槽用刀头宽度为 4mm 的可转位式内槽车刀加工，梯形槽选用刀头宽度为 2mm 的可转位式内槽车刀分 3 次车削完成；车内孔之前还需用中心钻、麻花钻等刀具钻中心孔和钻孔，具体见表 3-27。

（2）零件加工工艺路线制订　非标缸套零件表面粗糙度要求较高且壁厚较薄，需分粗、精加工完成；内、外圆轴线间有较高位置精度要求，宜采用先精加工内孔，再以内孔为定位基准精加工外圆的工艺方法。为防止切屑刮伤内孔表面，精加工 $\phi 24^{+0.039}_{0}$ mm 内孔前先进行内沟槽的车削，具体加工工艺过程见表 3-27。

（3）量具的选择　本任务长度尺寸采用游标卡尺测量；外圆尺寸采用外径千分尺测量；内圆柱孔尺寸采用内径百分表测量；内沟槽直径采用内沟槽游标卡尺测量；槽宽和位置尺寸采用内沟槽宽度卡尺及深度卡尺测量；表面粗糙度用粗糙度样板比对。

（4）切削用量的选择　工件材料为 45 钢，需考虑粗、精加工外圆，粗、精加工内孔面、内沟槽面、钻中心孔、钻孔等切削用量，具体数值见表 3-27。

表 3-27　非标缸套加工工艺

工序名	定位（装夹面）	工步序号及内容	刀具及刀号	主轴转速 n/(r/min)	进给量 f/(mm/r)	背吃刀量 a_p/mm
车削	夹住毛坯外圆，工件伸出 35mm 左右	1. 粗车端面、$\phi 40^{0}_{-0.039}$ mm 外圆	外圆粗车刀，刀号 T01	600	0.2	2~3
		2. 手动钻中心孔	A3 中心钻	1000	0.1	—
		3. 手动钻孔	$\phi 18$ mm 麻花钻	400	0.1	—
	调头，夹住 $\phi 40^{0}_{-0.039}$ mm 外圆，工件伸出 25mm 左右	1. 粗、精车端面控制总长	外圆粗车刀，刀号 T01	600	0.2	2~3
		2. 粗车 $\phi 40^{0}_{-0.039}$ mm 外圆，留半精车余量	外圆粗车刀，刀号 T01	600	0.2	2~3
		3. 粗车 $\phi 24^{+0.039}_{0}$ mm 内孔	内孔粗车刀，刀号 T03	600	0.2	2~3
		4. 车直槽和宽槽	内槽车刀，刀号 T05	400	0.08	4
		5. 车梯形槽	内槽车刀，刀号 T06	400	0.08	2
		6. 精车 $\phi 24^{+0.039}_{0}$ mm 内孔	内孔精车刀，刀号 T04	800	0.1	0.3
	将工件装夹在圆柱心轴上，心轴装夹在车床主轴上	1. 半精车 $\phi 40^{0}_{-0.039}$ mm 外圆	外圆精车刀，刀号 T02	800	0.1	1
		2. 车外槽	外槽车刀，刀号 T07	400	0.08	4
		3. 精车 $\phi 40^{0}_{-0.039}$ mm 外圆	外圆精车刀，刀号 T02	1000	0.1	0.3
		4. 倒角 C1	倒角车刀，T08	400	0.1	—

2. 程序编制

本任务粗、精车左端面及粗车外圆工序编程简单，程序略。

（1）粗、精车右端面，粗车外圆及粗、精车内轮廓程序　粗、精车内孔表面用 G90 单一切削循环指令编程，窄直槽采用 G01 指令以直进法进刀，梯形槽用 G01 指令分 3 次切削加工，宽槽采用 G75 复合循环指令加工。编程时工件坐标系原点选择在零件右端面中心点；外圆、内孔车刀取刀尖为刀位点，切槽刀取左侧刀尖为刀位点。参考程序见表 3-28，程序名为"O0034"。

表 3-28　非标缸套右端面、外圆及内轮廓加工参考程序

程序段号	程序内容	含　义
N10	G40 G99 M03 S600 T0101;	参数初始化,选T01外圆粗车刀,主轴正转,转速为600r/min
N20	G00 X50.0 Z5.0 M08;	刀具快速移至循环起点,切削液开
N30	G90 X42.0 Z-20.0 F0.2;	调用循环粗车外圆
N40	X0;	刀具移至工件中心
N50	G01 Z0;	切削至工件端面
N60	X41.6,C2;	车端面并倒角
N70	Z-20.0;	车外圆
N80	X50;	刀具沿X方向退出
N90	G00 X100.0 Z200.0;	刀具退至换刀点
N100	T0303;	选T03号内孔粗车刀
N110	G00 X16.0 Z5.0;	刀具快速移至循环起点
N120	G90 X23.4 Z-46.0 F0.2;	用轮廓单一循环指令,粗车 $\phi 24^{+0.039}_{0}$ mm 内孔,进给量为0.2mm/r
N130	G00 X100.0 Z200.0;	刀具退至换刀点
N140	T0505;	换刀头宽度为4mm的内槽车刀,车直槽和宽槽
N150	M03 S400;	主轴正转,转速为400r/min
N160	G00 X22.0 Z5.0;	刀具移近工件端面
N170	Z-8.0;	刀具轴向移至内直槽位置
N180	G01 X30.075 F0.08;	车直槽,进给量为0.08mm/r
N190	G04 X3.0;	刀具暂停3s
N200	X22.0;	刀具退至X=22.0处
N210	G00 Z5.0;	刀具移至宽槽循环位置
N220	G75 R0.5;	调用切槽复合循环指令,车宽槽
N230	G75 X30.075 Z-33.0 P1000 Q3000;	
N240	G00 Z5.0;	刀具退出
N250	X100.0 Z200.0;	刀具退至换刀点
N260	T0606;	换刀头宽度为2mm的内槽车刀,车梯形槽
N270	G00 X22.0 Z5.0;	刀具移至工件端面
N280	Z-40.0;	刀具移至梯形槽位置
N290	G01 X30.075 F0.08;	第一刀车直槽
N300	G04 X3.0;	
N310	X22.0;	
N320	G00 Z-39;	第二刀车梯形槽右侧面
N330	G01 X24.02;	
N340	X30.075 Z-40.0;	
N350	G04 X3.0;	
N360	G00 X22.0;	

（续）

程序段号	程序内容	含义
N370	G00 Z-41.0;	第三刀车梯形槽左侧面
N380	G01 X24.02;	
N390	X30.075 Z-40.0;	
N400	G04 X3.0;	
N410	G00 X22.0;	
N420	Z5.0;	刀具退出
N430	X100.0 Z200.0;	刀具退至换刀点
N440	M00 M05 M09;	程序停，主轴停，测量
N450	T0404;	换 T04 号内孔精车刀
N460	M03 S800 M08;	主轴转速为 800r/mim，切削液开
N470	G00 X22.0 Z5.0;	刀具移至循环起点
N480	G90 X24.02 Z-46.0 F0.1;	精车内孔
N490	G00 X100.0 Z200.0;	刀具退至换刀点
N500	M05 M09;	主轴停、切削液关
N510	M30;	程序结束

（2）车外沟槽及精车 $\phi 40_{-0.039}^{0}$ mm 外圆参考程序　车外沟槽采用 G75 复合循环指令，精车 $\phi 40_{-0.039}^{0}$ mm 外圆用 G01 指令。编程时工件坐标系原点选择在零件右端面中心点，切槽刀取左侧刀尖为刀位点。参考程序见表 3-29，程序名为 "O0035"。

表 3-29　加工非标缸套外沟槽及 $\phi 40_{-0.039}^{0}$ mm 外圆参考程序

程序段号	程序内容	含义
N10	G40 G99 M03 S800 T0202;	参数初始化，选 T02 外圆精车刀，主轴正转，转速为 800r/min
N20	G00 X45.0 Z5.0 M08;	刀具快速移至循环起点，切削液开
N30	G90 X40.6 Z-46.0 F0.1;	调用循环指令，半精车 $\phi 40_{-0.039}^{0}$ mm 外圆
N40	G00 X100.0 Z200.0;	刀具退至换刀点
N50	T0707;	换外槽车刀
N60	M03 S400;	主轴正转，转速为 400r/min
N70	G00 X50.0 Z5.0;	刀具移至循环起点
N80	G75 R0.5;	调用循环指令，车外沟槽
N90	G75 X35.95 Z-35.0 P1000 Q3000;	
N100	G00 X100.0 Z200.0;	刀具退至换刀点
N110	T0202;	换 T02 号外圆精车刀
N120	M03 S1000;	主轴正转，转速为 1000r/min
N130	G00 X37.98 Z5.0 M08;	刀具快速移至切削起点，切削液开
N140	G01 Z0 F0.1;	车至端面

（续）

程序段号	程序内容	含 义
N150	X39.98 Z-1.0;	倒角
N160	Z-46.0;	精车 $\phi40_{-0.039}^{0}$ mm 外圆
N170	G01 X42.0;	刀具切出
N180	G00 X100.0 Z200.0;	刀具退至换刀点
N190	M05 M09;	主轴停，切削液停
N200	M30;	程序结束

3. 加工操作

（1）加工准备

1）开机回机床参考点，建立机床坐标系，使后续操作有一个基准位置。

内沟槽加工

2）装夹工件。本任务共有三次装夹，第一次夹住毛坯外圆，伸出长度为 35mm 左右，粗车左端轮廓、钻中心孔、钻孔；第二次调头夹住 $\phi40_{-0.039}^{0}$ mm 外圆，粗、精车右端面，控制总长，粗车外圆，粗、精加工内轮廓；第三次以 $\phi24_{0}^{+0.039}$ mm 内孔为定位基准，将工件装夹在圆柱心轴上，再将心轴装夹在机床主轴上，精加工零件外轮廓。由于非标缸套壁厚较薄，第二次装夹时需注意不能使工件变形，第三次装夹时不能划伤已加工面，且需要找正，否则精加工余量不够。

3）装夹刀具。将外圆粗车刀、外圆精车刀、内孔粗车刀、内孔精车刀、刀头宽度为 4mm 的内槽车刀、刀头宽度为 2mm 的内槽车刀、外槽车刀、倒角车刀分别装夹在 T01、T02、T03、T04、T05、T06、T07、T08 号刀位，使刀具刀尖与工件回转中心等高；中心钻、麻花钻分别装夹在尾座套筒中；若机床刀位数量有限，则每次装夹工件后把要用到的刀具装入刀位，且需保证该刀具所处刀位与编程时的刀位号一致。

4）对刀操作。每次装夹后，分别对要用到的车刀，采用试切法对刀并将对刀数据分别输入相应的刀具长度补偿中，外圆车刀、内孔车刀及外槽车刀对刀方法同前面任务，内槽车刀对刀步骤如下：

① Z 方向对刀。在 MDI 方式下使主轴正转，转速为 400r/min，切换成手动（JOG）方式，移动内槽车刀试切工件端面后，再沿 $+X$ 方向退出刀具，如图 3-23a 所示，然后通过面板操作将其值输入到相应的刀具长度补偿中。

② X 方向对刀。在 MDI 方式下使主轴正转，转速为 400r/min，切换成手动（JOG）方式，移动内槽车刀试切内孔，深度为 2~3mm，再沿 $+Z$ 方向退出刀具，停车，测量所车内孔直径，如图 3-23b 所示，然后通过面板操作将其值输入到相应的刀具长度补偿中。

5）输入程序并校验。将"O0034"等程序输入机床数控系统，分别调出各程序，设置空运行及仿真，进行程序校验并观察刀具轨迹。程序校验结束后取消空运行等设置，也可以采用数控仿真软件进行仿真校验。

（2）零件加工

1）粗车左端面、$\phi40_{-0.039}^{0}$ mm 外圆。加工步骤如下：

① 调出编写的程序，检查工件、刀具是否按要求夹紧，刀具是否已对刀。

② 选择自动加工方式，调小进给倍率，按数控启动键进行自动加工。加工中观察切削

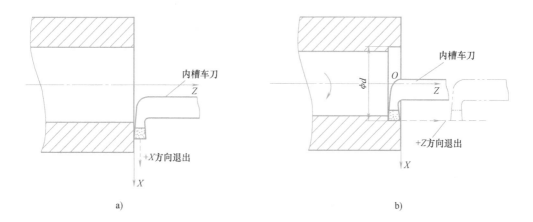

图 3-23　内槽车刀对刀示意图

a) Z 方向对刀示意图　b) X 方向对刀示意图

内槽车刀对刀

情况，逐步将进给倍率调至适当位置。

③ 将中心钻装夹在尾座套筒内，启动主轴，转速为 1000r/min，手动钻中心孔。

④ 中心孔钻好后，停车，换上 ϕ18mm 麻花钻，启动主轴，转速为 400r/min，手动钻 ϕ18mm 孔。

⑤ 钻孔结束后，停车，取下工件。

2）粗、精车右端面，$\phi 40_{-0.039}^{0}$mm 外圆及内轮廓。加工步骤如下：

① 调出 "O0034" 程序，检查工件、刀具是否按要求夹紧，刀具是否已对刀。

② 选择自动加工方式，调小进给倍率，按数控启动键进行自动加工。加工中观察切削情况，逐步将进给倍率调至适当位置。

③ 程序运行至 N440 段，停车测量 $\phi 24_{0}^{+0.039}$mm 内孔尺寸，修调机床内孔精车刀 X 方向的刀具磨损量。

④ 按数控启动键，精车内孔。

⑤ 程序运行结束后，测量内孔直径，修调内孔精车刀 X 方向的刀具磨损量，重新打开程序，从 N450 段运行程序，进行内孔尺寸控制。

3）精车 $\phi 40_{-0.039}^{0}$mm 外圆及槽。加工步骤如下：

① 调出 "O0035" 程序，检查工件、刀具是否按要求夹紧，刀具是否已对刀，给外圆精车刀设置一定的刀具磨损量。

② 选择自动加工方式，调小进给倍率，按数控启动键进行自动加工。加工中观察切削情况，逐步将进给倍率调至适当位置。

③ 程序运行结束后测量 $\phi 40_{-0.039}^{0}$mm 外圆尺寸，修调机床外圆精车刀的刀具磨损量。

④ 重新打开程序，从 N110 段运行，控制外圆尺寸至图样要求。

4）加工结束后及时清扫机床。

检测评分

将学生任务完成情况的检测与评分填入表 3-30 中。

表 3-30　非标缸套加工检测评分表

序号	检测项目	检测内容及要求	配分	学生自检	学生互检	教师检测	得分
1	职业素养	文明礼仪	5				
2		安全纪律	10				
3		行为习惯	5				
4		工作态度	5				
5		团队合作	5				
6	工艺制订	1. 选择装夹与定位方式 2. 选择刀具 3. 选择加工路径 4. 选择合理切削用量	5				
7	程序编制	1. 编程坐标系选择正确 2. 指令使用与程序格式正确 3. 基点坐标正确	10				
8	机床操作	1. 开机前检查、开机、回机床参考点 2. 工件装夹与对刀 3. 程序输入与校验	5				
9	零件加工	$\phi40_{-0.039}^{0}$ mm	5				
10		$\phi36_{-0.1}^{0}$ mm	5				
11		$\phi24_{0}^{+0.039}$ mm	3				
12		45 ± 0.1 mm	5				
13		$10_{-0.1}^{0}$ mm（2 处）	5				
14		4mm、4mm、12mm	3				
15		窄直槽（4mm×$\phi30_{0}^{+0.15}$ mm）	3				
16		宽直槽（21mm×$\phi30_{0}^{+0.15}$ mm）	3				
17		梯形槽	5				
18		同轴度 $\phi0.05$mm	5				
19		$C1$	2				
20		表面粗糙度值 $Ra1.6\mu m$	3				
21		表面粗糙度值 $Ra3.2\mu m$	2				
22		表面粗糙度值 $Ra6.3\mu m$	1				
	综合评价						

任务反馈

在任务完成过程中，分析是否出现表 3-31 所列的误差项目，了解其产生原因并提出修正措施。

表 3-31　非标缸套加工出现的误差项目、产生原因及修正措施

误差项目	产生原因	修正措施
外圆、内孔直径超差	1. 编程尺寸计算或输入错误	
	2. 刀具 X 方向对刀误差大	
	3. 测量错误	
工件变形	1. 夹紧力过大使工件变形	
	2. 刀杆刚性差,让刀	
切槽刀折断	1. 切槽刀安装歪斜	
	2. 切削用量不正确	
	3. 切槽刀的切削刃发生干涉	
同轴度要求超差	1. 卡盘精度降低	
	2. 未找正	
	3. 机床精度低	
表面粗糙度超差	1. 刀杆刚性不足,产生振动	
	2. 刀具角度不正确或刀具磨损	
	3. 切削用量选择不当	
	4. 内孔车刀、内槽车刀等刀杆与内孔表面发生干涉	

任务拓展

加工图 3-24 所示零件。

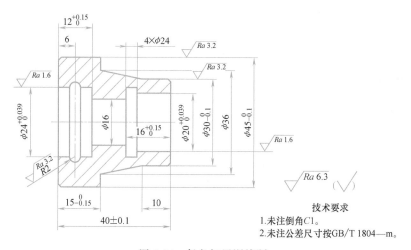

图 3-24　任务拓展训练题

技术要求
1. 未注倒角C1。
2. 未注公差尺寸按GB/T 1804—m。

任务拓展实施提示：拓展任务零件的外圆柱面、外圆锥面表面质量要求不太高,两个内阶梯圆柱面表面质量要求较高。内表面有一个矩形沟槽和一个圆弧形沟槽,矩形沟槽编程加工同本任务,圆弧形沟槽尺寸较小,可选择半径为 2mm 的圆头内槽车刀采用直进法进刀一次加工完成,ϕ16mm 孔精度较低,钻孔后不需加工,其他工艺同本任务。

项目小结

本项目通过通孔轴套、阶梯孔轴套、锥孔轴套和非标缸套等典型套类零件任务实施,对

套类、盘类零件中内孔表面加工刀具的选择、粗精加工工艺的编制、测量工具的确定、切削用量的选择及编程方法进行了系统学习，学会了内孔表面数控加工方法及尺寸控制方法，为后续零件综合加工及盘套类零件、螺纹类零件加工奠定了基础。

思考与练习

一、简答题

1. 数控车床上加工孔有哪些方法？各使用在什么场合？

2. 通孔车刀刀具角度有何要求？

3. 测量内孔直径的量具有哪些？各有何特点？

4. 简述内孔车刀对刀步骤。

5. 数控车削加工中如何控制内孔直径尺寸？

6. 阶梯孔车刀刀具角度和尺寸有何要求？为什么？

7. 套类零件装夹方法有哪些？各有何特点？

8. 内圆锥面锥角常用哪些量具测量？

9. 什么是刀尖圆弧半径补偿？什么情况下要使用刀尖圆弧半径补偿指令？

10. 如何建立和取消刀尖圆弧半径补偿指令？

11. 什么情况下可以使用毛坯切削复合循环指令 G71 加工内轮廓表面？

12. 内直槽如何进刀？尺寸较大的内梯形槽如何进刀？

13. 简述内槽车刀的对刀步骤。

二、加工训练题

1. 编写图 3-25 所示通孔零件数控加工程序并练习加工，材料为 45 钢，毛坯为 $\phi45mm\times45mm$ 棒料。

2. 编写图 3-26 所示阶梯孔零件数控加工程序并练习加工，材料为 45 钢，毛坯为 $\phi60mm\times60mm$ 棒料。

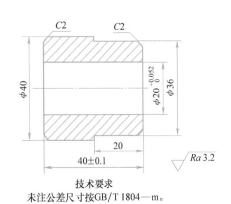

图 3-25　通孔零件

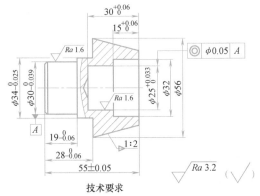

图 3-26　阶梯孔零件

3. 编写图 3-27 所示内锥孔零件数控加工程序并练习加工，材料为 45 钢，毛坯为 $\phi 60mm \times 60mm$ 棒料。

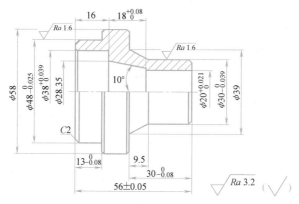

图 3-27 内锥孔零件

4. 编写图 3-28 所示内槽零件数控加工程序并练习加工，材料为 45 钢，毛坯为 $\phi 65mm \times 60mm$ 棒料。

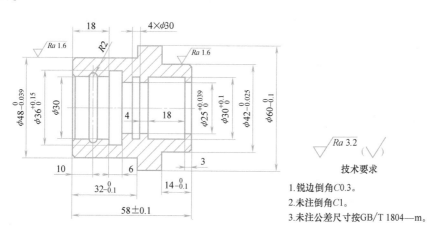

图 3-28 内槽零件

项目四

成形面类零件加工

　　成形面是由曲线回转形成的表面，又称为特形面，如各类球头手柄、球面轴承、球头关节轴承等，如图 4-1 所示。成形面类零件在普通车床上加工比较困难，而在数控车床上加工却比较方便，能充分体现数控车床的优势。用数控车床编程和加工成形面类零件，是数控车床操作的基本内容。本项目主要学习由圆弧曲线回转构成的成形面类零件加工。

a)　　　　　　　　　　　　　　b)　　　　　　　　　　　　　　c)

图 4-1　典型的成形面类零件

a）球头手柄　b）球面轴承　c）球头关节轴承

学习目标

- 掌握圆弧插补指令及应用。
- 掌握倒圆指令及应用。
- 掌握成形面类零件工艺路线的拟订方法。
- 会用二维 CAD 软件辅助编写工艺和查找基点坐标。
- 掌握成形面类零件的车削方法。

任务一　凹圆弧滚压轴的加工

任务描述

　　使用 FANUC 0i Mate-TD 系统数控车床，完成图 4-2 所示凹圆弧滚压轴加工，材料为 45 钢，毛坯为 φ30mm×60mm 棒料，其主要表面是外圆柱面及凹圆弧面。加工后的三维效果图如图 4-3 所示。

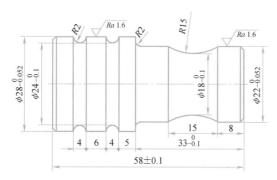

技术要求
1.未注倒角C1。
2.未注公差尺寸按GB/T 1804—m。

图 4-2　凹圆弧滚压轴零件图

知识目标

⟳ 1. 熟悉加工凹圆弧面的车刀种类及选用方法
⟳ 2. 掌握平面选择指令及其含义
⟳ 3. 掌握 G02、G03 圆弧插补指令格式及应用
⟳ 4. 了解用二维 CAD 软件辅助编写工艺及查找基点坐标
的方法

图 4-3　凹圆弧滚压轴三维效果图

技能目标

⟳ 1. 会制订凹圆弧面零件的加工工艺
⟳ 2. 掌握圆弧面的测量方法
⟳ 3. 掌握各种凹圆弧面加工及尺寸控制方法

知识准备

在数控车床上加工凹圆弧面零件，主要应具备选择切削刀具、拟订粗车路线、选择切削
用量等工艺知识及相关编程知识。

1. 加工凹圆弧面的车刀

加工凹圆弧面的车刀有成形车刀、菱形车刀和尖形车刀 3 种，其加工特点见表 4-1。

表 4-1　加工凹圆弧面的车刀及其加工特点

名　称	图　例	加 工 特 点
成形车刀		有可转位式成形车刀和高速钢刃磨而成的整体式成形车刀两种，用于加工尺寸较小的圆弧形凹槽、半圆槽

（续）

名　　称	图　　例	加　工　特　点
菱形车刀	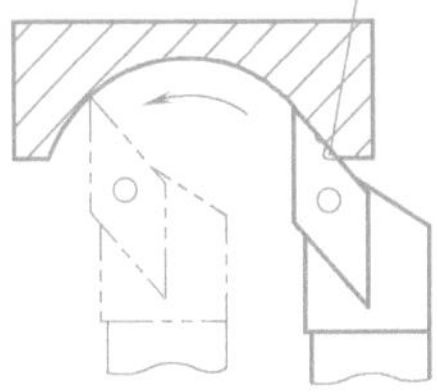 副切削刃加工干涉部分	常为可转位式，刀具主偏角为90°，加工带有台阶的圆弧面，加工中只会产生副切削刃干涉，因此刀具应有足够大的副偏角
尖形车刀	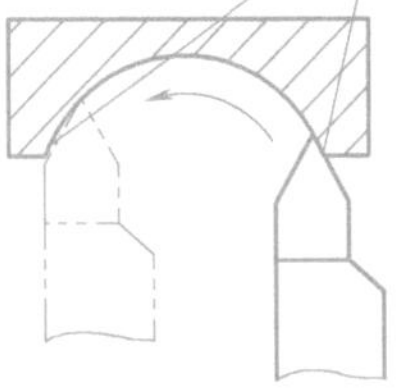 主、副切削刃加工干涉部分	有可转位式尖形车刀和高速钢刃磨而成的整体式尖形车刀两种，会产生主切削刃和副切削刃干涉现象，相对而言刀具副偏角较大，不易产生副切削刃干涉，用于不带台阶的成形表面加工

2. 凹圆弧面的车削方法

精车凹圆弧面沿着轮廓面进行；粗车时，由于各部分余量不等，需采用相应的车削方法。凹圆弧面粗车常采用车等径圆弧、车同心圆弧、车梯形、车三角形等方法，其特点及应用场合见表 4-2。

表 4-2　凹圆弧面粗车方法的特点及应用场合

切削方法	图　　例	特点及应用场合
车等径圆弧	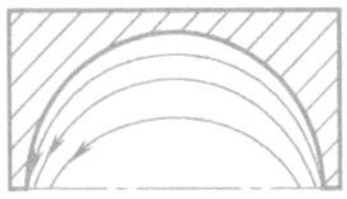	编程坐标计算简单，但切削路径长
车同心圆弧	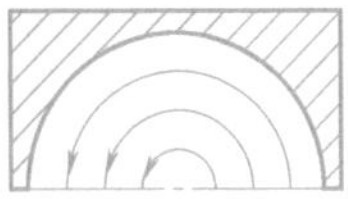	编程坐标计算简单，切削路径短，余量均匀
车梯形	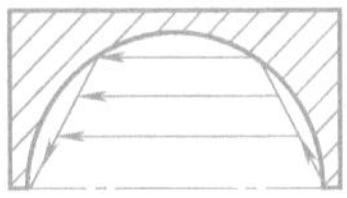	切削力分布合理，但编程坐标计算较复杂
车三角形	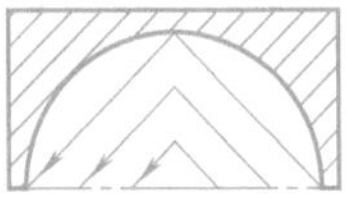	切削路径较长，编程坐标计算较复杂

3. 用二维 CAD 软件辅助编排加工路径和查找基点坐标

采用各种车削方法粗车成形面，最困难的是计算粗车时各基点坐标，实际生产中可结合二维 CAD 软件辅助查找基点坐标，具体做法是：如果用的是 CAXA 电子图板软件，取绘图软件坐标原点为编程原点（工件原点）来绘制零件图，然后以零件图为原轮廓、粗车背吃刀量为等距距离，往毛坯方向绘制的等距线作为每次的粗车路径，单击软件中的"工具"→"查询"→"XYZ 点坐标（P）"，就可查得基点坐标，如图 4-4 所示；选定要查询坐标的点，再单击鼠标右键即可查出该点坐标，如图 4-5 所示。

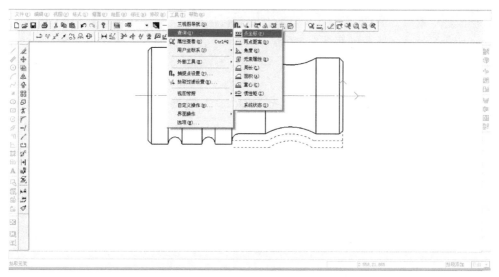

图 4-4　用 CAXA 软件查找点坐标操作

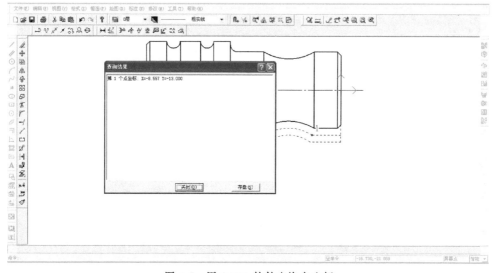

图 4-5　用 CAXA 软件查询点坐标

4. 凹圆弧面测量量具的选择

凹圆弧面形状精度用半径样板测量，表面粗糙度用粗糙度样板比对，相关尺寸根据其精度高低选择游标卡尺或千分尺等量具测量。

5. 凹圆弧面切削用量的选择

车凹圆弧表面时，为防止主、副切削刃与工件表面产生干涉，车刀的主、副偏角一般选择得比较大，于是车刀刀尖角小，刀尖强度低，故凹圆弧面的切削用量比外圆的切削用量要小，具体选择如下：

（1）背吃刀量 a_p　当工艺系统刚性足够，在保留精车、半精车余量的前提下，尽可能选择较大的背吃刀量，以减少进给次数，提高效率。精车、半精车余量常取 0.1~0.3mm。

（2）进给量 f　粗车时进给量大一些，以提高效率；精车时进给量小一些，以保证表面质量。粗车进给量取 0.2~0.4mm/r，精车进给量取 0.08~0.15mm/r。

（3）主轴转速 n　用硬质合金车刀粗车时，主轴转速为中速，精车时主轴转速为高速。一般粗车时的主轴转速取 400~700r/min，精车时的主轴转速取 800~1200r/min。

6. 编程知识

在数控车床中，加工圆弧采用圆弧插补指令，根据图样上圆弧尺寸标注形式的不同，可以用不同的圆弧插补指令格式来编程、加工。此外，加工前还需指定圆弧插补平面。

（1）平面选择指令 G17、G18、G19

G17——选择 XY 平面。

G18——选择 XZ 平面，它是卧式数控车床默认的指定平面。

G19——选择 YZ 平面（数控车床一般不用 G19 平面）。

（2）圆弧插补指令 G02、G03　圆弧插补指令是使刀具按给定的进给量沿圆弧方向进行切削加工。圆弧插补指令代码、插补方向判别、指令格式及参数含义见表4-3。

表 4-3　圆弧插补指令格式及参数含义

指 令 代 码	G02(或 G2):顺时针圆弧插补 G03(或 G3):逆时针圆弧插补	
顺、逆时针插补方向判别	判别原则:从不在圆弧插补平面的坐标轴正方向往负方向看圆弧,顺时针时用 G02,逆时针时用 G03	
	后置刀架	前置刀架
	不论是前置刀架还是后置刀架,对同一段圆弧,其顺时针、逆时针方向是一致的,即外轮廓凸圆弧用 G03 指令,凹圆弧用 G02 指令;内轮廓则相反	
指 令 格 式	"终点坐标+半径"格式 G18 G02/G03 X(U)__ Z(W)__ R__ F__ ;	"终点坐标+圆心坐标"格式 G18 G02/G03 X(U)__ Z(W)__ I__ K__ F__ ;

（续）

参数含义	X、Z：指定圆弧插补终点的绝对坐标 U、W：指定圆弧插补终点相对于起点的增量坐标 R：指定圆弧半径，大于180°的圆弧为负值，小于等于180°的圆弧为正值 F：指定进给量	X、Z：指定圆弧插补终点的绝对坐标 U、W：指定圆弧插补终点相对于起点的增量坐标 I、K：指定圆弧圆心相对圆弧起点的增量坐标，有正负之分，与坐标轴方向相同为正，相反为负，且I后的值一般为半径值 F：指定进给量
图例（前置刀架）	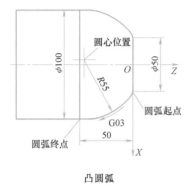 凸圆弧 圆弧插补程序：G18 G03 X100.0 Z-50.0 R55.0 F0.2;	 凹圆弧 圆弧插补程序：G18 G02 X100.0 Z-50.0 I19.0 K-12.0 F0.2;

 任务实施

本任务主要由几个凹圆弧面构成，精车按工件轮廓进行编程，粗车需根据情况采用分层切削方式进行，且需计算各基点坐标。

1. 工艺分析

（1）刀具的选择　轮廓面尺寸精度和表面质量要求较高，选用粗、精车刀分别加工；轮廓面存在台阶面，车刀主偏角应大于或等于90°，为防止刀具副切削刃干涉，刀具副偏角应足够大；此外，零件有两个尺寸较小的凹圆弧面，选用圆头成形车刀进行车削。

（2）零件加工工艺路线的制订　零件尺寸精度和表面质量要求较高，需分粗、精加工，先粗车零件左端轮廓表面，再调头装夹，粗、精车零件右端轮廓表面，最后再精车零件左端轮廓。粗车圆弧面采用车同心圆弧法车削，基点坐标可利用CAXA电子图板查询得到，具体加工工艺见表4-4。

（3）量具的选择　$\phi22_{-0.052}^{0}$mm及$\phi28_{-0.052}^{0}$mm尺寸精度较高，选用外径千分尺测量，$\phi24_{-0.1}^{0}$mm尺寸、$\phi18_{-0.1}^{0}$mm尺寸及长度尺寸选用游标卡尺测量，两圆弧面则分别用$R2$mm、$R15$mm半径样板测量，表面粗糙度用粗糙度样板比对。

（4）切削用量的选择　粗车圆弧表面，当数控车刀强度足够时，应尽可能选择较大的切削用量，背吃刀量取2～3mm，进给量取0.2mm/r，主轴转速取600r/min，精车切削用量同车外圆。具体切削用量见表4-4。

2. 编制程序

（1）粗加工$\phi28_{-0.052}^{0}$mm外圆程序　工件坐标系原点选择在零件装夹后右端面中心点；外圆车刀取刀尖为刀位点，参考程序见表4-5，程序名为"O0041"。

表 4-4 凹圆弧滚压轴加工工艺

工序名	定位（装夹面）	工步序号及内容	刀具及刀号	主轴转速 $n/(r/min)$	进给量 $f/(mm/r)$	背吃刀量 a_p/mm
车削	夹住毛坯外圆	粗车 $\phi28_{-0.052}^{0}$ mm 外圆	外圆粗车刀,刀号 T01	600	0.2	2~3
	调头,夹住 $\phi28_{-0.052}^{0}$ mm 外圆	1. 粗车零件右端轮廓	外圆粗车刀,刀号 T01	600	0.2	1~2
		2. 精车零件右端轮廓	外圆精车刀,刀号 T02	1000	0.1	0.2
	用软卡爪夹住 $\phi22_{-0.052}^{0}$ mm 外圆	1. 精车 $\phi28_{-0.052}^{0}$ mm 外圆	外圆精车刀,刀号 T02	1000	0.1	0.3
		2. 车圆弧槽	圆头成形车刀,刀号 T03	400	0.1	—

表 4-5 粗车凹圆弧滚压轴左端轮廓参考程序

程序段号	程序内容	含 义
N10	G40 G21 G99 G18;	参数初始化
N20	M03 S600 T0101;	主轴正转,转速为 600r/min,选 T01 号外圆粗车刀
N30	G00 X32.0 Z5.0 M08;	刀具快速移至进刀点,切削液开
N40	G90 X28.6 Z-26.0 F0.2;	调用循环指令粗车 $\phi28_{-0.052}^{0}$ mm 外圆,进给量为 0.2mm/r
N50	G00 X100.0 Z200.0 M09;	刀具退至换刀点,切削液关
N60	M05;	主轴停
N70	M30;	程序结束

（2）粗、精加工零件右端轮廓程序 工件坐标系原点选择在零件装夹后右端面中心点；外圆车刀取刀尖为刀位点,粗车凹圆弧面采用车同心圆弧方法,编程坐标通过 CAXA 软件查询获得。参考程序见表 4-6,程序名为"O0141"。

表 4-6 粗、精车凹圆弧滚压轴右端轮廓参考程序

程序段号	程序内容	含 义
N10	G40 G21 G99 G18;	参数初始化
N20	M03 S600 T0101;	主轴正转,转速为 600r/min,选 T01 号外圆粗车刀
N30	G00 X26.4 Z5.0 M08;	刀具快速移至进刀点,切削液开
N40	G01 Z-8.615 F0.2;	第一次粗车右端轮廓
N50	G02 Z-22.385 R12.8;	
N60	G01 Z-30.7;	
N70	G02 X30.4 Z-32.7 R2.0;	
N80	G01 X32.0;	
N90	G00 Z5.0;	刀具退回
N100	X22.4;	刀具移至进刀点
N110	G01 Z-8.054 F0.2;	第二次粗车右端轮廓
N120	G02 Z-22.946 R14.8;	

（续）

程序段号	程序内容	含　义
N130	G01 Z-30.8;	第二次粗车右端轮廓
N140	G02 X26.4 Z-32.8 R2.0;	
N150	G01 X32.0;	
N160	G00 X100.0 Z200.0 M09;	刀具退至换刀点
N170	T0202;	换 T02 号外圆精车刀
N180	M03 S1000 M08;	精车转速为 1000r/min
N190	G00 X0 Z5.0;	刀具快速移至进刀点
N200	G01 G42 Z0 F0.1;	精车至工件端面且建立刀尖圆弧半径补偿
N210	X21.974,C1.0;	精车端面并倒角 C1
N220	Z-8.0;	精车 $\phi22_{-0.052}^{0}$ mm 外圆
N230	G02 Z-23.0 R15.0;	精车 R15mm 圆弧
N240	G01 Z-30.95;	精车 $\phi22_{-0.052}^{0}$ mm 外圆
N250	G02 X25.974 Z-32.95 R2.0;	精车 R2mm 圆弧
N260	G01 X32.0;	刀具沿 X 方向切出
N270	G00 G40 X100.0 Z200.0 M09;	刀具退回且取消刀尖圆弧半径补偿,切削液关
N280	M05;	主轴停
N290	M30;	程序结束

（3）精加工零件左端轮廓程序　工件坐标系原点选择在装夹后零件右端面中心点；外圆车刀取刀尖为刀位点，圆头成形车刀选刀头圆心为刀位点。参考程序见表 4-7，程序名为"O0241"。

表 4-7　精车凹圆弧滚压轴左端轮廓参考程序

程序段号	程序内容	含　义
N10	G40 G21 G99 G18;	参数初始化
N20	M03 S1000 T0202;	主轴正转,转速为 1000r/min,选 T02 号外圆精车刀
N30	G00 X0 Z5.0 M08;	刀具快速移至进刀点,切削液开
N40	G01 Z0 F0.1;	精车至端面,进给量为 0.1mm/r
N50	X27.974,C1.0;	精车端面并倒角 C1
N60	Z-26.0;	精车 $\phi28_{-0.052}^{0}$ mm 外圆
N70	X30.0;	刀具沿 X 方向切出
N80	M00 M05 M09;	程序停、主轴停,切削液关,测量
N90	G00 X100.0 Z200.0;	刀具退至换刀点
N100	M03 S400 T0303 M08;	换 T03 号圆头成形车刀,主轴转速为 400r/min,切削液开
N110	G00 X35.0 Z-8.0;	刀具移至进刀点
N120	G01 X27.95 F0.1;	精车第一个 R2mm 圆弧槽
N130	G04 X3.0;	槽底暂停 3s
N140	G01 X35.0;	刀具沿 X 方向切出
N150	G00 Z-18.0;	刀具沿 Z 方向移动

（续）

程序 段号	程序内容	含　义
N160	G01 X27.95 F0.1；	精车第二个 $R2\text{mm}$ 圆弧槽
N170	G04 X3.0；	槽底暂停 3s
N180	G01 X35.0；	刀具沿 X 方向切出
N190	G00 X100.0 Z200.0 M09；	刀具退至换刀点，切削液关
N200	M05；	主轴停
N210	M30；	程序结束

3. 加工操作

（1）加工准备

1）开机回机床参考点，建立机床坐标系，使后续的操作有一个基准位置。

2）装夹工件。本任务共有三次装夹，第一次夹住毛坯外圆，伸出长度为30mm左右，粗车 $\phi 28_{-0.052}^{0}\text{mm}$ 外圆；第二次夹住 $\phi 28_{-0.052}^{0}\text{mm}$ 外圆，粗、精车右端面、$\phi 22_{-0.052}^{0}\text{mm}$ 外圆及凹圆弧面；第三次夹住 $\phi 22_{-0.052}^{0}\text{mm}$ 外圆，精加工零件左端轮廓面及 $R2\text{mm}$ 圆弧槽。需要重点关注的是第三次装夹，一方面不能划伤已加工面，另一方面需用软卡爪装夹并找正，否则加工余量不够。

3）装夹刀具。将外圆粗车刀、外圆精车刀、圆头成形车刀分别装夹在T01、T02、T03号刀位，使刀具刀尖与工件回转中心等高，对刀操作后在外圆精车刀刀具号中输入刀尖圆弧半径0.2mm和刀具位置号3，外圆精车刀 X、Z 方向的刀具磨损量均设置为0.2mm。

4）对刀操作。每次装夹工件后，分别对要用到的车刀采用试切法对刀，并将对刀数据输入相应的刀具长度补偿中，对刀完成后，分别进行 X、Z 方向的对刀测试，检验对刀是否正确。圆头成形车刀取刀头圆心为刀位点，其对刀方法如下：

① Z 方向对刀。在 MDI 方式下输入程序"M03 S400；"，使主轴正转；切换成手动方式，使圆头成形车刀左侧面碰至工件端面，沿+X 方向退出刀具，如图4-6所示；然后进行面板操作，其操作步骤与外圆车刀 Z 方向对刀相同，但需考虑刀头半径 $R2\text{mm}$。

② X 方向对刀。在 MDI 方式下输入程序"M03 S400；"，使主轴正转；切换成手动方式，使圆头成形车刀切削刃碰到工件外圆面（长2~3mm），沿+Z 方向退出刀具，如图4-7所示。停车，测量外圆直径，需考虑刀头半径 $R2\text{mm}$，进行面板操作，其操作步骤与外圆车刀 X 方向对刀相同。

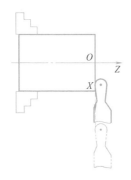

图4-6　圆头成形车刀 Z 方向对刀

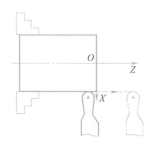

图4-7　圆头成形车刀 X 方向对刀

5）输入程序并校验。将"O0041""O0141"及"O0241"程序输入机床数控系统；分别调出各程序，设置空运行及仿真，进行程序校验并观察刀具轨迹，程序校验结束后取消空运行等设置。也可以采用数控仿真软件进行仿真校验。

（2）零件加工

1）粗车 $\phi 28_{-0.052}^{0}$ mm 外圆，加工步骤如下：

① 调出"O0041"程序，检查工件、刀具是否按要求夹紧，刀具是否已对刀。

② 选择自动加工方式，调小进给倍率，按数控启动键进行自动加工。加工中观察切削情况，逐步将进给倍率调至适当位置。

2）粗、精车零件右端轮廓面，加工步骤如下：

① 调出"O0141"程序，检查工件、刀具是否按要求夹紧，刀具是否已对刀。

② 选择自动加工方式，调小进给倍率，按数控启动键进行自动加工。加工中观察切削情况，逐步将进给倍率调至适当位置。

③ 程序运行结束后停机，测量 $\phi 22_{-0.052}^{0}$ mm 外圆尺寸及长度尺寸，调整外圆精车刀 X、Z 方向的刀具磨损量。

④ 重新打开"O0141"程序，使用程序再启动功能，从 N170 段开始运行，精车外轮廓，控制尺寸。

3）精车 $\phi 28_{-0.052}^{0}$ mm 外圆及 $R2$ mm 圆弧槽。加工步骤如下：

① 调出"O0241"程序，检查工件、刀具是否按要求夹紧，刀具是否已对刀。

② 选择自动加工方式，调小进给倍率，按数控启动键进行自动加工。加工中观察切削情况，逐步将进给倍率调至适当位置。

③ 程序运行至 N80 段，停车测量 $\phi 28_{-0.052}^{0}$ mm 外圆尺寸，调整机床外圆精车刀 X 方向的刀具磨损量，进行尺寸控制，方法同上。

④ 程序运行结束后，测量圆弧槽尺寸。

4）加工结束后及时清扫机床。

检测评分

将学生任务完成情况的检测与评分填入表 4-8 中。

表 4-8 凹圆弧滚压轴加工检测评分表

序号	检测项目	检测内容及要求	配分	学生自检	学生互检	教师检测	得分
1	职业素养	文明礼仪	5				
2		安全纪律	10				
3		行为习惯	5				
4		工作态度	5				
5		团队合作	5				
6	工艺制订	1. 选择装夹与定位方式 2. 选择刀具 3. 选择加工路径 4. 选择合理的切削用量	5				

（续）

序号	检测项目	检测内容及要求	配分	学生自检	学生互检	教师检测	得分
7	程序编制	1. 编程坐标系选择正确 2. 指令使用与程序格式正确 3. 基点坐标正确	10				
8	机床操作	1. 开机前检查、开机、回机床参考点 2. 工件装夹与对刀 3. 程序输入与校验	5				
9	零件加工	$\phi 28_{-0.052}^{0}$mm	8				
10		$\phi 24_{-0.1}^{0}$mm	3				
11		$\phi 22_{-0.052}^{0}$mm	8				
12		$\phi 18_{-0.1}^{0}$mm	3				
13		$R15$mm	5				
14		$R2$mm	5				
15		58 ± 0.1mm	3				
16		$33_{-0.1}^{0}$mm	3				
17		8mm、15mm、4mm、5mm、6mm等尺寸	6				
18		$C1$	1				
19		表面粗糙度值$Ra1.6\mu$m（2处）	3				
20		表面粗糙度值$Ra3.2\mu$m	2				
综合评价							

任务反馈

在任务完成过程中，分析是否出现表4-9所列的误差项目，了解其产生原因并提出修正措施。

表4-9　凹圆弧滚压轴加工出现的误差项目、产生原因及修正措施

误差项目	产生原因	修正措施
圆弧段程序报警	1. 编程尺寸计算或输入错误	
	2. 程序格式错误	
	3. 采用CAD软件查坐标时采用四舍五入	
圆弧形状不正确	1. 刀具副偏角过小，发生干涉	
	2. 坐标尺寸计算或输入错误	
	3. 刀具刀尖与工件旋转中心不等高	
表面粗糙度超差	1. 工艺系统刚性不足	
	2. 刀具角度不正确或刀具磨损	
	3. 切削用量选择不当	
	4. 刀具副切削刃发生干涉	

任务拓展

加工图 4-8 所示的零件，材料为 45 钢，毛坯尺寸为 $\phi35\text{mm}\times60\text{mm}$。

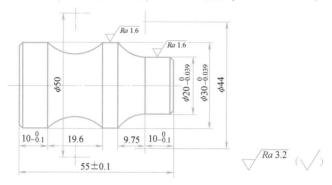

技术要求
1.未注倒角C1。
2.未注公差尺寸按GB/T 1804—m。

图 4-8 任务拓展训练题

任务拓展实施提示：该零件有两段凹圆弧面，均不知道圆弧半径，故需采用"终点坐标+圆心坐标"格式编程加工，粗加工路径仍然采用 CAD 软件辅助编写并查找基点坐标，刀具选择、切削用量确定等工艺问题与本任务相同。

任务二 球头拉杆的加工

任务描述

球头拉杆是汽车转向器中实现行驶转向作用的重要零件，如图 4-9 所示。该零件材料为 45 钢，使用 FANUC 0i Mate-TD 系统数控车床完成其编程加工。毛坯为 $\phi28\text{mm}\times60\text{mm}$ 棒料，零件表面除了外圆面、台阶面与端面外，还有两段由凸圆弧构成的回转面，其形状较复杂，表面粗糙度值为 $Ra3.2\mu\text{m}$，外圆尺寸精度要求也较高。加工后的三维效果图如图 4-10 所示。

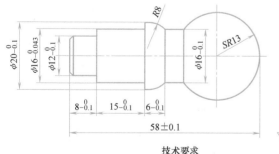

技术要求
1.未注倒角C1。
2.未注公差尺寸按GB/T 1804—m。
图 4-9 球头拉杆零件图

图 4-10 球头拉杆三维效果图

知识目标

➡ 1. 熟悉加工凸圆弧面的车刀种类及选用方法
➡ 2. 掌握轮廓封闭切削循环指令 G73 及应用
➡ 3. 了解刀尖圆弧对成形面形状及尺寸的影响

技能目标

➡ 1. 会制订凸圆弧面零件加工工艺
➡ 2. 掌握凸圆弧面的测量方法及尺寸控制方法
➡ 3. 能加工球头拉杆并达到一定的精度要求

知识准备

车凸圆弧面类零件与凹圆弧面零件相似，需要考虑刀具的选择、粗车路径及编程方法等。

1. 加工凸圆弧面的车刀

加工凸圆弧面的车刀有成形车刀、菱形车刀和尖形车刀 3 种，其加工特点见表 4-10。

表 4-10 凸圆弧面车刀的加工表面及特点

名 称	图 例	加工表面及特点
成形车刀	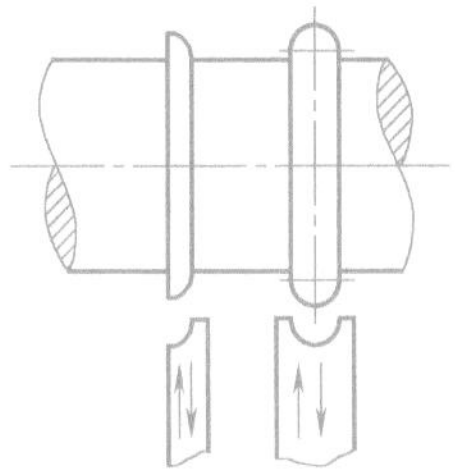	常用高速钢刀片刃磨而成,加工尺寸较小的凸圆弧面
菱形车刀	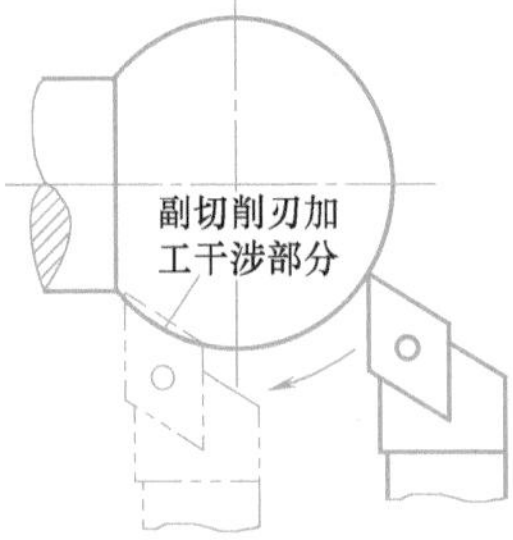 副切削刃加工干涉部分	常用可转位式结构,可加工凹圆弧及凸圆弧表面,因刀具主偏角为 90°,可用于加工带有台阶的圆弧面,且加工中只会产生副切削刃干涉,故刀具需要有足够大的副偏角
尖形车刀	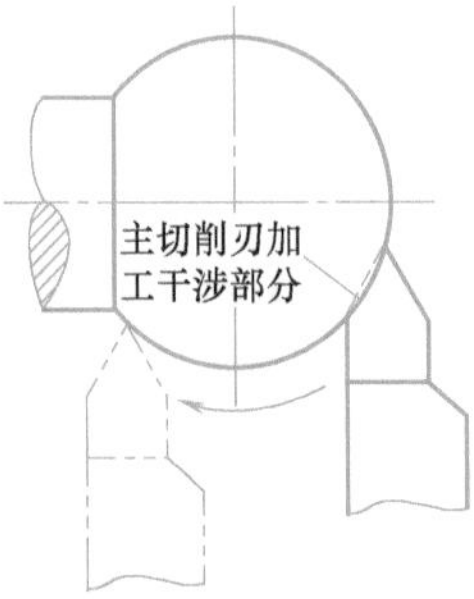 主切削刃加工干涉部分	常用可转位式结构,可加工凹圆弧和凸圆弧表面,会产生主切削刃和副切削刃干涉现象,相对而言刀具副偏角较大,不易产生副切削刃干涉,用于不带台阶的成形表面加工

2. 凸圆弧面的车削方法

精车凸圆弧面沿着轮廓面进行；粗车凸圆弧面时，由于各部分余量不等，需采用相应的车削方法，主要有车锥法和车球法，见表 4-11。

表 4-11　凸圆弧面粗车方法

粗车方法	图　　例	特点及应用场合
车锥法		编程坐标计算简单，适用于圆心角小于 90°且不跨象限的凸圆弧面。粗车时不能超过 AB 临界圆锥面，否则会损坏凸圆弧表面
车球法		用一组同心圆或等径圆车凸圆弧面余量，编程计算简单，但车刀空行程长，适用于圆心角大于 90°或跨象限的凸圆弧面

3. 凸圆弧面测量量具的选择

凸圆弧面的主要检测项目是形状精度和表面粗糙度，形状精度用半径样板测量，表面粗糙度用粗糙度样板比对。

4. 凸圆弧面切削用量的选择

车削凸圆弧面时，为防止主、副切削刃与工件表面产生干涉，一般选择较大的主、副偏角，从而使车刀刀尖角小，刀尖强度低，故车凸圆弧表面时的切削用量比车外圆时的切削用量要小，具体选择如下。

（1）背吃刀量 a_p　当车刀刚性足够，在保留精车、半精车余量的前提下，应尽可能选择较大的背吃刀量，以减少进给次数，提高效率。精车、半精车单边余量常取 0.1~0.4mm。

（2）进给量 f　粗车时进给量大一些，以提高效率；精车时进给量小一些，以保证表面质量。粗车进给量取 0.2~0.4mm/r，精车进给量取 0.08~0.15mm/r。

（3）主轴转速 n　使用硬质合金车刀粗车时，主轴转速选中速；精车时，主轴转速选择高速。一般粗车主轴转速取 400~700r/min，精车主轴转速取 800~1200r/min。

5. 编程知识

车凸圆弧面也采用圆弧插补指令，同样，粗车时编程点坐标计算较困难，可采用二维

CAD 软件辅助编写工艺和查找编程点坐标。也可以用轮廓封闭切削循环指令加工，以简化编程计算。

（1）轮廓封闭切削循环（固定形状粗车循环）指令 G73 径向尺寸不呈单向递增或单向递减的轮廓，可以调用轮廓封闭切削循环指令进行粗加工，调用 G70 指令进行精加工。轮廓封闭切削循环指令的指令格式、参数含义等见表 4-12。

表 4-12 轮廓封闭切削循环指令的指令格式、参数含义等

指令格式	G73 U(Δi) W(Δk) R(d); G73 P(n_s) Q(n_f) U(Δu) W(Δw) F(f);
参数含义	Δi:X 方向总退刀量,半径值 Δk:Z 方向总退刀量 d:分割次数,该值与粗车次数相等 n_s:精加工开始的第一个程序段段号 n_f:精加工结束的最后一个程序段段号 Δu:X 方向精加工余量,直径值;一般取 0.5mm 左右,加工内轮廓时为负值 Δw:Z 方向精加工余量,一般取 0.05~0.1mm f:粗车时的进给量
切削循环动作次序	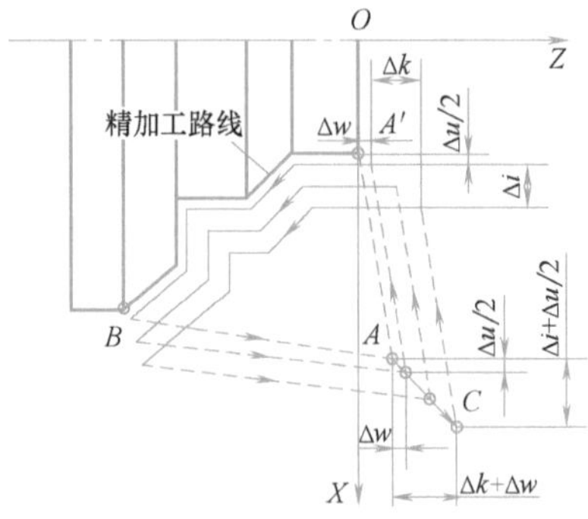
使用说明	1. 循环动作由带有地址 P 和 Q 的 G73 指令实现。在 n_s 和 n_f 程序段中指定的 F、S、T 功能无效,在 G73 程序段中或前面程序段中指定的 F、S、T 功能有效 2. 精车形状与 G71 一样有四种模式,注意 Δu、Δw、Δi、Δk 的符号 3. 精车形状程序段开头(n_s 程序段中)应指定 G00 或 G01 指令,否则会报警 4. 调用 G73 前,刀具应处于循环起点 A 处,该点应距离工件 1~2mm,粗车循环结束后,刀具返回 A 点 5. G73 指令较 G71 切削路径长,空行程多

（2）刀尖圆弧对成形面加工的影响 刀尖圆弧在加工圆弧表面同样会产生过切削或欠切削现象，而使圆弧尺寸或形状产生误差，如图 4-11 所示。对于精度要求高的成形表面，为消除刀尖圆弧半径的影响，编程中需要使用刀尖圆弧半径补偿功能。

任务实施

本任务零件主要由圆柱面和凸圆弧面构成，为简化编程及计算，采用轮廓切削复合循环指令编写粗、精车程序。

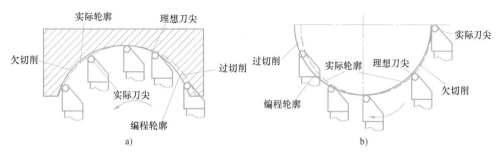

图 4-11　刀尖圆弧对圆弧面尺寸及形状的影响

a）刀尖圆弧对凹圆弧面尺寸、形状的影响　b）刀尖圆弧对凸圆弧面尺寸、形状的影响

1. 工艺分析

（1）球头部分的尺寸计算　已知球头半径为 13mm，圆柱 $\phi16_{-0.1}^{0}$ mm 和球面截交点的 X 方向坐标，还需计算出其 Z 方向坐标才能进行编程。其 Z 方向到坐标原点的距离 = 13mm + $\sqrt{13^2-8^2}$ mm = 23.247mm。

（2）刀具的选择　选用硬质合金焊接式车刀或可转位式车刀，轮廓面尺寸精度、表面质量要求较高，需分别用粗、精车刀加工；轮廓面存在台阶面，车刀的主偏角应大于或等于 90°；此外，轮廓面有圆心角大于 90°的凸圆弧，为防止发生刀具副切削刃干涉，刀具副偏角应足够大。

（3）零件加工工艺路线的制订　本任务零件尺寸精度和表面质量要求较高，需分粗、精加工，按单件加工原则，先粗、精车左端轮廓表面，再调头粗、精车右端轮廓表面。工件总长通过调头手动车端面控制。具体加工工艺见表 4-13。

（4）量具的选择　外圆尺寸用外径千分尺测量，长度尺寸选用游标卡尺测量，两圆弧面则分别用 R8mm、R13mm 半径样板测量，表面粗糙度用粗糙度样板比对。

（5）切削用量的选择　粗车圆弧面时，当数控车刀强度足够时，应尽可能选择较大的切削用量，背吃刀量取 2~3mm，进给量取 0.2mm/r，主轴转速取 600r/min，精车用量同车外圆，具体切削用量见表 4-13。

表 4-13　球头拉杆零件的加工工艺

工序名	定位 （装夹面）	工步序号及内容	刀具及刀号	主轴转速 n/(r/min)	进给量 f/(mm/r)	背吃刀量 a_p/mm
车削	夹住毛坯外圆，伸出 30mm 左右，粗、精车 $\phi16_{-0.043}^{0}$ mm、$\phi12_{-0.1}^{0}$ mm 外圆	1. 粗车 $\phi16_{-0.043}^{0}$ mm、$\phi12_{-0.1}^{0}$ mm 外圆及端面	外圆粗车刀，刀号 T01	600	0.2	2~3
		2. 精车端面及 $\phi16_{-0.043}^{0}$ mm、$\phi12_{-0.1}^{0}$ mm 外圆	外圆精车刀，刀号 T02	1000	0.1	0.2
	调头，夹住 $\phi16_{-0.043}^{0}$ mm 外圆	1. 粗车右端轮廓	外圆粗车刀，刀号 T01	600	0.2	2~3
		2. 精车右端轮廓	外圆精车刀，刀号 T02	1000	0.1	0.2

2. 程序编制

（1）粗、精车 $\phi16_{-0.043}^{0}$ mm、$\phi12_{-0.1}^{0}$ mm 外圆及端面程序　编程时工件坐标系原点选择

在装夹后零件右端面中心点，采用轮廓封闭切削循环指令 G73 粗车，用 G70 循环指令精车，参考程序见表 4-14，程序名为"O0042"。

表 4-14　粗、精车左端轮廓参考程序

程序段号	程序内容	含　义
N10	G40 G21 G99 G18 G80；	参数初始化
N20	M03 S600 T0101 F0.2；	选择 T01 外圆粗车刀，主轴转速为 600r/min，进给量为 0.2mm/r
N30	G00 X36.0 Z5.0 M08；	刀具快速移动至循环起点，切削液开
N40	G73 U2.0 W2.0 R3.0；	设置循环参数，调用循环指令，粗加工轮廓
N50	G73 P60 Q120 U0.4 W0.1；	
N60	G00 X0；	刀具移至 X=0 处（以下为轮廓精加工程序段）
N70	G01 Z0；	刀具切削至端面
N80	X11.95,C1.0；	车端面，倒角
N90	Z-7.95；	车 $\phi12_{-0.1}^{0}$mm 外圆
N100	X15.979；	车台阶
N110	Z-22.95；	车 $\phi16_{-0.043}^{0}$mm 外圆
N120	X30.0；	车至毛坯外圆
N130	G00 X100.0 Z200.0 M09；	刀具退至换刀点
N140	T0202；	换 T02 号精车刀
N150	M03 S1000 F0.1 M08；	设置精车转速和进给量
N160	G70 P60 Q120；	调用轮廓精车循环精车轮廓
N170	G00 X100.0 Z200.0 M09；	刀具退至换刀点，切削液关
N180	M05；	主轴停
N190	M30；	程序结束

（2）粗、精车右端成形面程序　工件坐标系原点选择在装夹后零件右端面中心点，采用轮廓封闭切削循环指令 G73 粗车，用 G70 循环指令精车，参考程序见表 4-15。程序名为"O0142"。

表 4-15　粗、精加工右端成形面参考程序

程序段号	程序内容	含　义
N10	G40 G21 G99 G18 G80；	参数初始化
N20	M03 S600 T0101 F0.2；	选择 T01 外圆粗车刀，主轴转速为 600r/min，进给量为 0.2mm/r
N30	G00 X36.0 Z5.0 M08；	刀具快速移动至循环起点，切削液开
N40	G73 U2.0 W2.0 R3.0；	设置循环参数，调用循环指令粗加工轮廓
N50	G73 P60 Q120 U0.4 W0.1；	
N60	G00 X0；	刀具移至 X=0 处（以下为轮廓精加工程序段）
N70	G01 Z0；	刀具切削至端面
N80	G03 X15.95 Z-23.247 R13.0；	车 SR13mm 球

（续）

程序段号	程序内容	含义
N90	G01 Z-29.0；	车 $\phi16_{-0.1}^{0}$ mm 外圆
N100	G03 X19.95 Z-34.95 R8.0；	车 R8mm 圆弧
N110	G01 Z-36.0；	车飞边
N120	X32.0；	沿 X 方向切出
N130	G00 X100.0 Z200.0 M09；	刀具退至换刀点
N140	T0202；	换 T02 号精车刀
N150	M03 S1000 F0.1 M08；	设置精车转速和进给量
N160	G70 P60 Q120；	调用轮廓精车循环指令，精车轮廓
N170	G00 X100.0 Z200.0 M09；	刀具退至换刀点，切削液关
N180	M05；	主轴停
N190	M30；	程序结束

3. 加工操作

（1）加工准备

1）开机回机床参考点，建立机床坐标系，使后续的操作有一个基准位置。

2）装夹工件。本任务共涉及两次装夹工件，第一次夹住毛坯外圆，伸出长度为 30mm 左右，粗、精车 $\phi16_{-0.043}^{0}$ mm、$\phi12_{-0.1}^{0}$ mm 外圆及端面；第二次夹住 $\phi16_{-0.043}^{0}$ mm 外圆，粗、精车右端球面、凸圆弧面等。需要注意第二次装夹不能划伤已加工表面，且装夹后还需要找正工件。

3）装夹刀具。将外圆粗车刀、外圆精车刀分别装夹在 T01、T02 号刀位，使刀具刀尖与工件回转中心等高。

4）对刀操作。每次装夹工件后应对外圆粗、精车刀分别进行对刀操作，并分别进行验证。

5）输入程序并校验。将"O0042"和"O0142"程序输入机床数控系统；分别调出各程序，设置空运行及仿真，校验程序并观察刀具轨迹；程序校验结束后取消空运行等设置。也可以采用数控仿真软件进行仿真校验。

（2）零件加工

1）粗、精车 $\phi16_{-0.043}^{0}$ mm、$\phi12_{-0.1}^{0}$ mm 外圆、端面的加工步骤如下：

① 调出"O0042"程序，检查工件、刀具是否按要求夹紧，刀具是否已对刀，将外圆精车刀的 X 方向刀具磨损量设置为 0.2mm，Z 方向刀具磨损量设置为 0.1mm。

② 选择自动加工方式，调小进给倍率，按数控启动键进行自动加工。加工中观察切削情况，逐步将进给倍率调至适当位置。

③ 当程序运行结束后停机测量，根据测得的实际结果修调精车刀刀具磨损量。

④ 重新打开程序，从 N140 段运行，精车轮廓，进行尺寸控制。

⑤ 重复执行③、④步骤，直到外圆和长度尺寸达到图样要求。

2）调头夹住 $\phi16_{-0.043}^{0}$ mm 外圆，粗、精车零件右端轮廓，步骤如下：

① 调出"O0142"程序，检查工件、刀具是否按要求夹紧，刀具是否已对刀，将外圆

精车刀的 X 方向刀具磨损量设置为 0.2mm，Z 方向刀具磨损量设置为 0.1mm。

② 选择自动加工方式，调小进给倍率，按数控启动键进行自动加工。加工中观察切削情况，逐步将进给倍率调至适当位置。

③ 程序运行结束后，测量轮廓实际尺寸，根据实测结果修调外圆车刀刀具磨损量。

④ 重新打开"O0142"程序，从 N140 段运行精车外圆程序，进行尺寸控制。

⑤ 重复执行③、④步骤，直至尺寸达到图样要求。

3）加工结束后及时清扫机床。

检测评分

将学生任务完成情况的检测与评分填入表 4-16 中。

表 4-16 球头拉杆加工检测评分表

序号	检测项目	检测内容及要求	配分	学生自检	学生互检	教师检测	得分
1	职业素养	文明礼仪	5				
2		安全纪律	10				
3		行为习惯	5				
4		工作态度	5				
5		团队合作	5				
6	工艺制订	1. 选择装夹与定位方式 2. 选择刀具 3. 选择加工路径 4. 选择合理的切削用量	5				
7	程序编制	1. 编程坐标系选择正确 2. 指令使用与程序格式正确 3. 基点坐标正确	10				
8	机床操作	1. 开机前检查、开机、回机床参考点 2. 工件装夹与对刀 3. 程序输入与校验	5				
9	零件加工	$\phi20_{-0.1}^{0}$ mm	3				
10		$\phi16_{-0.043}^{0}$ mm	5				
11		$\phi12_{-0.1}^{0}$ mm	3				
12		$\phi16_{-0.1}^{0}$ mm	3				
13		58 ± 0.1 mm	5				
14		$15_{-0.1}^{0}$ mm	3				
15		$8_{-0.1}^{0}$ mm	3				
16		$6_{-0.1}^{0}$ mm	3				
17		$C1$	2				
18		$SR13$ mm	8				
19		$R8$ mm	8				
20		表面粗糙度值 $Ra3.2\mu m$	4				
	综合评价						

任务反馈

在任务完成过程中，分析是否出现表 4-17 所列的误差项目，了解其产生原因并提出修正措施。

表 4-17　球头拉杆加工出现的误差项目、产生原因及修正措施

误差项目	产生原因	修正措施
程序报警	1. 圆弧尺寸计算错误	
	2. 编程尺寸输入错误	
	3. 循环参数设置不当	
	4. 程序输入错误	
圆弧尺寸超差	1. 编程尺寸计算错误	
	2. 编程尺寸输入错误	
	3. 刀具磨损量设置不当	
	4. 测量错误	
表面粗糙度超差	1. 刀具刚性较差	
	2. 刀具角度不正确或刀具磨损	
	3. 切削用量选择不当	
	4. 刀具副切削刃与圆弧表面发生干涉	

任务拓展

加工图 4-12 所示手柄，材料为 45 钢，毛坯尺寸为 $\phi24mm \times 82mm$。

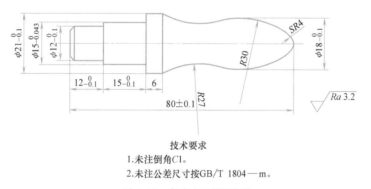

技术要求
1. 未注倒角C1。
2. 未注公差尺寸按GB/T 1804—m。

图 4-12　任务拓展训练题

拓展任务实施提示：该零件是由凹、凸圆弧组成的手柄，3 段圆弧相切，切点坐标需通过二维 CAD 软件查找，加工时应先粗、精加工左端圆柱面，调头再夹住 $\phi15_{-0.043}^{\ 0}mm$ 外圆面，车右端成形面，外圆精车刀主、副偏角应选择得较大一些，以防发生干涉。手柄直径较小，切削用量选择较小，粗车余量采用轮廓封闭切削循环指令加工，其他工艺同本任务。

任务三　球面管接头的加工

任务描述

球面管接头常用于液压系统管路连接，因其密封性好且能旋转一定的角度而被广泛应

用。图 4-13 所示为球面管接头零件之一，材料为 45 钢，毛坯为 φ65mm×45mm 棒料，零件主要加工表面为 R20mm 内球面，其他外圆、内孔精度较高，使用 FANUC 0i Mate-TD 系统数控车床完成该零件加工。加工后的三维效果图如图 4-14 所示。

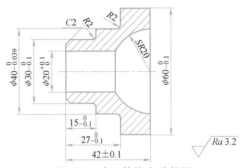

图 4-13　球面管接头零件图

图 4-14　球面管接头三维效果图

知识目标

➡ 1. 掌握圆弧过渡指令及应用
➡ 2. 了解内圆弧面加工工艺特点
➡ 3. 掌握内圆弧面加工程序的编制方法

技能目标

➡ 1. 会制订内圆弧面加工工艺
➡ 2. 会编写内圆弧面加工程序
➡ 3. 会加工球面管接头并达到一定的精度要求

知识准备

加工球面管接头的主要问题是如何加工内圆弧面，而内圆弧面与外圆弧面加工过程基本相同，包括刀具的选择、粗车加工路径的确定、编程等。

1. 内圆弧面车刀及选用

车内圆弧面的刀具与内孔车刀相同，同时应考虑圆弧面形状，选择合适的主、副偏角，避免主、副切削刃发生干涉，如图 4-15 所示。当内圆弧无预制孔时，车刀主偏角必须大于 90°。

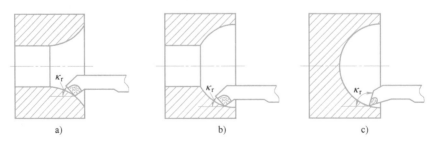

图 4-15　内圆弧车刀的角度选择

a）内凸圆弧车刀　b）内凹圆弧车刀　c）无预制孔的内圆弧车刀

2. 内圆弧面的粗车方法

内圆弧面粗车时各点余量不等，需分层切削，常用的车削方法为车锥法和车球法，如图 4-16 所示。

3. 测量内圆弧面的量具

测量内圆弧面半径主要采用半径样板，测量表面粗糙度用粗糙度样板。

4. 切削用量

内圆弧面的切削用量与内孔表面的切削用量基本相同。粗车时，背吃刀量取 $2 \sim 3$mm，进给量取 $0.2 \sim 0.3$mm/r，主轴转速取 $500 \sim 700$r/min；精车时，背吃刀量取 $0.1 \sim 0.3$mm，进给量取 $0.08 \sim 0.15$mm/r，主轴转速取 $800 \sim 1000$r/min。

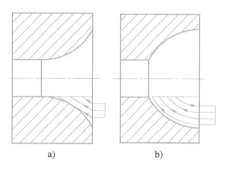

图 4-16　内圆弧面粗车方法
a）车锥法　b）车球法

5. 编程知识

内圆弧面精加工沿轮廓线用圆弧插补指令编程，粗加工则根据选用的粗车路径进行编程，当 X 方向尺寸呈单向递增或递减时用轮廓粗车复合循环指令 G71 或轮廓封闭切削循环指令 G73 编程；若 X 方向尺寸不呈单向递增或递减，则只能采用轮廓封闭切削循环指令 G73 编程。

轮廓间有圆弧过渡时，为方便编程，还可采用圆弧过渡（倒圆）指令编程，其指令格式、参数含义和示例见表 4-18。

表 4-18　圆弧过渡指令的指令格式、参数含义和示例

指令格式	G01 X(U)__ Z(W)__　F__ ,R __;
参数含义	X、Z:指定拐角点的绝对坐标 U、W:指定拐角点相对于起点的增量坐标 F:指定进给量 R:指定拐角半径
示例	直线与直线间圆弧过渡 N20 G01 X16.0 Z18.0 F0.2,R5.0; N30 X35.0 Z12.0; ／ 直线与圆弧间圆弧过渡 N20 G01 X16.0 Z18.0 F0.2,R5.0; N30 G03 X36.0 Z10.0 R12.0;

任务实施

本任务中，内表面由内圆弧面和内圆柱面构成，形状较复杂，任务实施时需重点考虑。

1. 工艺分析

（1）内圆弧面编程尺寸的计算　除任务给出的内圆弧面尺寸，编程时还需计算出圆弧

插补终点的 Z 方向坐标值，计算方法同上一任务，即圆弧插补终点距原点的 Z 向距离 = $\sqrt{20^2-10^2}$ mm = 17.32mm。

（2）刀具的选择　本任务需用到粗、精车外圆车刀及粗、精车内孔车刀。为避免发生干涉，内孔车刀主偏角需足够大。此外，车内圆弧面之前还要用中心钻、麻花钻等刀具钻中心孔和钻孔。

（3）零件加工工艺路线的制订　零件内、外轮廓表面都分粗、精加工完成；粗加工内圆弧面时，为减少编程及计算，采用轮廓复合循环指令完成，具体加工工艺见表4-19。

（4）量具的选择　本任务长度用游标卡尺测量；外圆尺寸用外径千分尺测量，内孔直径用内径百分表测量，内、外圆弧面用 $R2$mm、$R20$mm 半径样板测量，表面粗糙度用粗糙度样板比对。

（5）切削用量的选择　工件材料为45钢，粗、精加工外圆，粗、精加工内表面、钻中心孔、钻孔等切削用量同前面任务，具体数值见表4-19。

表 4-19　车球面管接头加工工艺

工序名	定位（装夹面）	工步序号及内容	刀具及刀号	主轴转速 $n/(r/min)$	进给量 $f/(mm/r)$	背吃刀量 a_p/mm
车削	夹住毛坯外圆	1. 手动钻中心孔	A3 中心钻	1000	0.1	—
		2. 手动钻孔	$\phi16$mm 麻花钻	400	0.1	—
		3. 粗车端面、$\phi40_{-0.039}^{0}$mm 及 $\phi30_{-0.1}^{0}$mm 外圆	外圆粗车刀，刀号 T01	600	0.2	2~3
		4. 精车端面、$\phi40_{-0.039}^{0}$mm 及 $\phi30_{-0.1}^{0}$mm 外圆	外圆精车刀，刀号 T02	1000	0.1	0.2
	调头，夹住 $\phi40_{-0.039}^{0}$mm 外圆	1. 粗车 $\phi60_{-0.1}^{0}$mm 外圆	外圆粗车刀，刀号 T01	600	0.2	2~3
		2. 精车端面及 $\phi60_{-0.1}^{0}$mm 外圆	外圆精车刀，刀号 T02	1000	0.1	0.2
		3. 粗车内轮廓面	内孔粗车刀，刀号 T03	600	0.2	2
		4. 精车内轮廓面	内孔精车刀，刀号 T04	800	0.1	0.2

2. 编制程序

（1）粗、精车端面、$\phi40_{-0.039}^{0}$mm 及 $\phi30_{-0.1}^{0}$mm 外圆程序　编程时工件坐标系原点选择在装夹后零件右端面中心点；取刀尖为刀位点，粗车采用轮廓粗车复合循环指令 G71 进行，精车采用 G70 循环指令进行，外圆粗车前安排手动钻中心孔和钻孔。参考程序见表4-20，程序名为"O0043"。

表 4-20　粗、精车球面管接头左端轮廓参考程序

程序段号	程序内容	含　义
N10	G40 G21 G99 G18 G80;	参数初始化
N20	M03 S600 T0101 F0.2;	选择 T01 外圆粗车刀，主轴转速为 600r/min，进给量为 0.2mm/r

（续）

程序段号	程序内容	含　义
N30	G00 X70.0 Z5.0 M08;	刀具快速移动至循环起点,切削液开
N40	G71 U2.0 R1.0;	设置循环参数,调用循环指令,粗加工轮廓
N50	G71 P60 Q120 U0.4 W0.1;	
N60	G00 X0;	刀具移至 $X=0$ 处(以下为轮廓精加工程序段)
N70	G01 Z0;	刀具切削至端面
N80	X29.95,C2.0;	车端面并倒角 $C2$
N90	Z-14.95,R2.0;	车 $\phi30_{-0.1}^{0}$ mm 外圆并倒圆 $R2$mm
N100	X39.981;	车台阶面
N110	Z-26.95,R2.0;	车 $\phi40_{-0.039}^{0}$ mm 外圆并倒圆 $R2$mm
N120	X62.0;	车至 $X=62$ 处
N130	G28 U0 W0 M09;	刀具回机床参考点
N140	T0202;	换 T02 号外圆精车刀
N150	M03 S1000 F0.1 M08;	精车,主轴转速为 1000r/min,进给量为 0.1mm/r
N160	G00 X65.0 Z5.0;	刀具移至循环起点
N170	G70 P60 Q120;	调用精车循环指令精车外轮廓
N180	G00 X100.0 Z200.0 M09;	刀具退至换刀点,切削液关
N190	M05;	主轴停
N200	M30;	程序结束

（2）粗、精车端面、$\phi60_{-0.1}^{0}$ mm 外圆及内轮廓程序　工件坐标系原点选择在零件装夹后右端面中心点;参考程序见表 4-21,程序名为"O0143"。

表 4-21　粗、精车 $\phi60_{-0.1}^{0}$ mm 外圆及内轮廓参考程序

程序段号	程序内容	含　义
N10	G40 G99 G21 G18 G80;	参数初始化
N20	M03 S600 T0101;	主轴正转,转速为 600r/min,选 T01 号外圆粗车刀
N30	G00 X70.0 Z5.0 M08;	刀具快速移至循环起点,切削液开
N40	G90 X60.4 Z-15.5 F0.2;	用轮廓单一循环指令粗车 $\phi60_{-0.1}^{0}$ mm 外圆,进给量为 0.2mm/r
N50	G00 X100.0 Z200.0 M09;	刀具退至换刀点
N60	T0202;	换 T02 号外圆精车刀
N70	M03 S1000 M08;	精车外圆,主轴转速为 1000r/min,切削液开
N80	G00 X10.0 Z5.0;	刀具移至切削起点
N90	G01 Z0 F0.1;	车至工件端面,进给量为 0.1mm/r
N100	X59.95;	精车端面
N110	Z-15.5;	精车 $\phi60_{-0.1}^{0}$ mm 外圆
N120	X64.0;	刀具切出

（续）

程序段号	程序内容	含　义
N130	G00 X100.0 Z200.0;	刀具退至换刀点
N140	M00 M05 M09;	程序停,主轴停,切削液关,测量
N150	T0303;	换内孔粗车刀
N160	M03 S600 F0.2 M08;	设置车内孔转速,进给量,切削液开
N170	G00 X10.0 Z5.0;	刀具快速移动至循环起点
N180	G71 U2.0 R1.0;	设置循环参数,调用循环指令,粗加工内轮廓
N190	G71 P200 Q240 U-0.4 W0.1;	
N200	G00 X40.0;	刀具移至 $X=40$ 处(以下为轮廓精加工程序段)
N210	G01 Z0;	刀具切削至端面
N220	G03 X20.05 Z-17.32 R20;	车 $SR20$mm 内圆弧面
N230	G01 Z-43.0;	车 $\phi20^{+0.1}_{0}$mm 内孔
N240	X15.0;	车至 $X=15$ 处
N250	G00 X100.0 Z200.0 M09;	刀具退至换刀点
N260	T0404;	换 T04 号内孔精车刀
N270	M03 S800 F0.1 M08;	精车,主轴转速为 800r/min,进给量为 0.1mm/r
N280	G00 X10.0 Z5.0;	刀具移至循环起点
N290	G70 P200 Q240;	调用精车循环指令,精车内轮廓
N300	G00 X100.0 Z200.0 M09;	刀具退至换刀点,切削液关
N310	M05;	主轴停
N320	M30;	程序结束

3. 加工操作

（1）加工准备

1）开机回机床参考点，建立机床坐标系，使后续的操作有一个基准位置。

2）装夹工件。本任务加工中共有两次装夹，第一次夹住毛坯外圆，伸出长度为32mm左右，粗、精车左端面及轮廓面；第二次夹住 $\phi40^{0}_{-0.039}$mm 外圆，粗精车右端面、$\phi60^{0}_{-0.1}$mm 外圆及内轮廓面。注意第二次装夹时，不能划伤已加工面且工件需要进行找正。

3）装夹刀具。将外圆粗车刀、外圆精车刀、内孔粗车刀、内孔精车刀分别装夹在 T01、T02、T03、T04 号刀位，使刀具刀尖与工件回转中心等高，中心钻、麻花钻分别装夹在尾座套筒中，钻心与工件回转中心重合。

4）对刀操作。每次装夹工件后，分别对要用到的车刀，采用试切法对刀并将对刀数据输入到相应的刀具长度补偿中；对刀完成后，分别进行 X、Z 方向对刀测试，检验对刀是否正确。

5）输入程序并校验。将"O0043"和"O0143"程序输入机床数控系统；分别调出各程序，设置空运行及仿真，进行程序校验并观察刀具轨迹；程序校验结束后取消空运行等设置。也可以采用数控仿真软件进行仿真校验。

（2）零件加工

1）粗、精车端面、$\phi40_{-0.039}^{0}$mm 及 $\phi30_{-0.1}^{0}$mm 外圆，加工步骤如下：

① 检查工件、刀具是否按要求夹紧，刀具是否已对刀，将外圆精车刀的 X、Z 方向刀具磨损量分别输入 0.2mm、0.1mm。

② 安排手动钻中心孔和手动钻孔。

③ 调出"O0043"程序，选择自动加工方式，调小进给倍率，按数控启动键进行自动加工。加工中观察切削情况，逐步将进给倍率调至适当位置。

④ 程序运行结束后，测量外圆尺寸并修调精车刀刀具磨损量，进行尺寸控制。

2）粗、精车端面、$\phi60_{-0.1}^{0}$mm 外圆及内轮廓程序，加工步骤如下：

① 调出"O0143"程序，检查工件、刀具是否按要求夹紧，刀具是否已对刀，给外圆精车刀及内孔精车刀设置一定的刀具磨损量，内孔精车刀设置刀尖圆弧半径补偿和刀具位置号。

② 选择自动加工方式，调小进给倍率，按数控启动键进行自动加工。加工中观察切削情况，逐步将进给倍率调至适当位置。

③ 程序运行至 N140 段时，停机测量 $\phi60_{-0.1}^{0}$mm 外圆尺寸，调整机床外圆精车刀 X 方向的刀具磨损量，进行尺寸控制。

④ 外圆尺寸符合要求后，运行车内轮廓程序。

⑤ 程序结束后测量内孔及内圆弧面尺寸，修调内孔精车刀刀具磨损量，进行尺寸控制，控制方法同上。

3）加工结束后及时清扫机床。

检测评分

将学生任务完成情况的检测与评分填入表 4-22 中。

表 4-22　球面管接头加工检测评分表

序号	检测项目	检测内容及要求	配分	学生自检	学生互检	教师检测	得分
1	职业素养	文明礼仪	5				
2		安全纪律	10				
3		行为习惯	5				
4		工作态度	5				
5		团队合作	5				
6	工艺制订	1. 选择装夹与定位方式 2. 选择刀具 3. 选择加工路径 4. 选择合理的切削用量	5				
7	程序编制	1. 编程坐标系选择正确 2. 指令使用与程序格式正确 3. 基点坐标正确	10				
8	机床操作	1. 开机前检查、开机、回机床参考点 2. 工件装夹与对刀 3. 程序输入与校验	5				

（续）

序号	检测项目	检测内容及要求	配分	学生自检	学生互检	教师检测	得分
9		$\phi 60_{-0.1}^{0}$ mm	5				
10		$\phi 40_{-0.039}^{0}$ mm	5				
11		$\phi 30_{-0.1}^{0}$ mm	5				
12		$\phi 20_{0}^{+0.1}$ mm	5				
13	零件加工	42 ± 0.1 mm	5				
14		$27_{-0.1}^{0}$ mm	3				
15		$15_{-0.1}^{0}$ mm	3				
16		$SR20$mm	8				
17		$R2$mm（2 处）	5				
18		$C2$	2				
19		表面粗糙度值 $Ra3.2\mu m$	4				
综合评价							

任务反馈

在任务完成过程中，分析是否出现表 4-23 所列的误差项目，了解其产生原因并提出修正措施。

表 4-23 球面管接头加工出现的误差项目、产生原因及修正措施

误差项目	产生原因	修正措施
程序报警	1. 编程尺寸计算错误	
	2. 程序输入错误	
	3. 循环参数设置不正确	
	4. 编程格式错误	
直径或长度尺寸不正确	1. 编程尺寸计算或输入错误	
	2. 对刀不准确	
	3. 测量错误	
表面粗糙度超差	1. 刀杆刚性不足,产生振动	
	2. 刀具角度不正确或刀具磨损	
	3. 切削用量选择不当	
	4. 刀杆与内孔表面发生干涉	

任务拓展

加工图 4-17 所示零件，材料为 45 钢，毛坯尺寸为 $\phi 65$mm$\times 45$mm。

任务拓展实施提示：该零件内、外圆柱面、内圆弧面表面质量要求均较高，应将粗、精车分开进行，内孔车刀应选择主偏角大于或等于 90°，内孔直径较小，应选择较小的切削用量，粗车余量采用分层切削或用毛坯切削循环加工，其他工艺同本任务。

项目小结

本项目通过凹圆弧滚压轴、球头拉杆及球面管接头的加工等任务实施，对各类由圆弧曲

线回转而成的成形类零件加工刀具的选择、粗精加工工艺的编写、测量工具的确定、切削用量的选择及编程指令和编程方法进行了系统的学习，基本掌握中等复杂程度成形类零件的编程与加工方法，为达到中级工水平奠定了基础。

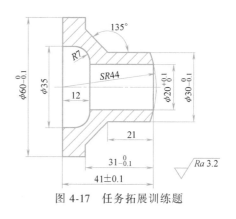

图 4-17　任务拓展训练题

思考与练习

一、简答题

1. 数控车床上，粗车凹圆弧面的车削方法有哪些，各有何特点？

2. 在 CAXA 电子图板软件中如何查找基点坐标？

3. 卧式数控车床圆弧插补时平面选择指令是什么？

4. 如何判别圆弧插补方向？

5. 数控车床上，粗车凸圆弧面的车削方法有哪些？各有何特点？

6. G73 与 G71 指令相比有何区别？

7. 如何选择车外圆弧面的车刀？

8. 数控车床上，内圆弧面粗车余量如何去除？

9. G73 指令的注意事项有哪些？

二、加工训练题

1. 编写图 4-18 所示凹圆弧零件数控加工程序并练习加工，材料为 45 钢，毛坯为 ϕ30mm×65mm 棒料。

2. 编写图 4-19 所示球头手柄数控加工程序并练习加工，材料为 45 钢，毛坯为 ϕ60mm×75mm 棒料。

3. 编写图 4-20 所示内圆弧面零件数控加工程序并练习加工，材料为 45 钢，毛坯为 ϕ35mm×30mm 棒料。

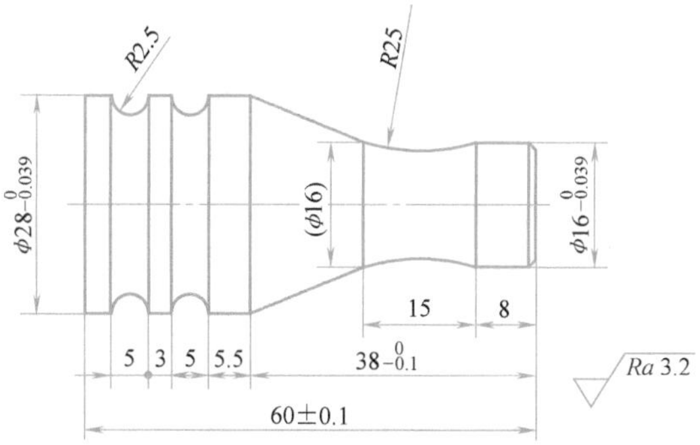

技术要求
未注倒角C1。

图 4-18　凹圆弧零件

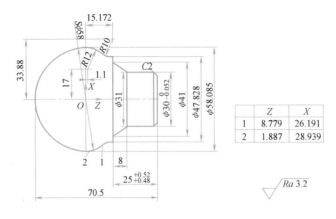

	Z	X
1	8.779	26.191
2	1.887	28.939

$\sqrt{}$ Ra 3.2

技术要求
1.锐角倒钝C0.5。
2.未注公差尺寸按GB/T 1804—m。

图 4-19　球头手柄

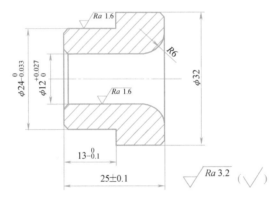

$\sqrt{}$ Ra 3.2　($\sqrt{}$)

技术要求
1.未注倒角C1。
2.未注公差尺寸按GB/T 1804—m。

图 4-20　内圆弧面零件

项目五

螺纹类零件加工

油气管件、轴、套（盘）类零件，为便于连接、固定、传动，需加工螺纹表面，如图 5-1 所示的螺杆、螺纹法兰盘、圆锥螺纹接头等。常见螺纹有普通螺纹、梯形螺纹、锯齿形螺纹、矩形螺纹等，这些位于回转表面上的螺纹大多是在车床上加工的。在数控车床上加工各种螺纹是数控车床操作的基本内容，也是数控车床的优势之一。本项目以普通三角形圆柱、圆锥螺纹类零件为例，介绍常见螺纹的数控加工方法。

图 5-1　典型螺纹零件

学习目标

- 掌握三角形螺纹加工的参数计算方法。
- 掌握常用螺纹切削指令及其应用。
- 掌握普通外螺纹的编程与加工方法。
- 掌握普通内螺纹的编程与加工方法。
- 掌握圆锥螺纹的编程与加工方法。

任务一　圆柱螺塞的加工

任务描述

图 5-2 所示为圆柱螺塞，由普通螺纹、螺纹退刀槽、外圆等表面构成，使用 FANUC 0i Mate-TD 系统数控车床完成该零件加工，材料为 45 钢，毛坯为 $\phi 20$ mm 棒料，其中 M12×1 圆柱外螺纹为细牙普通螺纹，螺距为 1mm，加工后的三维效果图如图 5-3 所示。

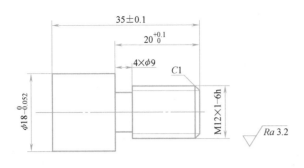

图 5-2　圆柱螺塞零件图

图 5-3　圆柱螺塞三维效果图

知识目标

- 1. 掌握圆柱螺纹切削指令、圆柱螺纹切削单一循环指令及应用
- 2. 会计算普通外螺纹参数
- 3. 会制订普通外螺纹的加工工艺

技能目标

- 1. 会正确安装普通螺纹车刀，会进行外螺纹车刀的对刀
- 2. 会测量普通外螺纹
- 3. 会加工圆柱螺塞并达到一定的精度要求

知识准备

圆柱螺塞加工的最主要问题是普通螺纹表面的加工，其公差等级为 6 级，表面粗糙度值为 $Ra3.2\mu m$，加工时需考虑螺纹参数计算、螺纹车刀选择、进刀方式、切削用量的选择等工艺问题及螺纹加工指令等编程知识。

1. 普通螺纹的主要参数及计算

（1）普通螺纹的主要参数及计算公式（表 5-1）

表 5-1　普通螺纹的主要参数及计算公式

参 数 名 称	符　　号	计 算 公 式
牙型角	α	$60°$
螺距	P	由公称直径确定
基本大径	$d(D)$	外（内）螺纹公称直径
基本中径	$d_2(D_2)$	$d_2 = d - 0.6495P, D_2 = D - 0.6495P$
牙型高度	h_1	$h_1 = 0.5413P$
基本小径	$d_1(D_1)$	$d_1 = d - 2h_1 = d - 1.0825P, D_1 = D - 1.0825P$

（续）

图示	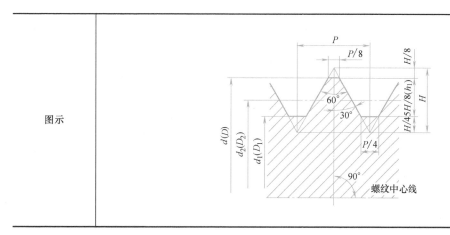

（2）普通外螺纹实际加工、编程的相关尺寸计算　普通外螺纹实际加工和编程涉及的尺寸有外螺纹圆柱直径、螺纹牙型高度、外螺纹小径等，加工中因刀尖圆弧半径、挤压等因素影响，与其理论计算公式略有差别，一般参照经验公式计算，见表5-2。

表5-2　普通外螺纹实际加工、编程的相关尺寸计算公式

参 数 名 称	符 号	计 算 公 式	原 因 及 用 途
外螺纹圆柱直径	$d_{圆}$	$d_{圆} = d - 0.1P$	受刀具挤压影响，外径尺寸会胀大，故车外螺纹前圆柱直径应比螺纹大径小 $0.2 \sim 0.4$mm，作为车外螺纹前圆柱加工、编程的依据
螺纹牙型高度	$h_{1实}$	$h_{1实} = 0.65P$	关系到车螺纹时的进给次数、每次背吃刀量分配等
外螺纹小径	$d_{1实}$	$d_{1实} = d - 2h_{1实} = d - 1.3P$	编程时计算外螺纹牙底坐标

2. 外螺纹车刀

普通外螺纹车刀刀尖角等于螺纹牙型角60°，按结构形式可分为整体式外螺纹车刀、焊接式外螺纹车刀、可转位式外螺纹车刀3种，见表5-3。

表5-3　外螺纹车刀的种类及使用说明

种　　类	图　　例	使 用 说 明
整体式外螺纹车刀		整体式外螺纹车刀由高速钢刀杆刃磨而成，刃口较锋利，常用于低速车螺纹或精车螺纹
焊接式外螺纹车刀		由硬质合金刀片焊接在刀杆上制成，价格较低，常用于高速车螺纹
可转位式外螺纹车刀		由专门厂家生产，价格较高，不需重磨，生产效率高，是数控机床上常用的车螺纹刀具，刀片型号根据螺纹螺距选择

3. 普通螺纹车削的进刀方法及进给次数

螺纹车刀属于成形车刀，刀具切削面积大，进给量大，切削过程中切削力大，不能一次加工完成，需采用不同的进刀方法，分多次进给切削。如果想提高螺纹表面质量，可增加几

次光整加工。

（1）进刀方法　螺纹车削的进刀方法有<u>直进法、斜进法、左右切削法</u>，其特点及应用见表5-4。

表 5-4　切削螺纹进刀方法

进 刀 方 法	图　　示	特点及应用
直进法		切削力大，易扎刀，切削用量低，牙型精度高 适用于加工 $P<3mm$ 的普通螺纹及精加工 $P\geqslant 3mm$ 的螺纹
斜进法		切削力小，不易扎刀，切削用量大，牙型精度低，表面粗糙度值大 适用于粗加工 $P\geqslant 3mm$ 的螺纹
左右切削法		切削力小，不易扎刀，切削用量大，牙型精度低，表面粗糙度值小 适用于 $P\geqslant 3mm$ 螺纹的粗、精加工

（2）进给次数及背吃刀量的分配　采用直进法进刀，刀具越接近螺纹牙根，切削面积越大；为避免因切削力过大而损坏刀具，每次进给的背吃刀量应越来越小，如图5-4所示。

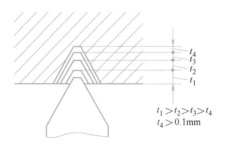

$t_1>t_2>t_3>t_4$
$t_4>0.1mm$

图 5-4　车螺纹背吃刀量的分配

车削常见螺距的螺纹时，进给次数及背吃刀量的分配见表5-5。

表 5-5　常见螺距的螺纹切削进给次数及背吃刀量　　　（单位：mm）

米 制 螺 纹							
螺　　距	1	1.5	2	2.5	3	3.5	4
牙型高度(半径值)	0.65	0.975	1.3	1.625	1.95	2.275	2.6
切削深度(直径值)	1.3	1.95	2.6	3.25	3.9	4.55	5.2
进给次数及每次背吃刀量(直径值) 　　1	0.7	0.8	0.8	1.0	1.2	1.5	1.5
2	0.4	0.5	0.6	0.7	0.7	0.7	0.8
3	0.2	0.5	0.6	0.6	0.6	0.6	0.6
4		0.15	0.4	0.4	0.4	0.6	0.6
5			0.2	0.4	0.4	0.4	0.4
6				0.15	0.4	0.4	0.4
7					0.2	0.2	0.4
8						0.15	0.3
9							0.2

注：螺距为1.25mm、1.75mm螺纹及其他非标准螺距螺纹参照此表分配进给次数及背吃刀量。

（3）螺纹切削空刀导入量和退出量　由于数控机床伺服系统滞后，主轴加速和减速过程中，会在螺纹切削起点和终点产生不正确的导程。因此，在进刀和退刀时要留有一定的空刀导入量和空刀退出量，即螺纹切削行程要大于实际螺纹长度，如图5-5所示。空刀导入量δ_1取2~5mm；空刀退出量应小于螺纹退刀槽宽度，一般取$\delta_2 = 0.5\delta_1$。

4．主轴转速

车螺纹时，主轴转速太低，易产生毛刺；主轴转速太高，挤压变形严重。一般情况下，用高速钢螺纹车刀切削时，主轴转速为100~150r/min；用硬质合金焊接式螺纹车刀、可转位式螺纹车刀切削时，主轴转速为300~400r/min。

5．测量外螺纹的量具

普通螺纹检测项目有螺纹顶径、螺距、螺纹中径、综合测量4项。螺纹顶径常用游标卡尺测量，螺距用钢直尺或螺纹样板测量，外螺纹中径用外螺纹千分尺或三针法测量，综合测量用螺纹环规测量。常见测量普通螺纹的量具见表5-6。

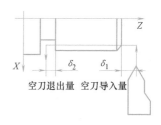

图 5-5　螺纹加工的空刀导入量和空刀退出量

空刀退出量　空刀导入量

表 5-6　常见测量普通螺纹的量具

量具种类	图　　例	使用说明
螺纹样板		测量各种螺纹螺距，将螺纹样板压在螺纹上，吻合的即是被测螺纹的螺距

（续）

量具种类	图　例	使用说明
螺纹千分尺	数显螺纹千分尺 普通螺纹千分尺	有两个和螺纹牙型相同的测量触头，一个呈圆锥，一个呈凹槽，有一系列测量触头供不同的牙型和螺距选择；用于测量螺纹中径，读数方法同外径千分尺
螺纹环规		又称螺纹通止规，根据螺纹规格和精度选用，代号 T 为通规，Z 为止规；通规能通过、止规通不过为合格

6. 编程知识

FANUC 0i Mate-TD 系统数控车床车螺纹指令有等螺距圆柱螺纹切削指令 G32、螺纹切削单一循环指令 G92 和螺纹切削复合循环指令 G76 等，本任务主要学习前两个指令。

（1）G32 指令切削圆柱螺纹的指令格式及参数含义（表 5-7）

表 5-7　G32 切削圆柱螺纹的指令格式及参数含义

指令格式	G32 Z(W)__　F__　Q__;
参数含义	Z:指定圆柱螺纹终点的绝对坐标 W:指定圆柱螺纹终点相对于起点的增量坐标 F:指定螺纹导程 Q:指定螺纹切削起始角(车多线螺纹用,若车双线螺纹,车第一条螺旋线值设为 0°,车第二条螺旋线值设为 180°)
使用说明	1. 螺纹切削起点与终点的 X 坐标一致,即车圆柱螺纹时 X 坐标不变 2. 螺纹切削中进给速度倍率无效,被固定在 100% 3. 螺纹切削中,主轴倍率无效,被固定在 100% 4. 螺纹切削中,进给暂停功能无效
示　例	螺纹导程为 4mm,δ_1 = 3mm;δ_2 = 1.5mm,切削深度为 1mm,(直径编程) 绝对坐标编程: N30 G00 X38.0 Z93.0; N40 G32 Z18.5 F4.0; N50 G00 X100.0; 增量坐标编程: N30 G00 U-62.0; N40 G32 W-74.5 F4.0; N50 G00 U62.0; 外螺纹加工 指令 G32

（2）螺纹切削单一循环指令 G92 切削圆柱螺纹的指令格式及参数含义（表 5-8）

表 5-8　螺纹切削单一循环指令 G92 切削圆柱螺纹的指令格式及参数含义

指 令 格 式	G92 X(U)＿ Z(W)＿ F＿ Q＿;
参 数 含 义	X、Z:指定圆柱螺纹终点的绝对坐标(x、z) U、W:指定圆柱螺纹终点相对于循环起点的增量坐标(u、w) F:指定螺纹导程 Q:指定螺纹切削起始角(车多线螺纹用)
使 用 说 明	用 G90、G92、G94 以外的 01 组指令取消固定循环方式,其他说明同 G32
切削循环路径	(R)—快速移动　(F)—切削进给 外螺纹加工 指令 G92

任务实施

外圆面、端面、螺纹退刀槽的加工同前面项目任务,本任务的重点是 M12×1-6h 圆柱外螺纹的加工工艺制订及编程。

1. 工艺分析

(1) 螺纹加工及编程时的实际参数计算　M12×1-6h 圆柱外螺纹实际参数计算结果见表 5-9。

表 5-9　加工圆柱外螺纹时的实际参数计算结果

螺纹代号	螺纹牙型高度	螺纹小径	车螺纹前圆柱直径
M12×1-6h 外螺纹	$h_{1实} = 0.65P$ $= 0.65 \times 1mm = 0.65mm$	$d_{1实} = d - 2h_{1实} = d - 1.3P$ $= 12mm - 1.3 \times 1mm = 10.7mm$	$d_圆 = d - 0.1P$ $= 12mm - 0.1mm = 11.9mm$

(2) 刀具的选择　加工 M12×1-6h 圆柱外螺纹,选择硬质合金焊接式外螺纹车刀,采用直进法分层切削;车外螺纹前用到的外圆粗、精车刀和外槽车刀按前面项目任务选择,具体见表 5-10。

(3) 量具的选择　外圆直径用千分尺测量,长度及退刀槽尺寸用游标卡尺测量,外螺纹用螺纹环规测量,表面粗糙度用粗糙度样板比对。

(4) 工艺路线的制订　本任务采用的毛坯为直径 $\phi20$ mm 的棒料,加工时夹住毛坯外圆,粗、精车外圆面及螺纹退刀槽,然后车螺纹,最后切断并调头装夹,车左端面控制总长。具体车削步骤见表 5-10。

(5) 切削用量的选择　粗、精车外圆面、端面、退刀槽等切削用量同前面项目任务;车螺纹时主轴转速取 350r/min,通过查表 5-5 可知,M12×1-6h 螺纹分 3 次进给,每次的背吃刀量分别为(直径值)0.7mm、0.4mm、0.2mm;所有表面的切削用量见表 5-10。

表 5-10　零件加工工艺

工序名	定位（装夹面）	工步序号及内容	刀具及刀号	主轴转速 $n/(\text{r/min})$	进给量 $f/(\text{mm/r})$	背吃刀量 a_p/mm
车削	夹住毛坯外圆	1. 粗车端面、外圆	外圆粗车刀，刀号 T01	600	0.2	2~4
		2. 精车端面、外圆	外圆精车刀，刀号 T02	1000	0.1	0.2
		3. 车 4mm×φ9mm 槽	外槽车刀，刀号 T03	400	0.08	4
		4. 粗、精车 M12×1-6h 螺纹	外螺纹车刀，刀号 T04	350	1	0.1~0.4
	调头，夹住 $\phi18_{-0.052}^{0}$ mm 外圆	车端面，控制总长	外圆粗车刀，刀号 T01	600	0.2	2~4

2. 编制程序

编制零件右端面、外圆面、退刀槽及 M12×1-6h 螺纹加工程序。工件坐标系原点选择在零件右端面中心点，螺纹采用 G32 指令编程加工，以螺纹车刀刀尖作为刀位点，空刀导入量取 3mm，空刀退出量取 1.5mm，每次进给时螺纹起点及终点坐标见表 5-11。参考程序见表 5-12，程序名为"O0051"。

表 5-11　螺纹起点及终点坐标

进 给 次 数	螺纹起点坐标(Z,X)	螺纹终点坐标(Z,X)
第一次进给	(3,11.3)	(−17.5,11.3)
第二次进给	(3,10.9)	(−17.5,10.9)
第三次进给	(3,10.7)	(−17.5,10.7)

表 5-12　车圆柱螺塞右端轮廓参考程序

程序段号	程序内容	含　义
N10	G40 G99 G80 G21;	设置初始状态
N20	M03 S600 M08;	设置主轴转速，切削液开
N30	T0101;	调用外圆车刀
N40	G00 X22.0 Z5.0;	刀具移动至循环起点
N50	G90 X18.4 Z−40.0 F0.2;	调用轮廓循环指令粗车 $\phi18_{-0.052}^{0}$ mm 外圆
N60	G90 X14.4 Z−19.9;	调用轮廓循环指令第一次粗车螺纹底圆
N70	G90 X12.4 Z−19.9;	调用轮廓循环指令第二次粗车螺纹底圆
N80	G00 X100.0 Z200.0 M09;	刀具退至换刀点，切削液关
N90	T0202;	换外圆精车刀
N100	M03 S1000 F0.1 M08;	设置精车用量，切削液开
N110	G00 X0 Z5.0;	刀具移至进刀点
N120	G01 Z0;	精车至端面
N130	X11.9,C1.0;	精车端面并倒角
N140	Z−20.05;	精车螺纹底圆
N150	X17.974,C0.3;	精车台阶面并倒钝
N160	Z−40.0;	精车 $\phi18_{-0.052}^{0}$ mm 外圆，留切断余量

（续）

程序段号	程序内容	含　义
N170	X22.0；	刀具沿 X 方向切出
N180	G00 X100.0 Z200.0 M09；	刀具退至换刀点，切削液关
N190	M00 M05；	程序停、主轴停、测量
N200	T0303；	换外槽车刀
N210	M03 S400 M08；	设置切槽用量，切削液开
N220	G00 X22.0 Z-20.05；	刀具移至螺纹退刀槽处
N230	G01 X9.0 F0.08；	车螺纹退刀槽
N240	G04 X2.0；	槽底暂停 2s
N250	G01 X22.0 F0.2；	刀具沿 X 方向切出
N260	G00 X100.0 Z200.0 M09；	刀具退至换刀点，切削液关
N270	M00 M05；	程序停、主轴停、测量
N280	T0404；	换外螺纹车刀
N290	M03 S350 M08；	车螺纹，主轴转速为 350r/min，切削液开
N300	G00 X11.3 Z3.0；	车刀移至进刀点
N310	G32 Z-17.5 F1.0；	第一次进给车螺纹
N320	G00 X22.0；	刀具沿 X 方向退出
N330	Z3.0；	刀具沿 Z 方向退回
N340	X10.9；	刀具沿 X 方向进刀
N350	G32 Z-17.5 F1.0；	第二次进给车螺纹
N360	G00 X22.0；	刀具沿 X 方向退出
N370	Z3.0；	刀具沿 Z 方向退回
N380	X10.7；	刀具沿 X 方向进刀
N390	G32 Z-17.5 F1.0；	第三次进给车螺纹
N400	G00 X22.0；	刀具沿 X 方向切出
N410	X100.0 Z200.0 M09；	刀具退至换刀点，切削液关
N420	M00 M05；	程序停、主轴停、测量
N430	T0303；	换外槽车刀
N440	M03 S400 M08；	设置切断转速，切削液开
N450	G00 X26.0 Z-40.0；	刀具移至切断处
N460	G01 X0 F0.08；	切断工件
N470	X22 F0.2；	刀具沿 X 方向切出
N480	G00 X100.0 Z200.0 M09；	刀具退回，切削液关
N490	M05；	主轴停
N500	M30；	程序结束

调头夹住 $\phi18_{-0.052}^{\ 0}$ mm 外圆，手动车左端面，控制总长，不需要编程。

3. 加工操作

（1）加工准备

1）开机回机床参考点，建立机床坐标系，使后续的操作有一个基准位置。

2）装夹工件。第一次夹住毛坯外圆，伸出长度为45mm左右；第二次调头用软卡爪夹住 $\phi18_{-0.052}^{0}$mm 外圆并找正。

3）装夹刀具。本任务将用到外圆粗车刀、外圆精车刀、4mm宽外槽车刀、外螺纹车刀等，分别将刀具装夹在T01、T02、T03、T04号刀位，所有刀具刀尖与工件回转中心等高，外螺纹车刀刀头要严格垂直于工件轴线，保证车出的螺纹牙型不歪斜，外槽车刀与工件轴线垂直，防止外槽车刀折断。

4）对刀操作。外圆车刀、外槽车刀按前面项目任务采用试切法对刀，外螺纹车刀放在外圆车刀之后对刀，保证端面已车平。对刀时选刀尖为刀位点，对刀步骤如下：

① Z方向对刀。在手动方式下移动外螺纹车刀，使刀尖与工件右端面平齐，可目测或借助钢直尺操作，如图5-6所示。然后将刀具长度补偿值输入相应的刀具号中。

② X方向对刀。在MDI方式下输入程序"M03 S400;"，使主轴正转；切换成手动方式，用外螺纹车刀试车一段外圆，然后沿Z方向退出，如图5-7所示，停机，测量外圆直径，将其值输入到相应的刀具号中。

图5-6　外螺纹车刀Z方向对刀操作示意图　　　图5-7　外螺纹车刀X方向对刀操作示意图

刀具对刀完成后，分别进行X、Z方向对刀测试，检验对刀是否正确。

5）输入程序并校验。将"O0051"程序输入机床数控系统；调出"O0051"程序，设置空运行及仿真，进行程序校验并观察刀具轨迹；程序校验结束后取消空运行等设置。

（2）零件加工

1）加工零件右端轮廓，步骤如下：

① 调出"O0051"程序，检查工件、刀具是否按要求夹紧，刀具是否已对刀，给外圆精车刀和外螺纹车刀设置0.2mm的刀具磨损量，用于尺寸控制。

② 选择自动加工方式，调小进给倍率，按数控启动键进行自动加工。加工中观察切削情况，逐步将进给倍率调至适当位置。

③ 程序运行至N190段，测量外圆直径并修调刀具磨损量，进行外圆尺寸控制，外圆尺寸符合要求后运行车槽程序。

④ 程序运行至N270段，测量退刀槽尺寸并进行尺寸控制，尺寸符合要求后运行车螺纹程序。

⑤ 程序运行至N420段，测量螺纹尺寸并进行尺寸控制，控制方法是根据测量结果逐步

调小外螺纹车刀的刀具磨损量。使用程序再启动功能，运行 N280 段后的程序段，重新车螺纹。如此反复，直至螺纹尺寸符合图样要求。

⑥ 螺纹尺寸符合要求后，运行切断程序将工件切断。

2）加工零件左端轮廓。用软卡爪夹住 $\phi 18_{-0.052}^{0}$ mm 外圆并找正，手动车端面，控制总长。

3）加工结束后及时清扫机床。

检测评分

将学生任务完成情况的检测与评分填入表 5-13 中。

表 5-13　圆柱螺塞加工检测评分表

序号	检测项目	检测内容及要求	配分	学生自检	学生互检	教师检测	得分
1	职业素养	文明礼仪	5				
2		安全纪律	10				
3		行为习惯	5				
4		工作态度	5				
5		团队合作	5				
6	工艺制订	1. 选择装夹与定位方式 2. 选择刀具 3. 选择加工路径 4. 选择合理的切削用量	5				
7	程序编制	1. 编程坐标系选择正确 2. 指令使用与程序格式正确 3. 基点坐标正确	10				
8	机床操作	1. 开机前检查、开机、回机床参考点 2. 工件装夹与对刀 3. 程序输入与校验	5				
9	零件加工	$\phi 18_{-0.052}^{0}$ mm	10				
10		35±0.1mm	5				
11		$20_{0}^{+0.1}$ mm	10				
12		4mm×ϕ9mm	5				
13		M12×1-6h	15				
14		C1	2				
15		表面粗糙度值 Ra3.2μm	3				
	综合评价						

任务反馈

在任务完成过程中，分析是否出现表 5-14 所列的误差项目，了解其产生原因并提出修正措施。

表 5-14　圆柱螺塞加工出现的误差项目、产生原因及修正措施

误差项目	产生原因	修正措施
螺纹牙型不正确	1. 刀尖角刃磨不正确或刀片选择错误	
	2. 刀具安装不正确	
	3. 刀具磨损后挤压产生	
螺纹螺距不正确	1. 编程参数设置错误	
	2. 未设置空刀导入量和空刀退出量	
	3. 测量错误	
螺纹通规通不过或止规通过	1. 通规通不过,说明螺纹直径偏大	
	2. 止规通过,说明螺纹直径偏小	
	3. 测量错误	
螺纹牙侧表面粗糙度超差	1. 切削速度选择不当,产生积屑瘤	
	2. 切入深度大	
	3. 工艺系统刚性不足,引起振动	
	4. 刀具磨损	

任务拓展一

用圆柱螺纹切削循环指令 G92 编写图 5-2 所示零件的数控加工程序并进行加工。

任务拓展二

加工图 5-8 所示零件，材料为 45 钢，毛坯为 φ22mm 棒料。

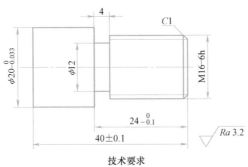

技术要求
1.锐边倒角C0.3。
2.未注公差尺寸按GB/T 1804—m。

图 5-8　螺纹零件图

　　任务拓展二实施提示：本零件螺纹为 M16-6h，是普通粗牙螺纹，查表得螺距为 2mm，切削深度为 2.6mm（直径值），需分 5 次进给，可采用圆柱螺纹切削指令 G32 编程加工，也可采用圆柱螺纹切削循环指令编程加工，其他工艺同本任务。

任务描述

图 5-9 所示为圆锥螺塞，常用于密封装置，主要由圆锥螺纹表面构成，牙型角为 60°，试用 FANUC 0i Mate-TD 系统数控车床完成该零件的加工。材料为 45 钢，毛坯为 $\phi25$mm 棒料，圆锥外螺纹螺距为 1.5mm，表面粗糙度值为 $Ra3.2\mu$m，加工后的效果图如图 5-10 所示。

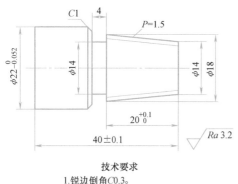

技术要求
1. 锐边倒角C0.3。
2. 未注公差尺寸按GB/T 1804—m。

图 5-9　圆锥螺塞零件图

图 5-10　圆锥螺塞三维效果图

知识目标

1. 掌握圆锥螺纹切削指令格式、圆锥螺纹切削单一循环指令格式及应用
2. 掌握螺纹复合循环指令及应用
3. 了解圆锥螺纹尺寸的计算方法
4. 会制订圆锥螺纹的加工工艺

技能目标

1. 会正确安装圆锥螺纹车刀，会进行圆锥螺纹车刀的对刀
2. 会测量圆锥螺纹
3. 会加工圆锥外螺纹并达到一定的精度要求

知识准备

圆锥外螺纹常用于各种密封零件，如各种管接头、液压元件接头等。圆锥螺纹中应用最广的是管螺纹，标准圆锥管螺纹锥度为 1：16，牙型角有 55°、60°两种，是普通车床难以加工的表面之一。在数控车床上，其加工方法与圆柱外螺纹类似，这也是数控车床加工的优势之一，主要涉及的工艺知识有螺纹车刀的选择、进刀方式的确定、切削用量的选择，另外还

涉及圆锥面尺寸计算及编程知识。

1. 圆锥螺纹的实际加工、编程参数及计算

圆锥螺纹实际加工和编程中涉及的尺寸有圆锥内、外螺纹加工前圆锥（孔）的大小端直径、螺纹牙型高度、内外螺纹起始点直径及内外螺纹终点牙底/顶直径、实际加工螺纹长度等，其中内、外螺纹加工前底圆锥（孔）大小端直径、螺纹牙深等参数与圆柱螺纹计算公式相同；实际加工螺纹长度需考虑空刀导入量 δ_1 和空刀退出量 δ_2。

（1）圆锥内、外螺纹起始点/终点牙顶直径计算　使用 G32 指令加工圆锥螺纹，应给定内、外螺纹起始点/终点牙顶直径才能编程，但由于车圆锥螺纹时同样需留空刀导入量和空刀退出量，故编程时给定螺纹起始点/终点的牙顶直径应包括空刀退入量和空刀退出量在内的点，即起始点 2、终点 2′的直径，如图 5-11 所示。

若已知圆锥外螺纹大、小端半径 OA、$O'A'$，圆锥长度为 L，2 点半径为 x，2′点半径为 y，则 x、y 的计算方法为

$$\frac{OA-x}{O'A'-x}=\frac{\delta_1}{L+\delta_1}$$

$$\frac{O'A'-OA}{y-OA}=\frac{L}{L+\delta_2}$$

圆锥内螺纹中，2、2′点半径采用类似方法计算。

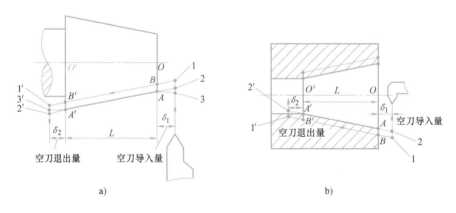

图 5-11　圆锥螺纹实际切削路径

a）圆锥外螺纹切削路径　b）圆锥内螺纹切削路径

（2）圆锥内、外螺纹起始点/终点牙底直径计算　使用螺纹循环指令 G92、螺纹复合循环指令 G76 加工圆锥内、外螺纹，需给定螺纹起始点/终点牙底直径，由于需设置空刀导入量和空刀退出量，编程时确定的螺纹起始点/终点牙底直径是包括空刀导入量和空刀退出量在内的螺纹起始点 1、终点 1′的直径，如图 5-11 所示。1、1′点尺寸计算方法同上。

若已知圆锥半角 $\alpha/2$，圆锥螺纹顶/底径也可通过以下公式计算

$$t_1=\delta_1\tan\frac{\alpha}{2}\quad \text{或}\quad t_2=\delta_2\tan\frac{\alpha}{2} \tag{5-1}$$

式中　δ_1——空刀导入量（mm）；

　　　δ_2——空刀退出量（mm）；

　　　$\alpha/2$——圆锥半角（°）；

　　　t_1——圆锥小端半径与考虑空刀导入量时的小端半径差（mm），如图 5-11a 中 2、3 点间的距离；

　　　t_2——圆锥大端半径与考虑空刀退出量时的大端半径差的绝对值（mm），如图 5-11a 中 2′、3′点间的距离。

精度不高的圆锥螺纹，也可以采用圆锥大小端的牙顶或牙底直径作为编程尺寸，而在加工中通过设置刀具磨损量来控制圆锥实际尺寸。

2. 圆锥螺纹车刀

圆锥螺纹车刀同普通圆柱螺纹车刀一样，有整体式、焊接式、可转位式几种结构形式，车刀刀尖角等于螺纹牙型角，为 60°或 55°。

3. 进刀方法及进给次数

加工圆锥螺纹的进刀方法有直进法、斜进法和左右切削法。一般圆锥螺纹螺距较小，采用直进法加工，加工中也需分多次切削，其进给次数和每次背吃刀量可参照表 5-5 选择。若圆锥螺纹采用每英寸牙数表示，则需将每英寸牙数换算成螺距值（公式 $P = 25.4/n$，P 为螺距，n 为每英寸牙数）。

4. 主轴转速

加工圆锥螺纹时的主轴转速同加工圆柱螺纹。用高速钢螺纹车刀时，主轴转速为 100~150r/min；用硬质合金焊接式螺纹车刀、可转位式螺纹车刀时，主轴转速为 300~400r/min。

5. 测量圆锥螺纹用的量具

标准圆锥螺纹常用圆锥螺纹量规进行检测，其外形如图 5-12 所示。其中，图 5-12a 所示为圆锥螺纹塞规，用于测量圆锥内螺纹；图 5-12b 所示为圆锥螺纹环规，用于测量圆锥外螺纹，两者都有通、止端。对于精度要求高的圆锥螺纹，也需测量螺纹基准平面内顶径、中径等尺寸，测量方法同圆柱螺纹。锥度不是 1:16 的圆锥螺纹一般用游标万能角度尺测量锥角。

a)　　　　　　　　　　　　　　　　　　　b)

图 5-12　圆锥螺纹量规

a）圆锥螺纹塞规　b）圆锥螺纹环规

6. 编程知识

在 FANUC 0i Mate-TD 系统数控车床上，可以用 G32 指令、G92 指令及 G76 螺纹加工复合循环指令加工圆锥内、外螺纹。

（1）G32 指令切削圆锥螺纹的指令格式及参数含义（表 5-15）

表 5-15　G32 指令切削圆锥螺纹的指令格式及参数含义

指 令 格 式	G32 X(U)＿　Z(W)＿　F＿　Q＿;
切 削 路 径	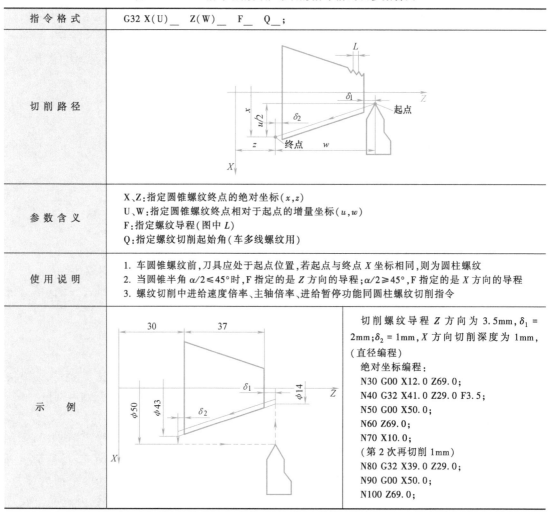
参 数 含 义	X、Z:指定圆锥螺纹终点的绝对坐标(*x*,*z*) U、W:指定圆锥螺纹终点相对于起点的增量坐标(*u*,*w*) F:指定螺纹导程(图中 *L*) Q:指定螺纹切削起始角(车多线螺纹用)
使 用 说 明	1. 车圆锥螺纹前,刀具应处于起点位置,若起点与终点 *X* 坐标相同,则为圆柱螺纹 2. 当圆锥半角 α/2≤45°时,F 指定的是 *Z* 方向的导程;α/2≥45°,F 指定的是 *X* 方向的导程 3. 螺纹切削中进给速度倍率、主轴倍率、进给暂停功能同圆柱螺纹切削指令
示 例	切削螺纹导程 *Z* 方向为 3.5mm,δ₁ = 2mm;δ₂ = 1mm,*X* 方向切削深度为 1mm,(直径编程) 绝对坐标编程: N30 G00 X12.0 Z69.0; N40 G32 X41.0 Z29.0 F3.5; N50 G00 X50.0; N60 Z69.0; N70 X10.0; (第 2 次再切削 1mm) N80 G32 X39.0 Z29.0; N90 G00 X50.0; N100 Z69.0;

（2）单一切削循环指令 G92 切削圆锥螺纹的指令格式及参数含义（表 5-16）

表 5-16　单一切削循环指令 G92 切削圆锥螺纹的指令格式及参数含义

指 令 格 式	G92 X(U)＿　Z(W)＿　R＿　F＿　Q＿;
切 削 循 环 路 径	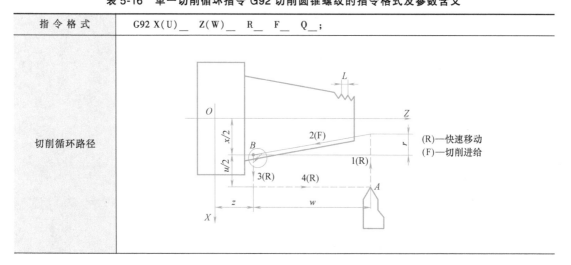

（续）

参数含义	X、Z:指定圆锥螺纹终点的绝对坐标(x,z) U、W:指定圆锥螺纹终点相对于循环起点的增量坐标(u,w) R:指定锥度量,即大小端半径差r。外螺纹左大右小,R后的值为负,反之为正;内螺纹左小右大,R后的值为正,反之为负;R后的值为0,则为圆柱螺纹 F:指定螺纹导程(图中L) Q:指定螺纹切削起始角(多线螺纹用)
使用说明	用G90、G92、G94以外的01组的指令取消固定循环方式,其他注意事项同G32

（3）螺纹切削复合循环指令 G76 的指令格式及参数含义（表 5-17）

表 5-17　螺纹切削复合循环指令 G76 的指令格式及参数含义

指令格式	G76 P$(m)(r)(\alpha)$ Q$(\Delta d_{\min})$ R(d); G76 X(U)__　Z(W)__　R(i) P(k) Q(Δd) F(L);
切削循环路径	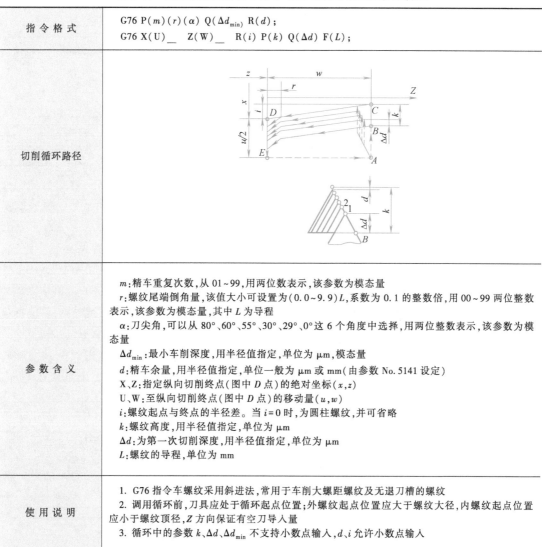
参数含义	m:精车重复次数,从01~99,用两位数表示,该参数为模态量 r:螺纹尾端倒角量,该值大小可设置为$(0.0~9.9)L$,系数为0.1的整数倍,用00~99两位整数表示,该参数为模态量,其中L为导程 α:刀尖角,可以从80°、60°、55°、30°、29°、0°这6个角度中选择,用两位整数表示,该参数为模态量 $\Delta d_{\min}$:最小车削深度,用半径值指定,单位为μm,模态量 d:精车余量,用半径值指定,单位一般为μm或mm(由参数No.5141设定) X、Z:指定纵向切削终点(图中D点)的绝对坐标(x,z) U、W:至纵向切削终点(图中D点)的移动量(u,w) i:螺纹起点与终点的半径差。当$i=0$时,为圆柱螺纹,并可省略 k:螺纹高度,用半径值指定,单位为μm Δd:为第一次切削深度,用半径值指定,单位为μm L:螺纹的导程,单位为mm
使用说明	1. G76指令车螺纹采用斜进法,常用于车削大螺距螺纹及无退刀槽的螺纹 2. 调用循环前,刀具应处于循环起点位置;外螺纹起点位置应大于螺纹大径,内螺纹起点位置应小于螺纹顶径,Z方向保证有空刀导入量 3. 循环中的参数k、Δd、$\Delta d_{\min}$不支持小数点输入,d、i允许小数点输入

任务实施

圆锥螺塞由外圆面、端面、槽及圆锥外螺纹构成,其中外圆面、端面、槽的加工同前面任务，本次任务的重点是加工圆锥外螺纹及对其进行精度控制。

1. 工艺分析

（1）圆锥螺纹加工与编程的参数计算　圆锥螺纹加工与编程中需要计算的参数有加工圆锥螺纹前底圆锥大小端直径、螺纹牙型高度、空刀导入量、空刀退出量，采用不同的螺纹切削指令或切削循环编程时，还需要计算螺纹起始点牙顶/牙底直径、螺纹终点牙顶/牙底直径等，本任务计算的相关参数值见表5-18。

表5-18　切削与编程参数值

参数名称	计算公式及数值
圆锥半角 $\alpha/2$	$\tan(\alpha/2) = (D-d)/(2L) = (18-14)/40 = 1/10, \alpha/2 = 5°43'$
底圆锥大端直径	$D_圆 = D - 0.1P = 18mm - 0.15mm = 17.85mm$
底圆锥小端直径	$d_圆 = d - 0.1P = 14mm - 0.15mm = 13.85mm$
螺纹牙型高度	$h_{1实} = 0.65P = 0.65 \times 1.5mm = 0.975mm$
空刀导入量 δ_1	4mm
空刀退出量 δ_2	2mm
圆锥螺纹起始点牙顶直径为 $2x$	$(7-x)/(9-x) = 4/(20+4), x = 6.6mm, 2x = 2 \times 6.6mm = 13.2mm$
圆锥螺纹终点牙顶直径为 $2y$	$(9-7)/(y-7) = 20/(20+2), y = 9.2mm, 2y = 2 \times 9.2mm = 18.4mm$
圆锥螺纹起始点牙底直径为 $2x - 2h_{1实}$	13.2mm - 1.95mm = 11.25mm
圆锥螺纹终点牙底直径为 $2y - 2h_{1实}$	18.4mm - 1.95mm = 16.45mm

（2）车刀及车螺纹进刀方法选择　车外圆、端面选用硬质合金外圆粗、精车刀，车螺纹退刀槽选用硬质合金外槽车刀。圆锥螺纹选用硬质合金焊接式外螺纹车刀加工，螺纹螺距为1.5mm，采用直进法，分4次进给切削。

（3）车削圆锥螺塞工艺路线的确定　夹住毛坯外圆，粗、精车工件右端外圆、端面、螺纹外圆锥、切槽，然后加工圆锥外螺纹、切断，最后调头夹住 $\phi 22_{-0.052}^{0}$ mm外圆，车工件左端面，具体车削步骤见表5-19。

（4）测量量具的选择　外圆用千分尺测量，长度尺寸、退刀槽及圆锥螺纹大小端直径用游标卡尺测量，锥度为1:5，属非标准圆锥螺纹，选用游标万能角度尺测量其圆锥角。

（5）切削用量的选择　粗、精车外圆、切槽切削用量同前面任务；车螺纹时，主轴转速取350r/min，圆锥螺纹采用螺纹复合循环指令加工，分4次进给，精加工余量取0.1mm，所有表面加工切削用量见表5-19。

表5-19　车削圆锥螺塞工艺

工序名	定位(装夹面)	工步序号及内容	刀具及刀号	主轴转速 $n/(r/min)$	进给量 $f/(mm/r)$	背吃刀量 a_p/mm
车削	夹住毛坯外圆，伸出50mm左右	1. 粗车端面、外圆	外圆粗车刀，刀号T01	600	0.2	2~4
		2. 精车端面、外圆	外圆精车刀，刀号T02	1000	0.1	0.2
		3. 切 4mm×ϕ14mm 槽	外槽车刀，刀号T03	400	0.08	4
		4. 粗、精车圆锥螺纹	外螺纹车刀，刀号T04	350	1.5	0.1~0.4
		5. 手动切断工件	外槽车刀，刀号T03	400	0.08	4
	调头，夹住 $\phi 22_{-0.052}^{0}$ mm外圆	1. 粗车端面	外圆粗车刀，刀号T01	600	0.2	2~4
		2. 精车端面	外圆精车刀，刀号T02	1000	0.1	0.3

2. 编制程序

1) 夹住毛坯外圆，加工零件右端面、槽及圆锥螺纹，工件坐标系原点选择在零件右端面中心点，车圆锥螺纹可用 G32、G92、G76 等指令进行编程，此处以 G76 螺纹切削复合循环指令编程，参考程序见表 5-20，程序名为"O0052"。

表 5-20　车零件右端轮廓参考程序

程序段号	程序内容	含　　义
N10	G40 G99 G80 G21;	设置初始状态
N20	M03 S600 M08;	设置主轴转速,切削液开
N30	T0101;	调用外圆粗车刀
N40	G00 X30.0 Z5.0;	刀具移动至循环起点
N50	G90 X22.4 Z-45.0 F0.2;	调用循环指令,粗车 $\phi 22_{-0.052}^{0}$ mm 外圆
N60	G90 X18.4 Z-20.0;	调用循环指令,粗车圆锥部分余量
N70	G90 X18.4 Z-20.0 R-2.0;	调用循环指令,第二次粗车圆锥部分余量
N80	G00 X100.0 Z200.0 M09;	刀具退至换刀点
N90	T0202;	换外圆精车刀
N100	M03 S1000 F0.1 M08;	设置精车用量
N110	G00 X0 Z5.0;	刀具移至进刀点
N120	G01 Z0;	精车至端面
N130	X13.85;	精车端面
N140	X17.85 Z-20.05;	精车圆锥螺纹底圆锥
N150	Z-24.05;	精车至台阶面
N160	X21.974,C1.0;	精车台阶并倒角
N170	Z-45.0;	精车 $\phi 22_{-0.052}^{0}$ mm 外圆,长度方向留切断余量
N180	X26.0;	刀具沿 X 方向切出
N190	G00 X100.0 Z200.0 M09;	刀具退至换刀点,切削液关
N200	M00 M05;	主轴停、程序停、测量
N210	T0303;	换外槽车刀
N220	M03 S400 M08;	设置车槽转速,切削液开
N230	G00 X26.0 Z-24.05;	刀具移至螺纹退刀槽处
N240	G01 X14.0 F0.08;	车螺纹退刀槽
N250	G04 X2.0;	槽底暂停 2s
N260	G01 X26.0 F0.2;	刀具沿 X 方向切出
N270	G00 X100.0 Z200.0 M09;	刀具退至换刀点,切削液关
N280	T0404;	换外螺纹车刀
N290	M03 S350 M08;	车螺纹,主轴转速为 350r/min,切削液开
N300	G00 X20.0 Z4.0;	车刀移至进刀点
N310	G76 P021160 Q100 R100;	设置螺纹参数,调用螺纹切削复合循环指令
N320	G76 X16.45 Z-22.0 R-2.6 P975 Q400 F1.5;	
N330	X100.0 Z200.0 M09;	刀具退至换刀点,切削液关
N340	M05;	主轴停
N350	M30;	程序结束

2）调头夹住 $\phi22_{-0.052}^{0}$ mm 外圆，车左端面、控制总长，程序略。

3. 加工操作

（1）加工准备

1）开机回参考点。建立机床坐标系，使后续的操作有一个基准位置。

2）装夹工件。第一次夹住毛坯外圆，伸出长度为 50mm 左右；第二次调头用软卡爪夹住 $\phi22_{-0.052}^{0}$ mm 外圆，伸出 6mm 左右并找正。

3）装夹刀具。将外圆粗车刀、外圆精车刀、4mm 宽外槽车刀、外螺纹车刀等分别装夹在 T01、T02、T03、T04 号刀位；所有刀具刀尖与工件回转中心等高，外螺纹车刀刀头严格垂直于工件轴线，保证车出的螺纹牙型不歪斜。

4）对刀操作。外圆车刀、外槽车刀、外螺纹车刀全部采用试切法对刀，对刀步骤同前面任务。

5）输入程序并校验。将"O0052"程序输入机床数控系统；调出"O0052"程序，设置空运行及仿真，进行程序校验并观察刀具轨迹，程序校验结束后取消空运行等设置。

（2）零件加工

1）加工零件右端轮廓，步骤如下：

① 调出"O0052"程序，检查工件、刀具是否按要求夹紧，刀具是否已对刀，给外圆精车刀及外螺纹车刀设置一定的刀具磨损量，用于尺寸控制。

② 选择自动加工方式，调小进给倍率，按数控启动键进行自动加工。加工中观察切削情况，逐步将进给倍率调至适当位置。

③ 程序运行至 N200 段，停机并测量外圆直径，修调刀具磨损量，进行外圆尺寸控制。

④ 外圆尺寸符合要求后运行车槽程序。

⑤ 程序运行结束后，测量螺纹尺寸并修调外螺纹车刀的刀具磨损量，重新打开程序，从 N280 段开始运行，控制螺纹尺寸至符合图样要求。

⑥ 手动切断工件，保证长度 41mm 左右。

2）加工零件左端轮廓。用软卡爪夹住 $\phi22_{-0.052}^{0}$ mm 外圆，加工左端面并控制总长。

3）加工结束后及时清扫机床。

检测评分

将学生任务完成情况的检测与评分填入表 5-21 中。

表 5-21 圆锥螺塞加工检测评分表

序号	检测项目	检测内容及要求	配分	学生自检	学生互检	教师检测	得分
1	职业素养	文明礼仪	5				
2		安全纪律	10				
3		行为习惯	5				
4		工作态度	5				
5		团队合作	5				

（续）

序号	检测项目	检测内容及要求	配分	学生自检	学生互检	教师检测	得分
6	工艺制订	1. 选择装夹与定位方式 2. 选择刀具 3. 选择加工路径 4. 选择合理的切削用量	5				
7	程序编制	1. 编程坐标系选择正确 2. 指令使用与程序格式正确 3. 基点坐标正确	10				
8	机床操作	1. 开机前检查、开机、回机床参考点 2. 工件装夹与对刀 3. 程序输入与校验	5				
9	零件加工	$\phi 22_{-0.052}^{0}$ mm	10				
10		$\phi 18$mm	5				
11		$\phi 14$mm	5				
12		1.5mm（螺距）	6				
13		40 ± 0.1mm	5				
14		$20_{0}^{+0.1}$ mm	6				
15		4mm×$\phi 14$mm	5				
16		$C1$	2				
17		$Ra3.2\mu$m	6				
	综合评价						

任务反馈

在任务完成过程中，分析是否出现表 5-22 所列的误差项目，了解其产生原因并提出修正措施。

表 5-22　圆锥螺塞加工出现的误差项目、产生原因及修正措施

误差项目	产生原因	修正措施
螺纹螺距不正确	1. 编程参数设置错误	
	2. 空刀导入量和空刀退出量设置不合理	
	3. 测量错误	
圆锥表面螺纹深度不一致	1. 大小端直径计算及编程参数错误	
	2. 车螺纹前圆锥尺寸错误	
	3. 刀具磨损	
	4. 工艺系统刚性不足	
螺纹牙歪斜	1. 刀具安装不正确	
	2. 刀具磨损后挤压所至	
螺纹牙侧表面粗糙度超差	1. 切削速度选择不当,产生积屑瘤	
	2. 切削深度大	
	3. 工艺系统刚性不足,引起振动	
	4. 刀具磨损	

任务拓展一

分别用 G32、G92 指令编写图 5-9 所示圆锥螺塞的数控加工程序并进行加工，编程中用到的螺纹参数见表 5-18。

任务拓展二

加工图 5-13 所示的管螺纹，材料为 45 钢，毛坯为 $\phi45mm \times 45mm$ 的管件，螺纹标记为 R_21。

任务拓展二实施提示：通过查圆锥管螺纹标准可知，R_21 圆锥管螺纹大端直径为 $\phi34mm$，小端直径为 $\phi32.6mm$，圆锥长度为 22.4mm，每 25.4mm内所包含的牙数为 11 牙，牙型角为 55°，锥度为

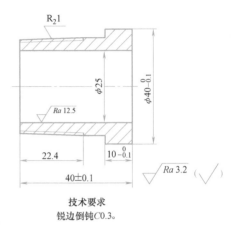

技术要求
锐边倒钝C0.3。

图 5-13　55°圆锥管螺纹零件图

1：16。加工前需将每英寸牙数换算成螺距，公式 $P = 25.4/n = 25.4mm/11 = 2.309mm$。螺纹车刀刀尖角选 55°，其他工艺参数选择同圆锥螺塞，编程指令可用 G32 指令、G92 指令或螺纹切削复合循环 G76 指令。

任务三　　圆螺母的加工

任务描述

图 5-14 所示为圆螺母，外圆及长度尺寸精度要求较低；内螺纹为 M20×2-6H，表面粗糙度值为 $Ra3.2\mu m$，尺寸精度和表面质量要求均较高。试用 FANUC 0i Mate-TD 系统数控车床完成圆螺母加工，材料为 45 钢，毛坯为 $\phi36mm$ 的棒料，加工后的效果图如图 5-15 所示。

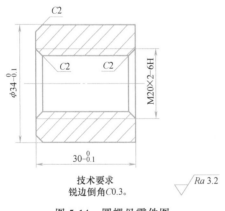

技术要求
锐边倒角C0.3。

图 5-14　圆螺母零件图

图 5-15　圆螺母三维效果图

知识目标

◯ 1. 了解内螺纹加工与编程参数的计算方法

2. 掌握内螺纹加工工艺的制订方法

3. 掌握车内螺纹的编程方法

技能目标

1. 会进行内螺纹车刀安装及对刀

2. 会测量内螺纹尺寸

3. 会车内螺纹并能达到一定的精度要求

内螺纹车削

知识准备

圆柱内螺纹与圆柱外螺纹相配合，起连接（密封）及传动作用，是机械零件中常见的零件表面，在数控车床上加工内螺纹也是基本技能之一。加工中主要涉及编程实际参数的计算、进刀方法的确定、内螺纹车刀的选择、切削速度的选择等工艺知识及相关编程知识。

1. 普通圆柱内螺纹加工与编程参数的计算

普通内螺纹加工和编程时，需根据螺纹标注进行相应的尺寸计算，其主要参数及尺寸计算见表 5-23。

表 5-23　普通圆柱内螺纹加工与编程参数计算

参 数 名 称	符　号	计 算 公 式	原 因 及 用 途
内螺纹底孔直径	$D_孔$	塑性材料取 $D_孔 = D - P$ 脆性材料取 $D_孔 = D - 1.05P$	车内螺纹时因挤压作用，使内螺纹小径变小，车内螺纹前底孔直径应比螺纹小径大一些，并作为车内螺纹前底孔加工、编程的依据
螺纹牙型高度	$h_{1实}$	$h_{1实} = 0.65P$	关系到车螺纹时进给次数、每次背吃刀量分配，内螺纹小径尺寸的计算等
内螺纹小径	$D_{1实}$	$D_{1实} = D - 2h_{1实} = D - 1.3P$	编程时计算内螺纹牙顶坐标

2. 内螺纹车刀

内螺纹车刀结构有整体式、焊接式、可转位式 3 种，其图例及使用说明见表 5-24。

表 5-24　内螺纹车刀图例及使用说明

种　类	图　例	使 用 说 明
整体式内螺纹车刀		整体式内螺纹车刀由高速钢刀杆刃磨而成，刃口较锋利，常用于低速车螺纹或精车螺纹
焊接式内螺纹车刀		由硬质合金刀片焊接在刀杆上制成，价格较低，常用于高速车螺纹
可转位式内螺纹车刀		由专门厂家生产，价格较高，不需重磨，生产率高，是数控车床上常用的车螺纹刀具，刀片型号根据螺纹规格及螺距选择

3. 普通内螺纹的进刀方法、进给次数及背吃刀量

普通内螺纹进刀方法也有直进法、斜进法、左右切削法，螺距较小时一般采用直进法切削，进给次数及背吃刀量参照表 5-5 选取。

4. 车内螺纹的主轴转速

车内螺纹的主轴转速同车外螺纹。用高速钢内螺纹车刀车削时，主轴转速为 100 ~ 150r/min；用硬质合金焊接式内螺纹车刀、可转位式内螺纹车刀车削时，主轴转速为 300 ~ 400r/min。

5. 测量内螺纹用的量具

测量内螺纹的螺距用螺纹样板，测量中径用内螺纹千分尺，综合测量时用螺纹塞规，其外形及使用说明见表 5-25（螺纹样板参见表 5-6）。

表 5-25   常见的测量内螺纹的量具

量 具 种 类	图 例	使 用 说 明
内螺纹千分尺		两个和螺纹牙型相同的测量触头，一个呈圆锥形，一个呈凹槽形，有一系列这样的测量触头供测量不同的牙型和螺距;用于测量螺纹中径，读数方法与内测千分尺相似
螺纹塞规		又称螺纹通止规,根据螺纹规格和精度选用,代号 T 端为通规,Z 端为止规,当通规能通过、止规通不过时为合格

6. 编程知识

内螺纹编程指令同外螺纹，可用 G32、G92、G76 等指令；使用 G92、G76 螺纹循环指令时，刀具循环起点应处于工件内孔以内、端面以外某一位置。若用 G92、G76 螺纹循环指令加工圆锥内螺纹，还应确定参数 R 的数值，具体见表 5-16 和表 5-17。

任务实施

本任务的重点是加工普通圆柱内螺纹及进行精度控制。加工内螺纹前还需钻孔和加工内螺纹底孔。

1. 工艺分析

（1）普通内螺纹编程参数的计算   M20×2 普通圆柱内螺纹编程参数计算结果见表 5-26。

表 5-26   普通圆柱内螺纹编程参数计算结果

螺 纹 代 号	螺纹牙型高度	螺纹小径	车内螺纹前底孔直径
M20×2	$h_{1实} = 0.65P$ $= 0.65 \times 2mm = 1.3mm$	$D_{1实} = D - 2h_{1实} = D - 1.3P = 20mm$ $- 1.3 \times 2mm = 17.4mm$	$D_{圆} = D - P$ $= 20mm - 2mm = 18mm$

（2）刀具的选择　车外圆用硬质合金焊接式外圆车刀，车 M20×2 内螺纹用硬质合金焊接式内螺纹车刀，车内螺纹前还需用 A3 中心钻、ϕ16mm 麻花钻及硬质合金焊接式内孔车刀进行螺纹底孔预加工，注意内孔车刀及内螺纹车刀尺寸的选择，防止切削时发生干涉。

（3）量具的选择　外圆直径、长度用游标卡尺测量，普通内螺纹用螺纹塞规测量，表面粗糙度用粗糙度样板比对。

（4）工艺路线的制订　本任务采用的毛坯为 ϕ36 mm 棒料，加工时夹住毛坯外圆，粗、精车端面及外圆、钻中心孔、钻 ϕ16mm 孔然后切断；再夹住 $\phi34_{-0.1}^{0}$ mm 外圆，车端面控制总长、车螺纹底孔，最后粗、精车普通内螺纹。具体车削步骤见表 5-27。

（5）切削用量的选择　车外圆、端面的切削用量选择同前面任务；车螺纹时，主轴转速为 350r/min，通过查表 5-5 可知 M20×2 螺纹分 5 次进给，每次背吃刀量分别为（直径值）0.8mm、0.6mm、0.6mm、0.4mm、0.2mm；所有表面加工切削用量见表 5-27。

表 5-27　零件加工工艺

工序名	定位 （装夹面）	工步序号及内容	刀具及刀号	主轴转速 $n/(r/min)$	进给量 $f/(mm/r)$	背吃刀量 a_p/mm
车削	夹住毛坯外圆，伸出长度 40mm 左右	1. 粗车端面、外圆	外圆车刀，刀号 T01	600	0.2	2~4
		2. 精车端面、外圆	外圆车刀，刀号 T01	1000	0.1	0.2
		3. 手动钻中心孔	A3 中心钻	1000	0.1	—
		4. 手动钻 ϕ16mm 孔	ϕ16mm 麻花钻	400	0.1	—
		5. 手动孔口倒角	倒角车刀，T05	400	0.1	—
		6. 手动切断	外槽车刀，刀号 T04	400	0.1	4
	夹住 $\phi34_{-0.1}^{0}$ mm 外圆	1. 车端面，控制总长	外圆车刀，刀号 T01	1000	0.2	2~4
		2. 车螺纹底孔	内孔车刀，刀号 T02	600	0.1	0.2
		3. 粗、精车螺纹	内螺纹车刀，刀号 T03	350	2	0.1~0.4

2. 编制程序

（1）粗、精车左端面及 $\phi34_{-0.1}^{0}$ mm 外圆程序　工件坐标系原点选择在装夹后右端面中心点，手动钻中心孔、钻孔不需要编程；参考程序见表 5-28，程序名为 "O0053"。

表 5-28　粗、精车左端面及 $\phi34_{-0.1}^{0}$ mm 外圆参考程序

程序段号	程序内容	含义
N10	G40 G99 G80 G21;	设置初始状态
N20	M03 S600 M08;	设置工件转速为 600r/min，切削液开
N30	T0101;	调用外圆车刀
N40	G00 X40.0 Z5.0;	刀具移至循环起点
N50	G90 X34.4 Z-36.0 F0.2;	调用循环指令，粗车 $\phi34_{-0.1}^{0}$ mm 外圆
N60	S1000;	设置精车转速为 1000r/min
N70	G00 X0 Z5.0;	刀具移至进刀点
N80	G01 Z0 F0.1;	精车至端面
N90	X33.95,C2.0;	精车端面并倒角 C2
N100	Z-36.0;	精车 $\phi34_{-0.1}^{0}$ mm 外圆
N110	X36.0;	刀具沿 X 方向切出

（续）

程序段号	程序内容	含　义
N120	G00 X100.0 Z200.0　M09；	刀具退至换刀点,切削液关
N130	M05；	主轴停
N140	M30；	程序结束

（2）车螺纹底孔及内螺纹程序　工件坐标系原点选择在装夹后右端面中心点，此处内螺纹采用G92循环指令编程，分5次进给，每次进给需根据背吃刀量计算出G92循环指令的切削终点坐标，分别为（-32.0，18.2）、（-32.0，18.8）、（-32.0，19.4）、（-32.0，19.8）、（-32.0，20），参考程序见表5-29，程序名为"O0153"。

表 5-29　粗、精车内螺纹参考程序

程序段号	程序内容	含　义
N10	G40 G99 G80 G21；	设置初始状态
N20	T0202；	换内孔车刀
N30	M03 S600；	设置车内孔主轴转速
N40	G00 X100.0 Z200.0；	刀具移至换刀点
N50	X22.0 Z5.0；	刀具移至切削起点
N60	G01 Z0 F0.1；	刀具车至端面
N70	G01 X18.0 Z-2.0；	孔口倒角 C2
N80	Z-32.0；	车螺纹底孔
N90	X16.0；	刀具沿 X 方向切出
N100	G00 Z5.0；	刀具沿 Z 方向退回
N110	G00 X100.0 Z200.0 M09；	刀具退至换刀点,切削液关
N120	M00 M05；	停车测量
N130	T0303；	换内螺纹车刀
N140	M03 S350 M08；	设置车螺纹转速,切削液开
N150	G00 X15.0 Z5.0；	刀具移至循环起点
N160	G92 X18.2 Z-32.0 F2.0；	第一次车内螺纹
N170	G92 X18.8 Z-32.0 F2.0；	第二次车内螺纹
N180	G92 X19.4 Z-32.0 F2.0；	第三次车内螺纹
N190	G92 X19.8 Z-32.0 F2.0；	第四次车内螺纹
N200	G92 X20.0 Z-32.0 F2.0；	第五次车内螺纹
N210	G00 X100.0 Z200.0；	刀具退至换刀点
N220	M05 M09；	主轴停,切削液关
N230	M30；	程序结束

3. 加工操作

（1）加工准备

1）开机回机床参考点，建立机床坐标系，使后续的操作有一个基准位置。

2）装夹工件。本任务需两次装夹，第一次夹住毛坯外圆，伸出长度为 40mm 左右；第二次用软卡爪夹住 $\phi 34_{-0.1}^{0}$ mm 外圆，需进行找正。

3）装夹刀具。将用到的外圆车刀、内孔车刀、内螺纹车刀、外槽车刀、倒角车刀等分别装夹在 T01、T02、T03、T04、T05 号刀位，中心钻和 $\phi 16$mm 麻花钻分别装夹在尾座套筒中，注意内螺纹车刀刀头要严格垂直于工件轴线，保证螺纹牙型不歪斜。

4）对刀操作。外圆车刀、内孔车刀按前面任务步骤采用试切法对刀。内螺纹车刀取刀尖为刀位点，对刀步骤如下：

① Z 方向对刀。在手动方式下移动内螺纹车刀，使刀尖与工件右端面平齐，可目测或借助钢直尺操作，如图 5-16a 所示。然后将长度补偿值输入相应的刀具号中。

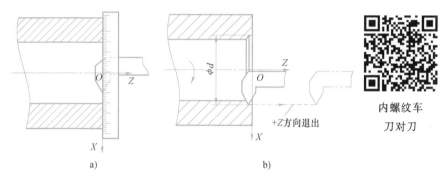

内螺纹车
刀对刀

图 5-16 内螺纹车刀对刀示意图

a）Z 方向对刀示意图 b）X 方向对刀示意图

② X 方向对刀。在 MDI 方式下输入程序"M03 S300;"，使主轴正转；切换成手动方式，用内螺纹车刀试切内孔，长 2~3mm，然后沿+Z 方向退出，如图 5-16b 所示。停机，测量内孔直径，将其值输入到相应的刀具号中。

刀具对刀完成后，分别进行 X、Z 方向对刀测试，检验对刀是否正确。

5）输入程序并校验。将"O0053"和"O0153"程序输入机床数控系统；分别调出"O0053"和"O0153"程序，设置空运行及仿真，进行程序校验并观察刀具轨迹；程序校验结束后取消空运行等设置。

（2）零件加工

1）粗、精车左端面和 $\phi 34_{-0.1}^{0}$ mm 外圆，步骤如下：

① 调出"O0053"程序，检查工件、刀具是否按要求夹紧，刀具是否已对刀。

② 选择自动加工方式，调小进给倍率，按数控启动键进行自动加工。加工中观察切削情况，逐步将进给倍率调至适当位置。

③ 程序结束后，停机测量外圆直径并进行尺寸控制。

④ 外圆尺寸符合要求后，手动钻中心孔、钻孔、手动孔口倒角 C2 并切断工件。

2）夹住 $\phi 34_{-0.1}^{0}$ mm 外圆，车螺纹底孔及内螺纹，加工步骤如下：

① 调出"O0153"程序，检查工件、刀具是否按要求夹紧，刀具是否已对刀，给内螺纹车刀设置一定的刀具磨损量，用于尺寸控制。

② 选择自动加工方式，调小进给倍率，按数控启动键进行自动加工。加工中观察切削情况，逐步将进给倍率调至适当位置。

③ 程序运行结束后，测量内螺纹尺寸并修调刀具磨损量，重新打开程序，运行 N130 段以后的程序，重新精车内螺纹。

④ 重复以上操作，直至内螺纹尺寸符合图样要求。

加工中为避免自定心卡盘划伤已加工外圆，可垫一圈铜皮做防护。

3）加工结束后及时清扫机床。

检测评分

将学生任务完成情况的检测与评分填入表 5-30 中。

表 5-30　圆螺母加工检测评分表

序号	检测项目	检测内容及要求	配分	学生自检	学生互检	教师检测	得分
1	职业素养	文明礼仪	5				
2		安全纪律	10				
3		行为习惯	5				
4		工作态度	5				
5		团队合作	5				
6	工艺制订	1. 选择装夹与定位方式 2. 选择刀具 3. 选择加工路径 4. 选择合理的切削用量	5				
7	程序编制	1. 编程坐标系选择正确 2. 指令使用与程序格式正确 3. 基点坐标正确	10				
8	机床操作	1. 开机前检查、开机、回机床参考点 2. 工件装夹与对刀 3. 程序输入与校验	5				
9	零件加工	$\phi 34_{-0.1}^{\ 0}$ mm	10				
10		$30_{-0.1}^{\ 0}$ mm	4				
11		M20×2-6H	20				
12		C2(3 处)	6				
13		表面粗糙度值 Ra3.2μm	10				
	综合评价						

任务反馈

在任务完成过程中，分析是否出现表 5-31 所列的误差项目，了解其产生原因并提出修正措施。

表 5-31　圆螺母加工出现的误差项目、产生原因及修正措施

误差项目	产生原因	修正措施
螺纹螺距不正确	1. 编程参数设置错误	
	2. 未设置空刀导入量和空刀退出量	
	3. 测量错误	

（续）

误差项目	产生原因	修正措施
螺纹中径不正确	1. 直径计算及编程错误	
	2. 刀具磨损量设置不当	
	3. 测量错误	
	4. 挤压变形严重	
螺纹牙型不正确	1. 刀具安装不正确	
	2. 刀具磨损后挤压产生	
	3. 刀具刀尖角不正确	
螺纹牙侧表面粗糙度达不到要求	1. 切削速度选择不当，产生积屑瘤	
	2. 切削液润滑性能不佳	
	3. 工艺系统刚性不足，引起振动	
	4. 刀具磨损	
	5. 切屑刮伤	

任务拓展一

分别用 G32、G76 指令编写图 5-14 所示圆螺母的数控加工程序并进行加工，使用 G76 指令时的参数见表 5-32。

表 5-32　圆螺母内螺纹参数值

参　数	M20×2-6H 内螺纹取值与表示方法
精车重复次数	$m=2$，螺纹尾端倒角量取 $r=1.0L$，刀尖角为 $60°$，表示为 P021060
最小车削深度	$\Delta d_{min}=0.1mm$，表示为"Q100"
精车余量	$d=0.05mm$，表示为"R-50"
螺纹终点坐标	$X=20.0，Z=-32.0$
螺纹起点与终点半径差	$i=0$，表示为"R0"
螺纹高度	$k=0.65P=1.3mm$，表示为"P1300"
第一次车削深度	Δd 取 $0.45mm$，表示为"Q450"
螺纹导程	$L=2mm$，表示为"F2.0"

任务拓展二

图 5-17 所示为圆锥内螺纹零件，材料为 45 钢，毛坯尺寸为 $\phi40mm×40mm$，编程并加工该零件。

任务拓展二实施提示：圆锥内螺纹零件的主要加工表面是圆锥内螺纹，加工前需钻中心孔、钻孔及加工圆锥底孔，圆锥底孔尺寸参照表 5-23。车圆锥内螺纹也需要留空刀导入量和空刀退出量，编程指令可用 G32、G92 或 G76，

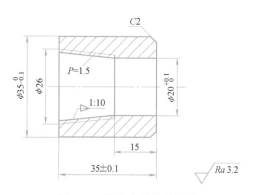

图 5-17　圆锥内螺纹零件图

编程参数及相关尺寸参照圆锥外螺纹的参数计算。

项目小结

　　螺纹是机械零件中的重要表面，用于紧固、连接、传动等多种场合。在普通车床上加工各种螺纹相对困难，在数控车床上加工则比较容易，因此这也是数控车床加工的优势之一。本项目通过圆柱螺塞、圆锥螺塞及圆螺母等常见螺纹类零件编程与加工的任务实施，学习了数控车床上普通圆柱内、外螺纹和圆锥内、外螺纹的尺寸计算方法、刀具选择、进刀方法的选择、切削用量的确定及编程方法；通过加工训练，掌握各种螺纹的精度控制方法及要领；最后通过拓展训练，增强对各种螺纹加工的熟练程度，为达到中级工标准奠定了基础。

思考与练习

一、简答题

1. 车削普通螺纹前，外螺纹底圆柱直径如何确定？为什么？

2. 车削普通螺纹有哪几种进刀方法？各有何特点？

3. 简述普通外螺纹车刀的对刀步骤。

4. 车削螺纹为何要设置空刀导入量和空刀退出量？其值如何确定？

5. 用 G32 指令加工圆柱螺纹与圆锥螺纹的格式有何不同？

6. 用 G92 指令加工圆柱螺纹与圆锥螺纹的格式有何不同？

7. 圆锥螺纹起始点直径、螺纹终点直径如何计算？

8. 车普通内螺纹前，内螺纹底孔直径尺寸如何计算？为什么？

二、加工训练题

1. 编写图 5-18 所示圆柱螺纹轴的数控加工程序并练习加工，材料为 45 钢，毛坯为 ϕ30mm×40mm 棒料。

2. 编写图 5-19 所示圆锥螺纹轴的数控加工程序并练习加工，材料为 45 钢，毛坯为 ϕ25mm×45mm 棒料。

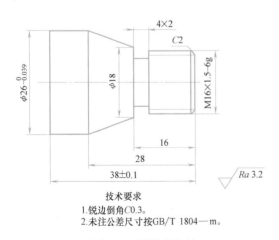

技术要求
1. 锐边倒角C0.3。
2. 未注公差尺寸按GB/T 1804—m。

图 5-18　圆柱螺纹轴

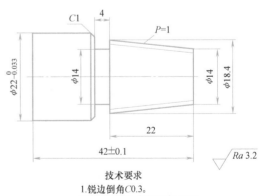

技术要求
1. 锐边倒角C0.3。
2. 未注公差尺寸按GB/T 1804—m。

图 5-19　圆锥螺纹轴

3. 编写图 5-20 所示圆锥螺纹管接头的数控加工程序并练习加工，材料为 45 钢，毛坯为 φ35mm×70mm 棒料。

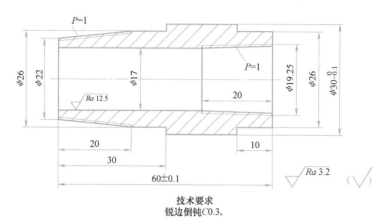

技术要求
锐边倒钝 C0.3。

图 5-20　圆锥螺纹管接头

项目六

零件综合加工和 CAD/CAM加工

机械零件通常由多种表面构成，编程和加工时需综合考虑轴类、套类、盘类、螺纹类零件的编程与工艺特点，并进行反复的加工练习；有更多零件则需要通过车铣复合加工才能完成。此外，随着科技的进步，自动对刀、CAD/CAM（计算机辅助设计与计算机辅助制造）越来越普及，会进行车削类零件自动对刀、计算机（自动）编程、程序传输和加工已成为数控加工重要的技术推广内容。本项目通过法兰盘、螺纹管接头、曲面螺纹锥度套件、圆头电动机轴等零件的加工实施，熟悉中等复杂车削类零件工艺制订、程序编写与零件加工方法，了解计算机（自动）编程、程序传输与加工过程，达到数控中级工要求。本项目还设置了数控车铣加工职业技能等级证书考核模拟试题任务，拟通过任务实施提示及检测评分表，对接数控车铣加工"1+X"证书要求。

学习目标

- ➡ 能识读中等复杂车削类零件图。
- ➡ 会编制中等复杂车削类零件的加工工艺。
- ➡ 会编写中等复杂车削类零件的加工程序。
- ➡ 会加工中等复杂车削类零件并达到一定的精度要求。
- ➡ 了解自动对刀仪的种类及自动对刀方法。
- ➡ 了解车削类零件的 CAD/CAM 加工流程。
- ➡ 了解数控车铣加工"1+X"证书要求。

任务一　法兰盘的加工

任务描述

图 6-1 所示为法兰盘，是连接各管道及阀门的一种重要零件，由外圆、内孔、螺纹等多个表面构成，且各表面精度要求均较高，使用 FANUC 0i Mate-TD 系统数控车床完成该零件加工，材料为 45 钢，毛坯为 φ80mm×30mm 棒料，加工后的三维效果图如图6-2 所示。

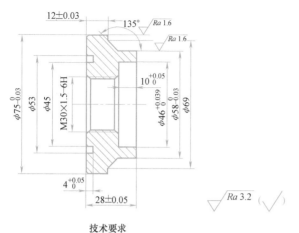

技术要求
1. 锐角倒钝,未注倒角C1。
2. 未注公差尺寸按GB/T 1804—m。

图 6-1　法兰盘零件图

图 6-2　法兰盘三维效果图

知识目标

- 1. 能识读法兰盘零件图
- 2. 会制订法兰盘加工工艺
- 3. 掌握端面槽切削循环指令及应用

技能目标

- 1. 会正确安装端面槽车刀,会进行端面槽车刀的对刀
- 2. 会测量端面槽的相关尺寸
- 3. 会加工法兰盘零件并达到一定的精度要求

知识准备

法兰盘属于盘套类零件,有内外圆柱面、外圆锥面、内螺纹、端面槽等多个表面,且精度要求均较高,加工中应按前面项目内容综合考虑各表面的加工方法、参数计算、切削用量的选择等工艺知识和编程指令,此处主要学习端面槽的加工工艺和编程方法。

1. 端面槽的类型

端面槽位于回转类零件端面,用于密封或连接,有直槽、梯形槽、T形槽和燕尾槽等,如图 6-3 所示。本任务以端面直槽和梯形槽为主介绍其加工工艺及编程方法。

2. 端面槽车刀及进刀方式

端面槽车刀的结构有整体式、焊接式和可转位式,数控车床上常用可转位式端面槽车刀,如图 6-4 所示。

对于宽度较小的窄槽,一般采用直进法切削,如图 6-5 所示。为避免刀具外侧刀面与工件表面干涉,外侧刀面应磨成圆弧形,且圆弧半径小于被车端面槽外侧圆弧半径。车槽时,将端面槽车刀移近至进刀点,以直进法切削,如果直槽较深,也可分次进给切削,以便于排屑。槽较宽时,应分次纵向进给粗车,再沿槽底横向切削以光整槽底。

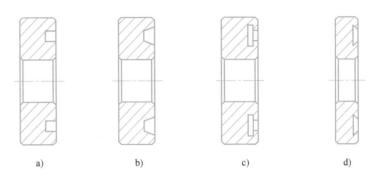

图 6-3　端面槽

a）直槽　b）梯形槽　c）T形槽　d）燕尾槽

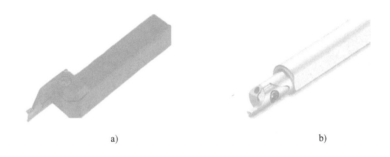

图 6-4　可转位式端面槽车刀

a）方柄端面槽车刀　b）圆柄端面槽车刀

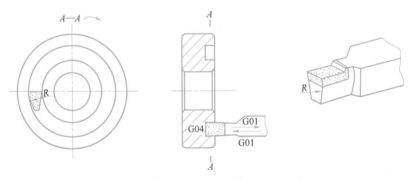

图 6-5　端面槽车刀的尺寸及进刀方法

切削端面梯形槽时，先车直槽，再分别切削槽两侧面，如图 6-6①—②—③步骤所示。

3. 端面槽的切削用量

端面槽切削用量的选择主要考虑尺寸精度、刀具性能、工艺系统刚性等因素，因车槽刀窄而长，刀具强度低，故切削用量相对较小。

（1）背吃刀量　当槽宽 $b<5$mm 时，端面槽车刀刀头宽度等于槽宽，背吃刀量为刀头宽度；车宽槽时，刀头宽度取 2~4mm。

（2）进给量　车槽进给量应较小，因为当车槽刀越车入槽底，排屑越困难，切屑越易堵在槽内，切削力也越大。一般粗车进给量为 0.1mm/r 左右，精车进给量为 0.08mm/r 左右。

（3）主轴转速　车槽时的主轴转速不宜太低，否则切削力较大。此外，主轴转速的选择还应考虑刀具性质、工件材料等因素，使用高速钢车槽刀及焊接式车槽刀时，主轴转速为 200～300r/min，使用可转位式车槽刀时，主轴转速为 300～500r/min。

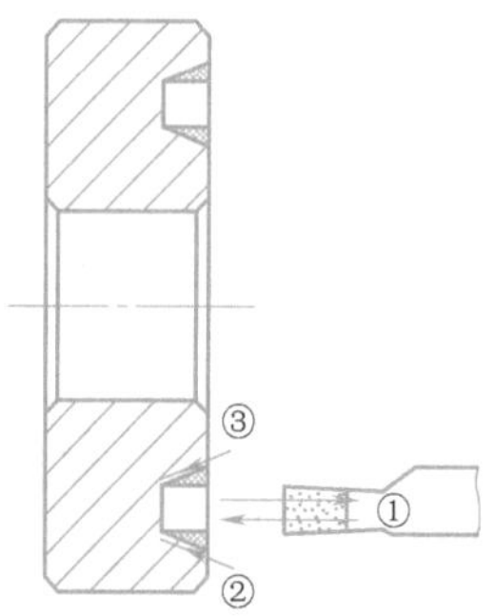

4. 编程知识

车端面窄槽采用直进法加工，编程时使用 G00 快速定位指令使刀具快速移至进刀点，然后用 G01 直线插补指令车至槽底，为修光槽底表面，用 G04 指令暂停，车槽完毕

图 6-6　端面梯形槽的切削方法

后退出刀具。此外，较深和较宽的端面槽还可以用端面沟槽复合切削循环指令 G74 编程，其指令格式及参数含义见表 6-1。

表 6-1　端面沟槽复合切削循环指令 G74 的指令格式及参数含义

指令格式	G74 R(e)； G74 X(U)＿　Z(W)＿　P(Δi) Q(Δk) R(Δd) F(f)；
切削循环路径	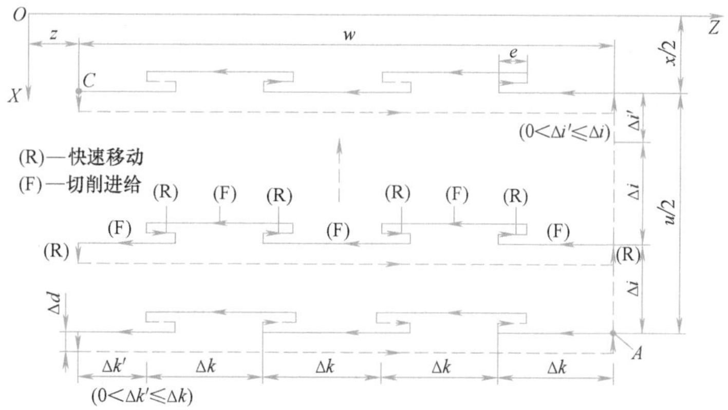 (R)—快速移动　(F)—切削进给
参数含义	e：返回量 X、Z：指定槽底终点的绝对坐标 (x, z) U、W：指定槽底终点相对于循环起点的增量坐标 (u, w) Δi：X 轴方向的移动量，无符号，半径值，单位为 μm Δk：Z 轴方向的切削深度，无符号，单位为 μm Δd：槽底位置 X 方向的退刀量，无要求时可省略 f：进给量
使用说明	1. X(U) 或 Z(W) 指定，而 Δi 或 Δk 未指定或值为零，将发生报警 2. Δk 值大于 Z 轴的移动量 (W) 或 Δk 值为负，将发生报警 3. Δi 值大于 u/2 或设置为负，将发生报警，Δi 值大于槽宽，将车多个端面槽 4. 退刀量大于切削深度将发生报警

任务实施

本任务含有多个精度较高的重要表面，如外圆面、端面、内孔、内螺纹、端面槽等，任务实施时结合前面项目任务的各表面加工特点，综合考虑该法兰盘的工艺、编程和加工。

1. 工艺分析

（1）编程参数的计算　对于外圆锥面，需计算圆锥长度尺寸才能编程，计算方法：$C = 2\tan(\alpha/2) = 2\times\tan45° = 2$，$L = (D-d)/C = (69-58)\text{mm}/2 = 5.5\text{mm}$。

M30×1.5-6H 螺纹编程参数计算结果见表 6-2。

表 6-2　内螺纹编程参数计算结果

螺纹代号	螺纹牙型高度	螺纹小径	车内螺纹前底孔直径
M30×1.5-6H	$h_{1实} = 0.65P$ $= 0.65\times1.5\text{mm} = 0.975\text{mm}$	$D_{1实} = D - 2h_{1实} = D - 1.3P =$ $30\text{mm} - 1.3\times1.5\text{mm} = 28.05\text{mm}$	$D_圆 = D - P =$ $30\text{mm} - 1.5\text{mm} = 28.5\text{mm}$

（2）刀具的选择　外圆、内孔表面尺寸精度和表面质量要求均较高，应分别选用粗、精车刀进行加工；M30×1.5-6H 内螺纹可选用硬质合金焊接式内螺纹车刀车削，端面槽选用刀头宽度为 4mm 的端面槽车刀，采用直进法切削；车内孔及内螺纹前还需用到中心钻和麻花钻等刀具，具体见表 6-3。

（3）量具的选择　外圆直径用千分尺测量，内孔直径用内径百分表测量，长度及槽宽用游标卡尺测量，深度尺寸用深度千分尺测量，内螺纹用螺纹塞规测量，表面粗糙度用粗糙度样板比对。

（4）工艺路线的制订　本任务需采用粗、精车分开的原则安排工艺，先粗车零件右端面、外圆面、圆锥面，钻孔及粗车内孔和螺纹底孔，然后调头装夹，粗、精车左端面、倒角及 $\phi75_{-0.03}^{\ 0}$mm 外圆面、端面槽，最后调头装夹 $\phi75_{-0.03}^{\ 0}$mm 外圆，精车右端面、外圆面、圆锥面、内孔及内螺纹。具体车削步骤见表 6-3。

（5）切削用量的选择　粗、精车外圆面、端面、内孔、内螺纹等切削用量同前面任务，端面槽切削主轴转速为 400r/min，进给量为 0.08mm/r；通过查表 5-5 可知 M30×1.5-6H 螺纹分 4 次进给，每次背吃刀量分别为（直径值）0.8mm、0.5mm、0.5mm、0.15mm；所有表面加工切削用量见表 6-3。

表 6-3　零件加工工艺

工序名	定位（装夹面）	工步序号及内容	刀具及刀号	主轴转速 $n/(\text{r/min})$	进给量 $f/(\text{mm/r})$	背吃刀量 a_p/mm
车削	夹住毛坯外圆	1. 粗车右端面、外轮廓	外圆粗车刀，刀号 T01	600	0.2	2～4
		2. 手动钻中心孔	A3 中心钻	1000	0.1	—
		3. 手动钻 $\phi26$mm 孔	$\phi26$mm 麻花钻	300	0.1	—
		4. 粗车内孔及螺纹底孔	内孔粗车刀，刀号 T04	600	0.2	2～4
	调头，夹住 $\phi58_{-0.03}^{\ 0}$ 外圆	1. 粗车左端面、倒角及 $\phi75_{-0.03}^{\ 0}$mm 外圆	外圆粗车刀，刀号 T01	600	0.2	2～4
		2. 精车左端面、倒角及 $\phi75_{-0.03}^{\ 0}$mm 外圆	外圆精车刀，刀号 T02	1000	0.1	0.3
		3. 车端面槽	4mm 宽端面槽车刀，刀号 T03	400	0.08	4
		4. 手动内孔倒角 C1	倒角刀，刀号 T07	600	0.1	
	夹住 $\phi75_{-0.03}^{\ 0}$mm 外圆	1. 精车右端面、外轮廓	外圆精车刀，刀号 T02	1000	0.1	0.3
		2. 精车内孔及螺纹底孔	内孔精车刀，刀号 T05	1000	0.1	0.3
		3. 粗、精车 M30×1.5-6H 螺纹	内螺纹车刀，刀号 T06	350	1.5	0.1～0.4

2. 编制程序

（1）粗车法兰盘右端面、外轮廓、钻孔及粗车内孔程序　工件坐标系原点选择在零件右端面中心点，轮廓余量较大，用轮廓复合循环指令 G71 车削。参考程序见表 6-4，程序名为 "O0061"。

表 6-4　粗车法兰盘右端轮廓及内孔参考程序

程序段号	程序内容	含　义
N10	G40 G99 G80 G21;	设置初始状态
N20	M03 S600 M08;	设置主轴转速,切削液开
N30	T0101;	调用外圆车刀
N40	G00 X85.0 Z5.0 F0.2;	刀具移至循环起点
N50	G71 U1.5 R0.5;	调用轮廓循环指令粗车外轮廓
N60	G71 P70 Q120 U0.6 W0.2;	
N70	G01 X0;	刀具移至切削起点
N80	Z0;	车至端面
N90	X57.985;	车端面
N100	Z-10.5;	车 $\phi 58_{-0.03}^{0}$ mm 外圆
N110	X69.0 Z-16.0;	车圆锥
N120	X82.0;	刀具沿 X 方向切出
N130	G00 X100.0 Z200.0;	刀具退至换刀点
N140	M03 S1000;	设置钻中心孔转速
N150	M00;	程序停,手动钻中心孔
N160	M03 S300;	设置钻孔转速
N170	M00;	程序停,手动钻孔
N180	T0404;	换内孔粗车刀
N190	M03 S600 M08;	设置车内孔转速,切削液开
N200	G00 X20 Z5.0;	刀具移至循环起点
N210	G71 U1.5 R0.5;	调用循环指令粗车内轮廓
N220	G71 P230 Q270 U-0.6 W0.2;	
N230	G01 X46.02 Z0.0;	刀具移至切削起点
N240	Z-10.025;	车 $\phi 46_{0}^{+0.039}$ mm 外圆
N250	X28.5,C1;	车台阶面并倒角
N260	Z-30.0;	车螺纹底孔
N270	X25.0;	刀具沿 X 方向切出
N280	G00 X100.0 Z200.0;	刀具退回
N290	M05 M09;	主轴停,切削液关
N300	M30;	程序结束

（2）粗、精车左端面、倒角、$\phi 75_{-0.03}^{0}$ mm 外圆及端面槽程序　工件坐标系原点选择在零件装夹后右端面中心点，端面槽车刀选内侧刀尖为刀位点。参考程序见表 6-5，程序名为 "O0161"。

表 6-5　粗、精车法兰盘左端轮廓参考程序

程序段号	程序内容	含　义
N10	G40 G99 G80 G21;	设置初始状态
N20	M03 S600 M08;	设置主轴转速,切削液开
N30	T0101;	调用外圆粗车刀
N40	G00 X85.0 Z5.0 F0.2;	刀具移至切削起点
N50	G90 X75.6 Z-15;	调用轮廓循环粗车 $\phi75_{-0.03}^{0}$ mm 外圆
N60	G00 X100.0 Z200.0;	刀具退至换刀点
N70	T0202;	换外圆精车刀
N80	M03 S1000 F0.1;	设置精车用量
N90	G00 X0 Z5.0;	刀具移至切削起点
N100	G01 Z0;	车至端面
N110	X74.985 ,C1.0;	车端面并倒角
N120	Z-15.0;	精车 $\phi75_{-0.03}^{0}$ mm 外圆
N130	G00 X100.0 Z200.0 M09;	刀具退至换刀点
N140	M00 M05;	程序停,主轴停,测量进行尺寸控制
N150	T0303;	换端面槽车刀
N160	M03 S400 F0.08 M08;	设置车槽切削用量
N170	G00 X45.0 Z5.0;	刀具移至切削起点
N180	G01 Z-4.025;	刀具沿 Z 方向进给车端面槽
N190	G04 X2.0;	槽底暂停 2s
N200	G01 Z5.0;	刀具沿 Z 方向切出
N210	G00 X100.0 Z200.0 M09;	刀具退至换刀点,切削液关
N220	M05;	主轴停
N230	M30;	程序结束

（3）精车法兰盘右端面、外轮廓、内孔及内螺纹程序　工件坐标系原点选择在零件装夹后右端面中心点，内螺纹用螺纹复合循环 G76 指令车削。参考程序见表 6-6，程序名为"O0261"。

表 6-6　精车法兰盘右端轮廓参考程序

程序段号	程序内容	含　义
N10	G40 G99 G80 G21;	设置初始状态
N20	M03 S1000 M08;	设置主轴转速,切削液开
N30	T0202;	调用外圆精车刀
N40	G00 G42 X40.0 Z5.0 F0.1;	刀具移至切削起点
N50	G01 Z0;	精车至端面
N60	X57.985;	精车端面

（续）

程序段号	程 序 内 容	含 义
N70	Z-10.5;	精车 $\phi58_{-0.03}^{0}$ mm 外圆
N80	X69.0 Z-16.0;	精车圆锥
N90	X80.0;	精车台阶面
N100	G00 G40 X100.0 Z200.0 M09;	刀具退至换刀点,切削液关
N110	M00 M05;	程序停,主轴停,测量,控制外圆尺寸
N120	T0505;	换内孔精车刀
N130	M03 S1000 M08 F0.1;	设置精车内孔切削用量,切削液开
N140	G00 X46.02 Z5.0;	刀具移至切削起点
N150	Z-10.025;	精车 $\phi46_{0}^{+0.039}$ mm 内孔
N160	X28.5,C1.0;	精车台阶面并倒角
N170	Z-30.0;	精车螺纹底孔
N180	X25.0;	刀具沿 X 方向切出
N190	G00 Z5.0;	刀具沿 Z 方向切出
N200	G00 X100.0 Z200.0 M09;	刀具退至换刀点,切削液关
N210	M00 M05;	程序停,主轴停,测量
N220	T0606;	换内螺纹车刀
N230	M03 S350 M08;	设置车螺纹转速,切削液开
N240	G00 X20.0 Z5.0;	刀具移至循环起点
N250	G76 P021160 Q100 R50;	设置螺纹循环参数,调用螺纹切削复合循环指令
N260	G76 X30.0 Z-30.0 R0 P975 Q400 F1.5;	
N270	G00 X100.0 Z200.0 M09;	刀具退至换刀点,切削液关
N280	M05;	主轴停
N290	M30;	程序结束

3. 加工操作

（1）加工准备

1）开机回机床参考点，建立机床坐标系，使后续的操作有一个基准位置。

2）装夹工件。本任务共有三次装夹，第一次夹住毛坯外圆，伸出长度为20mm左右；第二次调头夹住 $\phi58_{-0.03}^{0}$ mm 外圆，第三次夹住 $\phi75_{-0.03}^{0}$ mm 外圆，需要重点关注的是第三次装夹，因为 $\phi75_{-0.03}^{0}$ mm 外圆已精车，装夹后需找正且不能划伤已加工表面。

3）装夹刀具。本任务要用到外圆粗车刀、外圆精车刀、4mm 宽端面槽车刀、内孔粗车刀、内孔精车刀、内螺纹车刀、倒角刀等，分别将刀具装夹在 T01、T02、T03、T04、T05、T06、T07 号刀位，所有刀具刀尖与工件回转中心等高，内螺纹车刀刀头要严格垂直于工件轴线，保证车出的螺纹牙型不歪斜，端面槽车刀刀头与工件轴线平行，防止端面槽车刀折断，中心钻和 $\phi26mm$ 麻花钻分别装入尾座套筒中并保证其轴线与工件回转中心同轴。本任务用到的刀具数量较多，若数控车床刀位数不够，则每次装夹工件后安装需要用到的刀具，且保证程序中该刀具的刀位号与实际刀位号一致。

4）对刀操作。外圆车刀、内孔车刀、内螺纹车刀等按前面项目任务采用试切法对刀，端面槽车刀对刀时选外侧或内侧刀尖为刀位点（此处选内侧刀尖），对刀步骤如下；

① Z 方向对刀。起动主轴并使其正转，在手动方式下，使端面槽车刀切削刃碰触工件端面，沿 +X 方向退出刀具，如图 6-7a 所示。然后进行面板操作，其操作步骤与外圆车刀 Z 方向对刀相同。

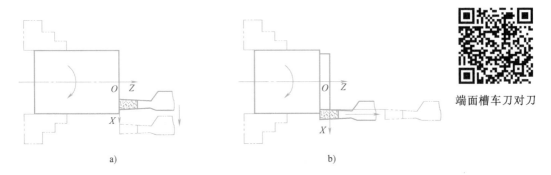

端面槽车刀对刀

图 6-7　端面槽车刀的对刀操作示意图

a）端面槽车刀的 Z 方向对刀示意图　b）端面槽车刀的 X 方向对刀示意图

② X 方向对刀，起动主轴并使其正转，在手动方式下，用端面槽车刀内侧刀尖试切工件外圆面，沿 +Z 方向退出刀具，如图 6-7b 所示。停机，测量外圆直径，然后进行面板操作，操作步骤与外圆车刀 X 方向对刀相同。

刀具对刀完成后，分别进行 X、Z 方向对刀测试，检验对刀是否正确。

5）输入程序并校验。将"O0061""O0161""O0261"程序输入机床数控系统；分别调出各程序，设置空运行及仿真，进行程序校验并观察刀具轨迹，程序校验结束后取消空运行等设置。

（2）零件加工

1）粗车法兰盘右端面、外轮廓、钻孔及粗车内孔，步骤如下：

① 调出"O0061"程序，检查工件、刀具是否按要求夹紧，刀具是否已对刀。

② 选择自动加工方式，调小进给倍率，按数控启动键进行自动加工。加工中观察切削情况，逐步将进给倍率调至适当位置。

③ 程序运行至 N150 段，手动钻中心孔，中心孔钻好后，按数控启动键运行下面的程序。

④ 程序运行至 N170 段，手动钻 $\phi26mm$ 孔，孔钻好后，按数控启动键运行粗车内孔程序。

2）粗、精车法兰盘左端面、倒角、$\phi75_{-0.03}^{0}$mm 外圆及端面槽，步骤如下：

① 调出"OO161"程序，检查工件、刀具是否按要求夹紧，刀具是否已对刀，给外圆精车刀设置一定的刀具磨损量，用于外圆尺寸控制。

② 选择自动加工方式，调小进给倍率，按数控启动键进行自动加工。加工中观察切削情况，逐步将进给倍率调至适当位置。

③ 程序运行至 N140 段，停机，测量外圆尺寸，修调外圆精车刀的刀具磨损量，进行尺寸控制。

④ 外圆尺寸符合要求后运行车端面槽程序车端面槽，最后用倒角刀手动孔口倒角。

3）精车法兰盘右端面、外圆、内孔及内螺纹，步骤如下：

① 调出"OO261"程序，检查工件、刀具是否按要求夹紧，刀具是否已对刀，给外圆精车刀、内孔精车刀及内螺纹车刀均设置一定的刀具磨损量，用于尺寸控制。

② 选择自动加工方式，调小进给倍率，按数控启动键进行自动加工。加工中观察切削情况，逐步将进给倍率调至适当位置。

③ 程序运行至 N110 段，停机，测量外圆尺寸，修调外圆精车刀的刀具磨损量，进行尺寸控制。

④ 程序运行至 N210 段，停机，测量内孔尺寸，修调内孔精车刀的刀具磨损量，进行尺寸控制。

⑤ 程序结束后，测量螺纹尺寸并修调内螺纹车刀的刀具磨损量，进行螺纹尺寸控制，控制方法同前面任务。

4）加工结束后及时清扫机床。

检测评分

将学生任务完成情况的检测与评分填入表 6-7 中。

表 6-7　法兰盘加工检测评分表

序号	检测项目	检测内容及要求	配分	学生自检	学生互检	教师检测	得分
1	职业素养	文明礼仪	5				
2		安全纪律	10				
3		行为习惯	5				
4		工作态度	5				
5		团队合作	5				
6	工艺制订	1. 选择装夹与定位方式 2. 选择刀具 3. 选择加工路径 4. 选择合理的切削用量	5				
7	程序编制	1. 编程坐标系选择正确 2. 指令使用与程序格式正确 3. 基点坐标正确	10				
8	机床操作	1. 开机前检查、开机、回机床参考点 2. 工件装夹与对刀 3. 程序输入与校验	5				

（续）

序号	检测项目	检测内容及要求	配分	学生自检	学生互检	教师检测	得分
9		$\phi 75_{-0.03}^{0}$ mm	5				
10		$\phi 58_{-0.03}^{0}$ mm	5				
11		$\phi 46_{0}^{+0.039}$ mm	5				
12		$\phi 69$ mm	1				
13		$\phi 53$ mm	1				
14		$\phi 45$ mm	1				
15		28 ± 0.05 mm	3				
16	零件加工	12 ± 0.03 mm	3				
17		$10_{0}^{+0.05}$ mm	3				
18		$4_{0}^{+0.05}$ mm	5				
19		$135°$	3				
20		M30×1.5-6H	8				
21		$C1$	1				
22		表面粗糙度值 $Ra1.6\mu m$（2处）	4				
23		表面粗糙度值 $Ra3.2\mu m$	2				
	综合评价						

任务反馈

在任务完成过程中，分析是否出现表6-8所列的误差项目，了解其产生原因并提出修正措施。

表6-8　法兰盘加工出现的误差项目、产生原因及修正措施

误差项目	产生原因	修正措施
外圆、内孔直径不正确	1. 精车刀未设置刀具磨损量	
	2. 尺寸控制错误	
	3. 测量错误	
长度尺寸不正确	1. 编程参数设置错误	
	2. 调头装夹工件未找正	
	3. 长度尺寸控制错误	
	4. 测量错误	
螺纹尺寸不正确	1. 刀具角度有误差	
	2. 编程参数错误	
	3. 测量不正确	
	4. 刀具磨损	

（续）

误差项目	产生原因	修正措施
螺纹牙侧表面粗糙度超差	1. 切削速度选择不当,产生积屑瘤	
	2. 切入深度大	
	3. 工艺系统刚性不足,引起振动	
	4. 刀具磨损	

任务拓展一

用螺纹切削循环指令 G92 编写图 6-1 所示零件的数控加工程序并进行加工。

任务拓展二

加工图 6-8 所示的端面盘零件,材料为 45 钢,毛坯尺寸为 $\phi68\text{mm}\times30\text{mm}$。

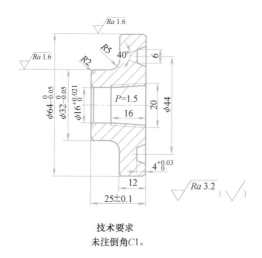

技术要求
未注倒角C1。

图 6-8　端面盘零件图

任务拓展二实施提示:该零件由外圆面、内孔、圆弧面、圆锥内螺纹、端面梯形槽等多个表面构成,且大多数表面精度要求较高,需分粗、精加工完成,加工工艺同前面任务;端面梯形槽较宽,可采用端面切槽循环指令编程与加工。

任务二　螺纹管接头的加工

任务描述

图 6-9 所示为螺纹管接头,主要由外圆面、内孔、外圆锥面、内外槽及内、外螺纹面等构成,主要表面尺寸精度和表面质量要求均较高,试用 FANUC 0i Mate-TD 系统数控车床完成该零件的加工,材料为 45 钢,毛坯为 $\phi65\text{mm}\times55\text{mm}$ 棒料,其中内、外螺纹螺距均为 2mm,公差等级均为 6 级,螺纹退刀槽宽度均为 4mm,表面粗糙度值为 $Ra3.2\mu\text{m}$,加工后

的三维效果图如图 6-10 所示。

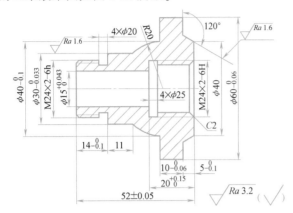

技术要求
1. 未注倒角C1。
2. 未注公差尺寸按GB/T 1804—m。

图 6-9　螺纹管接头零件图

图 6-10　螺纹管接头三维效果图

知识目标

1. 能识读螺纹管接头零件图
2. 会制订螺纹管接头的加工工艺
3. 理解数控加工刀具卡和数控加工工序卡等工艺文件

技能目标

1. 会填写数控加工刀具卡和数控加工工序卡
2. 了解机外对刀仪对刀方法
3. 会加工螺纹管接头零件并达到一定的精度要求

知识准备

螺纹管接头属于盘套类零件，有外圆柱面、外圆锥面、内孔面、内外螺纹面及内外槽等多个表面，且大部分表面精度要求较高，加工中应综合考虑各表面的加工方法、参数计算、切削用量的选择等工艺知识和编程知识，此处主要学习数控加工刀具卡和数控加工工序卡等工艺文件知识及机外对刀仪对刀方法。

1. 数控加工工艺文件

数控加工工艺文件既是数控加工和产品验收的依据，又是操作者应遵守和执行的规程，还可为重复使用做必要的工艺资料积累。该文件主要包括数控加工工序卡、数控加工刀具卡和数控加工程序单等。

（1）数控加工工序卡　数控加工工序卡是编制加工程序的主要依据和操作人员进行数控加工的指导性文件，与普通加工工序卡有许多相似之处，不同的是数控加工工序卡简图中应标明编程原点与对刀点，要进行简要的编程说明和切削参数的选择，以及所用的机床型号、程序编号、主轴转速、进给量、背吃刀量等，见表6-9。

表 6-9　数控加工工序卡

单位名称	产品名称及代号		零件名称		零件图号
工序号	程序编号	夹具名称	使用设备	数控系统	车间
工步号	工步内容	刀具号	刀具规格 /mm	主轴转速 n/(r/min)	进给量 f/(mm/r)	背吃刀量 a_p/mm	备注
安装1:							
1							
安装2:							
1							
2							
编制		审核		批准		年 月 日	共 页	第 页

若某工序中有多个安装，需在工序卡中列出各个安装及其工步，也可以分别填写在工序卡中，因为编程时一般也是按照某个安装的内容来编写一个个独立的程序的。

（2）数控加工刀具卡　数控加工刀具卡主要反映刀具编号、刀具名称及规格、加工表面等内容，见表6-10。

表 6-10　数控加工刀具卡

产品名称或代号		零件名称		零件图号	
序号	刀具号	刀具名称及规格	刀具材料	加工表面	刀尖圆弧半径/mm	刀尖方位
1						
2						
编制		审核	批准	年 月 日	共 页	第 页

（3）数控加工程序单　数控加工程序单是操作者根据工艺分析，经过数值计算，按照机床指令特点编制的。它是记录数控加工工艺过程、工艺参数和位移数据的清单，是手动输入数据、实现数控加工的主要依据。不同数控机床和数控系统，数控加工程序单的格式是不一样的。

2. 机外对刀仪对刀

在数控车床上，试切法对刀应用较广，但其操作复杂，占用机床时间长、效率低。随着科技进步和先进设备的研发，先进对刀方法逐步被推广应用，主要有机外对刀仪对刀和自动对刀。本任务主要介绍机外对刀仪对刀。

机外对刀仪对刀的原理是测出假想刀尖点到刀具台基准之间 X、Z 方向的距离，即刀具 X、Z 方向的长度，将其输入到机床刀具长度补偿中，以便刀具装上机床即可以使用。图6-11所示为比较典型的数控车床机外对刀仪。

机外对刀仪对刀方法：将刀具同刀座一起紧固在对刀刀具台上，对刀刀具台安装在刀具台安装座上，摇动 X 方向或 Z 方向进给手柄，使移动部件载着投影放大镜沿着两个方向移

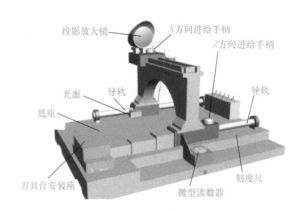

图 6-11　机外对刀仪

动，直至假想刀尖点与放大镜中十字线交点重合为止，如图 6-12 所示，这时通过 X、Z 方向的微型读数器分别读出 X、Z 方向的长度值，就是这把刀具的对刀长度。

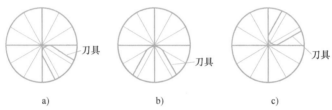

图 6-12　前置刀架刀尖在放大镜中的对刀投影
a）外圆刀尖　b）对称刀尖　c）内径刀尖

任务实施

螺纹管接头由外圆、端面、槽及圆锥、内外螺纹等表面构成，且主要表面尺寸精度和表面质量要求较高，应重点关注。

1. 工艺分析

（1）编程参数的计算　外圆锥面需计算圆锥大端直径才能编程，计算方法：$C = 2\tan(\alpha/2) = 2 \times \tan 30° = 1.155$，$D = d + LC = 40\text{mm} + 5 \times 1.155\text{mm} = 45.775\text{mm}$。

M24×2-6H/6h 内、外螺纹编程参数计算结果见表 6-11。

表 6-11　加工内外三角形螺纹编程参数计算结果

螺 纹 代 号	螺纹牙型高度	螺 纹 小 径	外螺纹底圆直径	内螺纹底孔直径
M24×2-6H/6h	$h_{1实} = 0.65P =$ 0.65×2mm = 1.3mm	$(d)D_{1实} = D - 2h_{1实} = D - 1.3P =$ 24mm − 1.3×2mm = 21.4mm	$d_圆 = d - 0.1P =$ 24mm − 0.2mm = 23.8mm	$D_圆 = D - P =$ 24mm − 2mm = 22mm

（2）刀具的选择　外圆、内孔表面尺寸精度和表面质量要求均较高，分别选用粗、精车刀进行加工；M24×2-6H/6h 内、外螺纹用可转位式内、外螺纹车刀车削，内、外槽车刀选用刀头宽度为 4mm，可转位式；车内孔及内螺纹前还需用到中心钻和麻花钻等刀具，具体见表 6-12。

（3）量具的选择　外圆直径用外径千分尺测量，内孔直径用内测千分尺测量，长度及槽宽用游标卡尺测量，$R20\text{mm}$ 圆弧表面用半径样板测量，圆锥角度用游标万能角度尺测量，内螺纹用螺纹塞规测量，外螺纹用螺纹环规测量，表面粗糙度用粗糙度样板比对。

（4）工艺路线的制订 本任务采用粗、精车分开的原则安排工艺，先粗车零件左端面、外圆、圆弧面，然后钻孔，再精车左端面、外圆及圆弧面，最后车外槽，车外螺纹。调头装夹后，粗、精车右端面、圆锥及 $\phi60_{-0.006}^{0}\text{mm}$ 外圆，粗精车内孔面、内槽，最后粗精车内螺纹面。具体车削步骤见表6-12。

（5）切削用量的选择 粗、精车外圆、端面、内孔、内螺纹等切削用量同前面任务，车内槽的主轴转速为 400r/min，进给量为 0.08mm/r；通过查表5-5可知 M24×2 螺纹分5次进给，每次背吃刀量分别为（直径值）0.8mm、0.6mm、0.6mm、0.4mm、0.2mm；所有表面加工切削用量见表6-12，数控加工刀具卡见表6-13。

表 6-12 螺纹管接头数控加工工序卡

单位名称	实习工厂	产品名称及代号		零件名称		零件图号
		液压管件		螺纹管接头		002
工序号	程序编号	夹具名称	使用设备	数控系统		车间
004	O0062、O0162	自定心卡盘	数控车床	FANUC		2
工步号	工步内容	刀具号	刀具规格 /mm	主轴转速 $n/(\text{r/min})$	进给量 $f/(\text{mm/r})$	背吃刀量 a_p/mm	备注
安装1：夹住毛坯外圆							
1	1. 粗车左端面、外轮廓	T01		600	0.2	2~4	
2	2. 手动钻中心孔	中心钻	A3	1000	0.1		
3	3. 手动钻 $\phi12\text{mm}$ 孔	麻花钻	$\phi12$	500	0.1		
4	4. 精车左端面及外轮廓	T02		1000	0.1	0.2~0.4	
5	5. 车螺纹退刀槽	T03	4	400	0.1	4	
6	6. 粗、精车 M24×2-6h 螺纹	T04		350	2	0.1~0.4	
安装2：调头，夹住 $\phi30_{-0.033}^{0}\text{mm}$ 外圆							
1	1. 粗车右端面、圆锥及 $\phi60_{-0.06}^{0}\text{mm}$ 外圆	T01		600	0.2	2~4	
2	2. 粗车内孔及螺纹底孔	T05		600	0.2	2~4	
3	3. 精车右端面、圆锥及 $\phi60_{-0.06}^{0}\text{mm}$ 外圆	T02		1000	0.1	0.2	
4	4. 精车内孔及螺纹底孔	T06		1000	0.1	0.2	
5	5. 车内螺纹退刀槽	T07	4	400	0.08	4	
6	6. 粗、精车 M24×2-6H 螺纹	T08		350	2	0.1~0.4	
编制		审核	批准	年 月 日		共1页	第1页

表 6-13　螺纹管接头数控加工刀具卡

产品名称或代号		液压管件	零件名称	螺纹管接头	零件图号	002
序号	刀具号	刀具名称及规格	刀具材料或类型	加工表面	刀尖圆弧半径/mm	刀尖方位
1	无	中心钻,A3	高速钢	钻中心孔		
2	无	麻花钻,ϕ12mm	高速钢	钻内孔		
3	T01	外圆粗车刀	可转位式	粗车外圆		
4	T02	外圆精车刀	可转位式	精车外圆	0.2	3
5	T03	外槽车刀,刀头宽度为4mm	可转位式	车外沟槽		
6	T04	外螺纹车刀	可转位式	车外螺纹		
7	T05	内孔粗车刀	可转位式	粗车内孔		
8	T06	内孔精车刀	可转位式	精车内孔		
9	T07	内槽车刀,刀头宽度为4mm	可转位式	车内沟槽		
10	T08	内螺纹车刀	可转位式	车内螺纹		
编制		审核	批准	年　月　日	共　页	第　页

2. 编制程序

（1）加工零件左端外圆、槽及外螺纹程序　工件坐标系原点选择在装夹后零件右端面中心点，外圆用轮廓复合循环指令编程，外螺纹可用 G32、G92、G76 等指令进行编程，此处以 G76 螺纹复合循环指令为参考，参考程序见表 6-14，程序名为"O0062"。

表 6-14　车零件左端轮廓参考程序

程序段号	程序内容	含　义
N10	G40 G99 G80 G21;	设置初始状态
N20	M03 S600 M08;	设置主轴转速,切削液开
N30	T0101;	调用外圆粗车刀
N40	G00 X70.0 Z5.0 F0.2;	刀具移至循环起点
N50	G71 U2.0 R1.0;	设置循环参数,调用循环粗车轮廓指令
N60	G71 P70 Q140 U0.4 W0.1;	
N70	G00 X0;	刀具移至 $X=0$ 处
N80	G01 Z0 F0.1;	刀具切削至端面
N90	X23.8,C1.0;	车端面及倒角
N100	Z−13.95;	车外螺纹底圆
N110	X29.984;	车台阶
N120	Z−24.95;	车 $\phi30_{-0.033}^{\ 0}$ mm 外圆
N130	G03 X39.95 Z−37.0 R20.0;	车圆弧面
N140	G01 X68.0;	刀具沿 X 方向切出
N150	G00 X100.0 Z200.0;	刀具退至换刀点
N160	M03 S1000;	设置钻中心孔转速

（续）

程序段号	程序内容	含　义
N170	M00;	程序停,手动钻中心孔
N180	M03 S500;	设置钻孔转速
N190	M00;	程序停,手动钻φ12mm孔
N200	T0202;	换外圆精车刀
N210	M03 S1000 F0.1;	设置精车外轮廓切削用量
N220	G70 P70 Q140;	调用精车循环指令精车轮廓表面
N230	G00 X100.0 Z200.0;	刀具退至换刀点
N240	M00 M05 M09;	程序停,主轴停,切削液关,测量
N250	T0303;	换外槽车刀
N260	M03 S400 M08;	设置车槽转速,切削液开
N270	G00 X32.0 Z-13.95;	刀具移至螺纹退刀槽处
N280	G01 X20.0 F0.1;	车螺纹退刀槽
N290	G04 X2.0;	槽底暂停2s
N300	G01 X32.0 F0.2;	刀具沿X方向切出
N310	G00 X100.0 Z200.0;	刀具退至换刀点
N320	T0404;	换外螺纹车刀
N330	M03 S350;	车外螺纹,主轴转速为350r/min
N340	G00 X30.0 Z3.0;	车刀移至进刀点
N350	G76 P021160 Q100 R50;	设置螺纹参数,调用螺纹切削复合循环指令车外螺纹
N360	G76 X21.4 Z-11.0 R0 P1300 Q400 F2.0;	
N370	G00 X100.0 Z200.0 M09;	刀具退至换刀点,切削液关
N380	M05;	主轴停
N390	M30;	程序结束

（2）车右端面、圆锥、外圆及内孔、内螺纹程序　工件坐标系原点选择在零件右端面中心点，外圆用轮廓复合循环指令编程，内孔粗车用G90指令编程，车内螺纹用G92指令编程，参考程序见表6-15，程序名"O0162"。

表6-15　车零件右端轮廓参考程序

程序段号	程序内容	含　义
N10	G40 G99 G80 G21;	设置初始状态
N20	M03 S600 M08;	设置主轴转速,切削液开
N30	T0101;	调用外圆粗车刀
N40	G00 X70.0 Z5.0 F0.2;	刀具移动至循环起点
N50	G71 U2.0 R1.0;	设置循环参数,调用循环指令粗车轮廓
N60	G71 P70 Q130 U0.4 W0.1;	
N70	G00 X0;	刀具移至X=0处

（续）

程序段号	程序内容	含　义
N80	G01 Z0 F0.1;	刀具切削至端面
N90	X40.0;	车端面
N100	X45.775 Z-4.95;	车圆锥面
N110	X59.97;	车台阶
N120	Z-16.0;	车 $\phi60_{-0.06}^{0}$mm 外圆
N130	X66.0;	刀具沿 X 方向切出
N140	G00 X100.0 Z200.0;	刀具退至换刀点
N150	T0505;	换内孔粗车刀
N160	M03 S600 F0.2;	设置粗车内孔切削用量
N170	G00 X10.0 Z5.0;	刀具移至循环起点位置
N180	G90 X14.6 Z-54.0;	调用循环粗车 $\phi15_{0}^{+0.043}$mm 内孔
N190	G90 X18.4 Z-19.8;	调用循环第一次粗车内螺纹底孔
N200	G90 X21.6 Z-19.8;	调用循环第二次粗车内螺纹底孔
N210	G00 X100.0 Z200.0;	刀具退至换刀点
N220	T0202;	换外圆精车刀
N230	M03 S1000 F0.1;	设置精车外轮廓切削用量
N240	G70 P70 Q130;	调用精车循环指令精车轮廓表面
N250	G00 X100.0 Z200.0;	刀具退至换刀点
N260	M00 M05 M09;	程序停,主轴停,切削液关,测量
N270	T0606 M03 S1000 F0.1 M08;	换内孔精车刀,设置精车内孔切削用量,切削液开
N280	G00 X28.0 Z1.0;	刀具移至切削起点
N290	G01 X22.0 Z-2.0;	车孔口倒角 C2
N300	G01 Z-20.075;	精车内螺纹底圆
N310	X15.0215;	车内台阶
N320	Z-53.0;	精车 $\phi15_{0}^{+0.043}$mm 内孔
N330	X12.0;	刀具沿 X 方向切出
N340	G00 Z5.0;	刀具沿 Z 方向退出
N350	X100.0 Z200.0;	刀具退至换刀点
N360	M00 M05 M09;	程序停,主轴停,切削液关,测量
N370	T0707;	换内槽车刀
N380	M03 S400 F0.08 M08;	设置车内槽切削用量,切削液开
N390	G00 X10.0 Z5.0;	刀具移至 X=10,Z=5 处
N400	Z-20.075;	刀具移至螺纹退刀槽处
N410	G01 X25.0;	车螺纹退刀槽
N420	G04 X2.0;	槽底暂停 2s
N430	G01 X10.0 F0.2;	刀具沿 X 方向切出

程序段号	程序内容	含　义
N440	G00 Z5.0;	刀具沿 Z 方向退出
N450	G00 X100.0 Z200.0 M09;	刀具退至换刀点
N460	T0808;	换内螺纹车刀
N470	M03 S350 M08;	车内螺纹,主轴转速为350r/min,切削液开
N480	G00 X10.0 Z3.0;	车刀移至进刀点
N490	G92 X22.2 Z−17.5 F2.0;	调用螺纹切削循环第一次车内螺纹
N500	G92 X22.8 Z−17.5 F2.0;	调用螺纹切削循环第二次车内螺纹
N510	G92 X23.4 Z−17.5 F2.0;	调用螺纹切削循环第三次车内螺纹
N520	G92 X23.8 Z−17.5 F2.0;	调用螺纹切削循环第四次车内螺纹
N530	G92 X24.0 Z−17.5 F2.0;	调用螺纹切削循环第五次车内螺纹
N540	G00 X100.0 Z200.0 M09;	刀具退至换刀点,切削液关
N550	M05;	主轴停
N560	M30;	程序结束

3. 加工操作

（1）加工准备

1）开机回机床参考点。建立机床坐标系,使后续的操作有一个基准位置。

2）装夹工件。第一次夹住毛坯外圆,伸出长度为 45mm 左右;第二次调头夹住 $\phi30_{-0.033}^{0}$ mm 外圆,注意此时需进行找正,且不能划伤已加工表面。

3）装夹刀具。本任务共有外圆粗车刀、外圆精车刀、4mm 宽外槽车刀、外螺纹车刀、内孔粗车刀、内孔精车刀、内槽车刀、内螺纹车刀 8 把刀,分别将刀具装夹在 T01、T02、T03、T04 、T05、T06、T07、T08 号刀位;所有刀具刀尖与工件回转中心等高,内、外槽车刀和螺纹车刀刀头严格垂直于工件轴线,中心钻和麻花钻装夹在尾座套筒中,与工件回转中心同轴,若车床刀架数不够,则依次安装用到的刀具,注意刀位号与程序中的编号一致。

4）对刀操作。外圆车刀、内孔车刀、外槽车刀、螺纹车刀、内槽车刀全部采用试切法对刀,对刀步骤同前面任务。

5）输入程序并校验。将"O0062"和"O0162"程序输入机床数控系统;分别调出各程序,设置空运行及仿真,进行程序校验并观察刀具轨迹,程序校验结束后取消空运行等设置。

（2）零件加工

1）加工零件左端外圆、槽及外螺纹,步骤如下:

① 调出"O0062"程序,检查工件、刀具是否按要求夹紧,刀具是否已对刀,给外圆精车刀及外螺纹车刀设置一定的刀具磨损量,用于尺寸控制。

② 选择自动加工方式,调小进给倍率,按数控启动键进行自动加工。加工中观察切削情况,逐步将进给倍率调至适当位置。

③ 程序运行至 N170 段,手动钻中心孔;程序运行至 N190 段,手动钻孔。

④ 程序运行至 N240 段,停机,测量外圆尺寸并进行外圆尺寸控制。

⑤ 程序运行结束后,测量外螺纹尺寸并修调外螺纹车刀的刀具磨损量,进行外螺纹尺

寸控制。

2）车右端面、圆锥、外圆及内孔、内螺纹，步骤如下：

① 调出"O0162"程序，检查工件、刀具是否按要求夹紧，刀具是否已对刀，给外圆精车刀及内螺纹车刀设置一定的刀具磨损量，用于尺寸控制。

② 选择自动加工方式，调小进给倍率，按数控启动键进行自动加工。加工中观察切削情况，逐步将进给倍率调至适当位置。

③ 程序运行至 N260 段，停机，测量外圆尺寸并进行外圆尺寸控制。

④ 程序运行至 N360 段，停机，测量内孔尺寸并进行内孔尺寸控制。

⑤ 程序运行结束后，测量内螺纹尺寸并修调内螺纹车刀的刀具磨损量，重新打开程序，从 N530 段运行内螺纹加工程序，进行尺寸控制。

3）加工结束后及时清扫机床。

检测评分

将学生任务完成情况的检测与评分填入表 6-16 中。

表 6-16　螺纹管接头加工检测评分表

序号	检测项目	检测内容及要求	配分	学生自检	学生互检	教师检测	得分
1	职业素养	文明礼仪	5				
2		安全纪律	10				
3		行为习惯	5				
4		工作态度	5				
5		团队合作	5				
6	工艺制订	1. 选择装夹与定位方式 2. 选择刀具 3. 选择加工路径 4. 选择合理的切削用量	5				
7	程序编制	1. 编程坐标系选择正确 2. 指令使用与程序格式正确 3. 基点坐标正确	10				
8	机床操作	1. 开机前检查、开机、回机床参考点 2. 工件装夹与对刀 3. 程序输入与校验	5				
9	零件加工	$\phi 60_{-0.06}^{0}$ mm	3				
10		$\phi 30_{-0.033}^{0}$ mm	3				
11		$\phi 40_{-0.1}^{0}$ mm	2				
12		$\phi 15_{0}^{+0.043}$ mm	3				
13		52 ± 0.05 mm	3				
14		$14_{-0.1}^{0}$ mm	2				
15		$10_{-0.06}^{0}$ mm	3				
16		$5_{-0.1}^{0}$ mm	3				

（续）

序号	检测项目	检测内容及要求	配分	学生自检	学生互检	教师检测	得分
17	零件加工	$20^{+0.15}_{0}$mm	3				
18		R20mm	3				
19		4mm×ϕ25mm	1				
20		4mm×ϕ20mm	1				
21		11mm、ϕ40mm	1				
22		120°	2				
23		M24×2-6h	5				
24		M24×2-6H	5				
25		$C1$、$C2$	1				
26		表面粗糙度值 Ra1.6μm（2 处）	4				
27		表面粗糙度值 Ra3.2μm	2				
	综合评价						

任务反馈

在任务完成过程中，分析是否出现表 6-17 所列的误差项目，了解其产生原因并提出修正措施。

表 6-17　螺纹管接头加工出现的误差项目、产生原因及修正措施

误差项目	产生原因	修正措施
外圆、内孔直径不正确	1. 精车刀未设置刀具磨损量	
	2. 尺寸控制错误	
	3. 测量错误	
长度尺寸不正确	1. 编程参数设置错误	
	2. 调头装夹工件未找正	
	3. 长度尺寸控制错误	
	4. 测量错误	
螺纹尺寸不正确	1. 刀具角度有误差	
	2. 编程参数错误	
	3. 测量不正确	
	4. 刀具磨损	
螺纹牙侧表面粗糙度超差	1. 切削速度选择不当,产生积屑瘤	
	2. 切削深度大	
	3. 工艺系统刚性不足,引起振动	
	4. 刀具磨损	

数控车削编程与加工（FANUC系统） 第2版

任务拓展

加工图 6-13 所示零件。

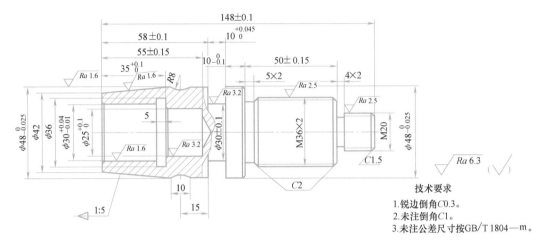

图 6-13　螺纹连接轴零件图

任务拓展实施提示：本零件由外圆柱面、圆弧面、盲孔及内螺纹等构成，尺寸精度及表面质量要求均较高，尤其是内孔的加工较困难，应防止加工中出现干涉现象，其他工艺同本任务。

任务三　　曲面螺纹锥度套件的加工

任务描述

图 6-14 所示的曲面螺纹锥度套件是由两个零件组成的，其装配图如图 6-15 所示。套件主要由外圆、内孔、圆锥、内外槽及内外螺纹面等多个表面构成，且主要表面尺寸精度和表面质量要求均较高，使用 FANUC 0i Mate-TD 系统数控车床完成该套件的加工，材料为 45

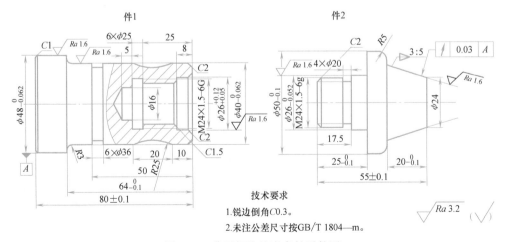

图 6-14　曲面螺纹锥度套件零件图

钢，毛坯为 ϕ55mm×150mm 棒料，加工后效果图如图 6-16 所示。

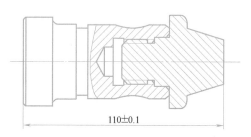

图 6-15　曲面螺纹锥度套件装配图

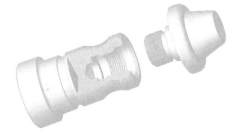

图 6-16　曲面螺纹锥度套件三维效果图

知识目标

- 1. 能识读曲面螺纹锥度套件零件图
- 2. 掌握有配合要求的套件加工工艺的制订方法
- 3. 会编制曲面螺纹锥度套件的加工程序

技能目标

- 1. 了解对刀仪种类及自动对刀方法
- 2. 会加工曲面螺纹锥度套件并达到一定精度要求

知识准备

这类有配合要求的套件加工常出现在技能大赛试题和生产实际中，加工中除考虑各表面加工工艺外，还需考虑配合面加工及装配后技术要求如何保证等工艺问题。

1. 配合面的加工工艺

有配合要求的套件，其配合面常有内、外圆柱（锥）面配合，内、外螺纹配合，内、外成形面配合等，加工中应根据套件表面构成要素和技术要求拟订加工工艺，同时考虑有配合要求表面的配合加工问题，统筹考虑各表面粗、精加工次序，且一般原则是先终加工有配合要求的内表面，再以内表面为基准终加工相配合的外表面。

2. 装配后技术要求的保证方法

有配合要求的套件通常有 2 件套、3 件套、4 件套等，各套件配合后的技术要求有装配后的总长要求（图 6-15），装配间隙及装配后相关表面的位置精度要求等（图 6- 17 和图 6-22）。这类技术要求需要在各套件加工完毕组装后，以设计基准为定位基准精加工被加工表面来保证。例如图 6-17所示的套件加工，在加工时应控制件 2 与件1、件 2 与件 3 配合面的配合间隙，而总长度及径向圆跳动公差要求则需要在件 1、2、3加工完成并组装后再夹住件 2 外圆面，车削

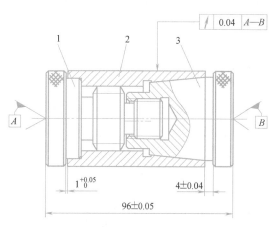

图 6-17　配合套件表面径向圆跳动公差要求

端面控制总长，最后将组合件用两顶尖装夹，精车件2外圆保证径向圆跳动精度。

3. 自动对刀

自动对刀又称刀具检测功能，能够极其准确地检测刀具坐标，还能在加工过程中自动检测刀具的磨损或破损并报警或补偿，从而缩短刀具调节与设置时间，大大提高生产率，是数控加工技术发展的方向之一。

自动对刀的原理是利用数控系统自动精确地测量出刀具两个坐标方向的长度，自动修正刀具补偿值，并直接加工零件。自动对刀主要通过各种自动对刀仪实现。自动对刀仪有接触式和非接触式两大类。

（1）接触式自动对刀仪　接触式自动对刀仪的核心部件由一个高精度的开关（测头）、一个高硬度、高耐磨的硬质合金四面体对刀探针和一个信号传输接口器组成，四面体探针用于与刀具进行接触。如图6-18和图6-19所示，刀尖随刀架向已设定了位置的接触传感器缓缓行进并与之接触，随之触动高精度开关（测头）并发出电信号，数控系统立即记下该瞬间的坐标值，接着将此值与设定值比较，并自动修正刀具补偿值。

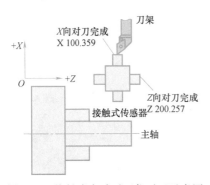

图6-18　接触式自动对刀仪对刀示意图

图6-19　接触式自动对刀仪实物图

（2）非接触式自动对刀仪　非接触式自动对刀仪又称激光对刀仪，其工作原理是采用穿过机床加工区域的激光束来对刀具进行检测和调整。系统激光发射器和接收器安装在机床床身上或床身的两侧，激光束穿过机床加工区域，照射到接收器上。当刀具穿过激光束时，照射到接收器上的光束亮度将发生变化，从而产生一个触发信号，通过这个触发信号锁存机床当时的位置，由此获得刀具的几何尺寸（长度和直径），如图6-20所示。

图6-20　激光对刀仪对刀

非接触式自动对刀仪提供了快速精确及灵活的工具尺寸控制手段，使加工过程自动化程度大大提高，但因其设备复杂、造价较高，主要用于高速加工中心。

任务实施

曲面螺纹锥度套件由外圆、端面、槽、圆锥、内外螺纹等表面构成，主要表面尺寸精度和表面质量要求较高，各表面加工工艺与前面任务基本相同，不同的是由于有配合要求及配合后总长度要求及径向圆跳动公差要求，两套件各表面粗、精加工需注意先后次序问题。

1. 工艺分析

（1）编程参数的计算　件2外圆锥面需计算圆锥大端直径才能编程，计算方法：$D = d + LC = 24\text{mm} + 20\text{mm} \times 0.6 = 36\text{mm}$。

M24×1.5-6G/6g内、外螺纹编程参数计算结果见表6-18。

表6-18　内、外螺纹编程参数计算结果

螺纹代号	螺纹牙型高度	螺纹小径	外螺纹底圆直径	内螺纹底孔直径
M24×1.5-6G/6g	$h_{1实} = 0.65P$ $= 0.65 \times 1.5\text{mm}$ $= 0.975\text{mm}$	$(d_1)D_{1实} = D - 2h_{1实} = D - 1.3P$ $= 24\text{mm} - 1.3 \times 1.5\text{mm}$ $= 22.05\text{mm}$	$d_圆 = d - 0.1P =$ $24\text{mm} - 0.15\text{mm}$ $= 23.85\text{mm}$	$D_圆 = D - P$ $= 24\text{mm} - 1.5\text{mm}$ $= 22.5\text{mm}$

（2）刀具的选择　粗、精加工外轮廓用90°外圆车刀；车槽用切槽刀；外螺纹用外螺纹车刀加工，内螺纹用内螺纹车刀加工，内孔表面加工还用到中心钻、麻花钻、内孔车刀、内槽车刀等；件1外轮廓表面具有凹圆弧面，所选外圆车刀副偏角应足够大，防止副切削刃与凹槽表面发生干涉，具体刀具规格见表6-19。

表6-19　曲面螺纹锥度套件（2件）数控加工刀具卡

产品名称或代号		曲面螺纹锥度套件	零件名称	件1、件2	零件图号	SKC6-14
序号	刀具号	刀具名称及规格	刀具材料或类型	加工表面	刀尖圆弧半径/mm	刀尖方位
1	T01	90°硬质合金粗车刀	可转位式	粗车外轮廓	0.4	3
2	T02	90°硬质合金精车刀	可转位式	精车外轮廓	0.2	3
3	T03	硬质合金外槽车刀	可转位式	切槽、切断	刀头宽度为4mm	
4	T04	60°硬质合金外螺纹车刀	可转位式	车外螺纹		
5		A2中心钻	高速钢	钻A2中心孔	安装在尾座内	
6		φ16mm麻花钻	高速钢	钻φ16mm孔	安装在尾座内	
7	T05	盲孔粗车刀φ16mm×30mm	可转位式	粗车内孔	0.4	2
8	T06	盲孔精车刀φ16mm×30mm	可转位式	精车内孔	0.2	2
9	T07	硬质合金内槽车刀φ16mm×30mm	可转位式	车内沟槽	刀头宽度为4mm	
10	T08	60°硬质合内螺纹车刀φ16mm×30mm	可转位式	车内螺纹		
编制		审核	批准		共1页	第1页

（3）量具的选择　外圆直径用外径千分尺测量，长度用游标卡尺测量，圆弧表面用半径样板测量，内孔用内径千分尺测量，外螺纹用螺纹环规检测，内螺纹由外螺纹试配加工，表面粗糙度用粗糙度样板比对。

（4）零件加工工艺路线的制订　件1、件2交替粗、精加工，因件2的$\phi 50_{-0.1}^{0}$mm外圆长度较短，装夹困难，故先终加工件2左端轮廓，然后粗、精加工件1，最后将件2拧紧在件1上，粗、精加工件2右端轮廓，同时保证圆锥面对$\phi 48_{-0.062}^{0}$mm外圆轴线的径向圆跳动公差要求及总长度尺寸要求。按单件生产安排工艺，参考工艺过程如下：

1）夹住件2右端毛坯外圆。

①车左端面。

② 粗、精车外轮廓。

③ 切槽。

④ 粗、精加工外螺纹。

2）夹住件 1 左端毛坯外圆。

① 车右端面。

② 钻中心孔、钻孔（手动）。

③ 粗车外轮廓。

④ 粗车内孔。

3）调头，夹住件 1 右端 $\phi 40_{-0.062}^{0}$ mm 外圆，粗、精车件 1 左端轮廓。

① 粗、精车左端面。

② 粗、精车 $\phi 48_{-0.062}^{0}$ mm 外圆及倒角 $C1$。

4）调头，夹住件 1 左端 $\phi 48_{-0.062}^{0}$ mm 外圆，精车件 1 右端内外轮廓。

① 精车右端面及 $\phi 40_{-0.062}^{0}$ mm 外圆。

② 粗、精车外沟槽。

③ 精车内孔。

④ 粗、精车内沟槽。

⑤ 粗、精车内螺纹。

5）将件 2 旋紧在件 1 上。

① 车件 2 右端面（手动），控制总长。

② 粗、精车圆锥和外圆。

具体工序内容见数控加工工序卡（表 6-20～表 6-23）。

（5）切削用量的选择 各表面切削用量的选择参考前面任务，将件 2 旋紧在件 1 上加工时，切削用量选择较小值，具体数值见数控加工工序卡。

（6）曲面螺纹锥度套件数控加工工序卡 本任务数控加工工序卡以各个安装为单元编制。

1）夹住件 2 右端毛坯外圆，加工件 2 左端轮廓，数控加工工序卡见表 6-20。

表 6-20 件 2 左端轮廓数控加工工序卡

单位名称		实习工厂	产品名称及代号		零件名称		零件图号
			曲面螺纹锥度套件		件 2		SKC6-14
工序号		程序编号	夹具名称	使用设备	数控系统		车间
001		O0631	自定心卡盘	CK6140	FANUC 0i Mate-TD		实习车间
工步号	工步内容			刀具号	主轴转速 n/(r/min)	进给量 f/(mm/r)	背吃刀量 a_{p}/mm	备注
1	车端面			T01	600	0.2	1.5	自动
2	粗加工外轮廓,留 0.2mm 精加工余量			T01	600	0.2	1.5	自动
3	精加工外轮廓至尺寸			T02	1000	0.1	0.2	自动
4	车 4mm×ϕ20mm 外沟槽			T03	400	0.08	4	自动
5	粗、精车 M24×1.5-6g 外螺纹至尺寸			T04	350	1.5	0.05～0.4	自动
编制		审核		批准		共 4 页	第 1 页

2）夹住件 1 左端毛坯外圆，粗加工件 1 右端轮廓，数控加工工序卡见表 6-21。

表 6-21 件 1 右端轮廓粗加工数控加工工序卡

单位名称	实习工厂	产品名称及代号		零件名称		零件图号
		曲面螺纹锥度套件		件 1		SKC6-14
工序号	程序编号	夹具名称	使用设备	数控系统		车间
002	O0632	自定心卡盘	CK6140	FANUC 0i Mate-TD		实习车间
工步号	工步内容	刀具号	主轴转速 $n/(\text{r/min})$	进给量 $f/(\text{mm/r})$	背吃刀量 a_p/mm	备注
1	车端面	T01	600	0.2	1.5	手动
2	钻中心孔		1000	0.1	1.5	手动
3	钻孔		300	0.05	8	手动
4	粗加工外轮廓，留 0.3mm 精加工余量	T01	600	0.2	1.5	自动
5	粗车内孔，留 0.3mm 精加工余量	T05	600	0.2	1.5	自动
编制		审核	批准		共 4 页	第 2 页

3）调头，夹住件 1 右端 $\phi40_{-0.062}^{0}$mm 外圆，粗、精车件 1 左端轮廓，数控加工工序卡见表 6-22。

表 6-22 粗、精车件 1 左端轮廓数控加工工序卡

单位名称	实习工厂	产品名称及代号		零件名称		零件图号
		曲面螺纹锥度套件		件 1		SKC6-14
工序号	程序编号	夹具名称	使用设备	数控系统		车间
003	O0633	自定心卡盘	CK6140	FANUC 0i Mate-TD		实习车间
工步号	工步内容	刀具号	主轴转速 $n/(\text{r/min})$	进给量 $f/(\text{mm/r})$	背吃刀量 a_p/mm	备注
1	车端面	T01	600	0.2	1.5	自动
2	粗加工外轮廓，留 0.2mm 精加工余量	T01	600	0.2	1.5	自动
3	精加工外轮廓至尺寸	T02	1000	0.1	0.2	自动
编制		审核	批准		共 4 页	第 3 页

4）夹住件 1 左端 $\phi48_{-0.062}^{0}$mm 外圆，精加工件 1、件 2 右端轮廓，数控加工工序卡见表 6-23。

表 6-23 件 1、件 2 右端轮廓数控加工工序卡

单位名称	实习工厂	产品名称及代号		零件名称		零件图号
		曲面螺纹锥度套件		件 1、件 2		SKC6-14
工序号	程序编号	夹具名称	使用设备	数控系统		车间
004	O0634、O0635	自定心卡盘	CK6140	FANUC 0i Mate-TD		实习车间
工步号	工步内容	刀具号	主轴转速 $n/(\text{r/min})$	进给量 $f/(\text{mm/r})$	背吃刀量 a_p/mm	备注
1	精车右端面及 $\phi40_{-0.062}^{0}$mm 外圆	T02	1000	0.1	0.3	自动
2	粗、精车外沟槽	T03	400	0.08	1~4	自动

（续）

工步号	工步内容	刀具号	主轴转速 n/(r/min)	进给量 f/(mm/r)	背吃刀量 a_p/mm	备注
3	精车内孔	T06	1000	0.1	0.3	自动
4	粗、精车内沟槽	T07	400	0.08	1~4	自动
5	粗、精车 M24×1.5-6G 内螺纹	T08	350	1.5	0.05~0.4	自动
将件2旋紧在件1上,加工件2右端轮廓						
6	车件2右端面,控制总长	T01	600	0.15	1.0	手动
7	粗车件2右端轮廓	T01	600	0.15	1.0	自动
8	精车件2右端轮廓	T02	1000	0.08	0.2	自动
编制		审核	批准		共4页	第4页

2. 编制程序

件1、件2零件左、右轮廓表面以安装为单元分别编写加工程序，刀具分别进行对刀，参考程序如下：

（1）夹住件2毛坯外圆，加工件2左端轮廓　参考程序见表6-24，程序名为"O0631"。

表 6-24　件2左端轮廓参考程序

程序段号	程序内容	含　义
N10	G40 G99 G80 G21;	设置初始状态
N20	M03 S600 F0.2 T0101 M08;	设置加工参数
N30	G00 X60.0 Z5.0;	刀具移至循环起点
N40	G71 U1.5 R0.5;	调用毛坯外圆循环指令,设置加工参数
N50	G71 P60 Q130 U0.4 W0.1;	
N60	G01 X0;	轮廓精加工程序段
N70	Z0;	
N80	X19.85;	
N90	X23.85 Z-2.0;	
N100	Z-17.5;	
N110	X25.974;	
N120	Z-24.95;	
N130	X56.0;	
N140	G00 X100.0 Z200.0;	刀具退至换刀点
N150	M00 M05 M09;	程序停、主轴停、切削液关,测量
N160	T0202;	换外圆精车刀
N170	M03 S1000 M08 F0.1;	设置精车参数
N180	G70 P60 Q130;	调用精加工循环指令
N190	G00 X100 Z200;	刀具退至换刀点
N200	M00 M05 M09;	程序停、主轴停、切削液关,测量
N210	T0303;	换外槽车刀

（续）

程序段号	程序内容	含 义
N220	M3 S400 M08；	主轴转速为400r/min
N230	G00 X28.0 Z-17.5；	刀具移至X=28，Z=-17.5处
N240	G01 X20.0 F0.08；	切槽
N250	G04 X2.0；	槽底停留2s
N260	G01 X30.0；	刀具沿X方向切出
N270	G00 X100.0 Z200.0；	刀具退至换刀点
N280	T0404；	换外螺纹车刀
N290	M03 S350；	主轴转速为350r/min
N300	G00 X30.0 Z5.0；	刀具移至螺纹复合循环起点
N310	G76 P011160 Q100 R50；	调用螺纹加工循环指令,设置螺纹加工参数
N320	G76 X22.05 Z-14 R0 P975 Q400 F1.5；	
N330	G00 X100.0 Z200.0；	刀具退至换刀点
N340	M05 M09；	主轴停,切削液关
N350	M30；	程序结束

（2）夹住件1毛坯外圆，粗加工件1右端内、外轮廓 参考程序见表6-25，程序名为"O0632"。在自动加工前，手动车端面，手动钻中心孔及钻孔等工序不需要编程。

表6-25 粗加工件1右端内、外轮廓参考程序

程序段号	程序内容	含 义
N10	G40 G99 G80 G21；	设置初始状态
N20	M03 S600 F0.2 T0101 M08；	设置加工参数
N30	G00 X60.0 Z5.0；	刀具移至循环起点
N40	G71 U1.5 R0.5；	调用毛坯外圆循环指令,设置加工参数
N50	G71 P60 Q110 U0.6 W0.3；	
N60	G01 X0；	
N70	Z0；	
N80	X35.969；	
N90	X39.969 Z-2.0；	轮廓精加工程序段
N100	Z-63.95,R3.0；	
N110	X54.0；	
N120	G00 X44.0 Z-10.3；	刀具移至X=44，Z=-10.3处
N130	G01 X40.6 F0.2；	进刀至X=40.6，Z=-10.3处
N140	G02 Z-29.7 R25.0；	粗加工凹圆弧余量
N150	G01 X44.0；	刀具沿X方向切出
N160	G00 X100.0 Z200.0；	刀具退至换刀点

（续）

程序段号	程序内容	含　义
N170	T0505;	换内孔粗车刀
N180	M03 S600;	主轴转速为600r/min
N190	G00 X10.0 Z5.0;	刀具移至循环起点
N200	G71 U1.5 R0.5;	设置孔加工循环参数,调用孔加工循环指令
N210	G71 P220 Q290 U-0.6 W0.3;	
N220	G01 X30.085;	内轮廓精加工程序段
N230	Z0;	
N240	X26.085 Z-2.0;	
N250	Z-8.0;	
N260	X25.5;	
N270	X22.5 Z-9.5;	
N280	Z-31.0;	
N290	X15.5;	
N300	G00 Z5.0;	刀具沿 Z 方向切出
N310	X100.0 Z200.0;	刀具返回
N320	M05 M09;	主轴停,切削液关
N330	M30;	程序结束

（3）夹住件1右端 $\phi40_{-0.062}^{0}$ mm外圆，粗、精车件1左端轮廓　参考程序见表6-26，程序名为"O0633"。

表6-26　粗、精车件1左端轮廓参考程序

程序段号	程序内容	含　义
N10	G40 G99 G80 G21;	设置初始状态
N20	M03 S600 F0.2 T0101 M08;	设置加工参数
N30	G00 X56.0 Z5.0;	刀具移至循环起点
N40	G90 X48.4 Z-18.0 F0.2;	调用轮廓单一循环指令,粗车 $\phi48_{-0.062}^{0}$ mm外圆
N50	G00 X100.0 Z200.0;	刀具返回
N60	T0202;	换外圆精车刀
N70	M03 S1000 F0.1;	设置精车参数
N80	G00 X0 Z5.0;	刀具移至进刀点
N90	G01 Z0;	车削至工件端面
N100	X47.969,C1;	车端面并倒角 C1
N110	Z-18.0;	精车外圆
N120	X56.0;	刀具沿 X 方向切出
N130	G00 X100.0 Z200.0;	刀具退至换刀点
N140	M05 M09;	主轴停,切削液关
N150	M30;	程序结束

（4）夹住件 1 左端 $\phi 48_{-0.062}^{0}$ mm 外圆，加工件 1、件 2 右端轮廓　参考程序见表 6-27 和表 6-28，程序名分别为"O0634""O0635"。

表 6-27　精加工件 1 右端轮廓参考程序

程序段号	程序内容	含　义
N10	G40 G99 G80 G21；	设置初始状态
N20	M03 S1000 F0.1 T0202；	设置精车外圆加工参数
N30	G00 X0 Z5.0；	刀具移至切削起点
N40	G01 Z0；	车削至工件端面
N50	X35.969；	精车外轮廓
N60	X39.969 Z-2；	
N70	Z-10.0；	
N80	G02 Z-30.0 R25；	
N90	G01 Z-63.95,R3；	
N100	X54.0；	
N110	G00 X100.0 Z200.0；	刀具退至换刀点
N120	M00 M05 M09；	程序停，主轴停，切削液关，测量
N130	T0303；	换外槽车刀
N140	M03 S400 M08；	设置车槽参数
N150	G00 X44.0 Z-49.8；	刀具移至 $X=44$,$Z=-49.8$ 处
N160	G01 X36.3 F0.08；	车槽
N170	G01 X44.0；	刀具沿 X 方向切出
N180	G00 Z-48.0；	刀具沿 Z 方向移至 $Z=-48$ 处
N190	G01 X36.0；	车槽右侧
N200	G04 X2.0；	槽底停留 2s
N210	G01 Z-50.0；	车槽底
N220	X44.0；	车槽左侧，同时刀具沿 X 方向切出
N230	G00 X100.0 Z200.0；	刀具退至换刀点
N240	T0606；	换内孔精车刀
N250	M03 S1000 F0.1；	设置精车内孔参数
N260	G00 X30.085 Z5.0；	刀具移至进刀点
N270	G01 Z0；	精车内轮廓表面
N280	X26.085 Z-2.0；	
N290	Z-8.0；	
N300	X25.5；	
N310	X22.5 Z-9.5；	
N320	Z-31.0；	
N330	X15.5；	

（续）

程序段号	程 序 内 容	含 义
N340	G00 Z5.0;	刀具沿 Z 方向切出
N350	G00 X100.0 Z200.0;	刀具退至换刀点
N360	M00 M05 M09;	程序停,主轴停,切削液关,测量
N370	T0707;	换内槽车刀
N380	M03 S400 M08;	主轴转速为 400r/min,切削液开
N390	G00 X15.0 Z5.0;	刀具移至 X15 处
N400	G01 Z-30.8 F0.3;	刀具移至 Z=-30.8 处
N410	X25.2 F0.08;	车内沟槽
N420	G01 X15.0;	刀具沿 X 方向退至 X=15 处
N430	G00 Z-29.0;	刀具沿 Z 方向移至 Z=-29 处
N440	G01 X25.0;	车槽右侧
N450	G04 X2.0;	槽底停留 2s
N460	G01 Z-31.0;	车槽底
N470	X15.0;	车槽左侧,同时刀具沿 X 方向退至 X=15
N480	G00 Z200.0;	刀具沿 Z 方向切出
N490	X100.0;	刀具沿 X 方向返回
N500	T0808;	换内螺纹车刀
N510	G00 X15.0 Z5.0;	螺纹加工循环起点
N520	G76 P011160 Q100 R50;	调用螺纹加工循环指令,设置螺纹加工参数
N530	G76 X24 Z-25 R0 P975 Q400 F1.5;	
N540	G00 Z5.0;	刀具沿 Z 方向切出
N550	X100.0 Z200.0;	刀具返回
N560	M05 M09;	主轴停,切削液关
N570	M30;	程序结束

当件1右端轮廓加工完毕后不拆下工件,直接将件2拧紧在件1上,刀具重新对刀,手动加工件2右端面,控制总长,再运行程序 O0635,粗、精加工件2右端轮廓。

表 6-28 粗、精加工件 2 右端轮廓参考程序

程序段号	程 序 内 容	含 义
N10	G40 G99 G80 G21;	设置初始状态
N20	M03 S600 F0.15 T0101 M08;	设置粗车外圆加工参数
N30	G00 X60.0 Z5.0;	刀具移至循环起点
N40	G71 U1.0 R0.5;	调用轮廓循环指令,粗车右端轮廓
N50	G71 P60 Q110 U0.4 W0.2;	
N60	G00 X24.0 Z5.0;	车外轮廓子程序段
N70	G01 Z0;	

（续）

程序段号	程序内容	含　义
N80	X36.0 Z-19.95;	车外轮廓子程序段
N90	X49.95,R5;	
N100	Z-32.0;	
N110	X54.0;	
N120	G00 X100.0 Z200.0;	刀具退至换刀点
N130	M00 M05 M09;	程序停,主轴停,切削液关,测量
N140	T0202;	换外圆精车刀
N150	M03 S1000 M08 F0.08;	设置精车参数
N160	G70 P60 Q110;	调用轮廓循环指令,精车右端轮廓
N170	G00 X100.0 Z200.0;	刀具退至换刀点
N180	M05 M09;	主轴停,切削液关
N190	M30;	程序结束

3. 加工操作

（1）加工准备

1）开机回机床参考点。建立机床坐标系，使后续操作有一个基准位置。

2）装夹工件。第一次夹住件2毛坯外圆，伸出长度为30mm左右；第二次夹住件1毛坯外圆，伸出长度为70mm左右；第三次调头夹住件1右端$\phi40_{-0.062}^{0}$mm外圆，伸出长度为20mm左右；第四次夹住件1左端$\phi48_{-0.062}^{0}$mm外圆，此时需进行找正，且不能划伤已加工表面。

3）装夹刀具。本任务共有外圆粗车刀、外圆精车刀、外槽车刀、外螺纹车刀、内孔粗车刀、内孔精车刀、内槽车刀、内螺纹车刀8把刀，分别将刀具装夹在T01、T02、T03、T04、T05、T06、T07、T08号刀位；所有刀具刀尖与工件回转中心等高，切槽刀和螺纹车刀刀头严格垂直于工件轴线，中心钻和麻花钻装夹在尾座套筒中，与工件回转中心同轴，若车床刀架数不够，则依次安装用到的刀具，注意刀位号与程序中的编号一致。

4）对刀操作。外圆车刀、内孔车刀、切槽刀、螺纹车刀全部采用自动对刀方法，若无条件则继续采用试切法对刀，对刀步骤同前面任务。

5）输入程序并校验。将"O0631""O0632""O0633""O0634""O0635"程序输入机床数控系统，分别调出各程序，设置空运行及仿真，校验程序并观察刀具轨迹，程序校验结束后取消空运行等设置。

（2）零件加工

1）粗、精加工件2左端外圆、槽及外螺纹，步骤如下：

① 调出"O0631"程序，检查工件、刀具是否按要求夹紧，刀具是否已对刀，给外圆精车刀及外螺纹车刀设置一定的刀具磨损量，用于尺寸控制。

② 选择自动加工方式，调小进给倍率，按数控启动键进行自动加工。加工中观察切削情况，逐步将进给倍率调至适当位置。

③ 程序运行至N150段，停车测量外圆尺寸并调整外圆精车刀的刀具磨损量。

④ 程序运行至 N200 段，停车测量外圆尺寸并重新打开程序，从 N160 段运行，进行尺寸控制。

⑤ 程序运行结束后，测量外螺纹尺寸并修调外螺纹车刀的刀具磨损量，重新打开程序，从 N280 段运行程序，进行外螺纹尺寸控制。

2）粗加工件 1 右端内、外轮廓，步骤如下：

① 通过对刀手动车件 1 右端面后，手动钻中心孔、钻孔。

② 调出"O0632"程序，检查工件、刀具是否按要求夹紧，刀具是否已对刀，给外圆粗车刀及内孔粗车刀设置一定的刀具磨损量。

③ 选择自动加工方式，调小进给倍率，按数控启动键进行自动加工。加工中观察切削情况，逐步将进给倍率调至适当位置。

④ 程序运行结束后，测量内、外圆尺寸，确定精加工余量是否足够。

3）粗、精加工件 1 左端轮廓，步骤如下：

① 调出"O0633"程序，检查工件、刀具是否按要求夹紧，刀具是否已对刀，给外圆精车刀设置一定的刀具磨损量。

② 选择自动加工方式，调小进给倍率，按数控启动键进行自动加工。加工中观察切削情况，逐步将进给倍率调至适当位置。

③ 程序运行结束后，测量外圆尺寸并修调外圆精车刀的刀具磨损量，重新打开程序，从 N60 段运行精加工程序，进行尺寸控制。

4）精加工件 1 右端内、外轮廓及粗、精加工件 2 右端外轮廓，步骤如下：

① 调出"O0634"程序，检查工件、刀具是否按要求夹紧，刀具是否已对刀，给外圆精车刀及内孔精车刀设置一定的刀具磨损量。

② 选择自动加工方式，调小进给倍率，按数控启动键进行自动加工。加工中观察切削情况，逐步将进给倍率调至适当位置。

③ 程序运行至 N120 段，停车测量外圆尺寸并重新运行程序，进行外圆尺寸控制。

④ 程序运行至 N360 段，停车测量内孔尺寸并重新打开程序，从 N240 段运行，进行内孔尺寸控制。

⑤ 程序运行结束后，测量内螺纹尺寸并修调内螺纹车刀的刀具磨损量，重新打开程序，从 N500 段运行螺纹加工程序，进行尺寸控制，此时可以用件 2 已加工好的外螺纹进行配作。

⑥ 件 1 右端轮廓精加工完毕后，零件不取下来，将件 2 拧紧在件 1 上，将 T01、T02 外圆粗、精车刀重新对刀（以装配后件 2 右端面中心点为工件坐标系原点）。

⑦ 手动车端面，控制总长。

⑧ 打开并运行"O0635"程序，自动加工件 2 右端轮廓。

⑨ 程序运行至 N130 段，停车测量外圆尺寸并调整外圆精车刀的刀具磨损量。

⑩ 程序运行结束后，测量外轮廓尺寸，重新打开程序，从 N140 段运行，进行尺寸控制。

5）加工结束后及时清扫机床。

检测评分

将学生任务完成情况的检测与评分填入表 6-29 中。

表 6-29　曲面螺纹锥度套件加工检测评分表

序号	检测项目	检测内容及要求	配分	学生自检	学生互检	教师检测	得分
1	职业素养	文明礼仪	2				
2		安全纪律	6				
3		行为习惯	2				
4		工作态度	2				
5		团队合作	2				
6	工艺制订	1. 选择装夹与定位方式 2. 选择刀具 3. 选择加工路径 4. 选择合理的切削用量	2				
7	程序编制	1. 编程坐标系选择正确 2. 指令使用与程序格式正确 3. 基点坐标正确	5				
8	机床操作	1. 开机前检查、开机、回机床参考点 2. 工件装夹与对刀 3. 程序输入与校验	3				
9	零件加工 (件1)	$\phi48_{-0.062}^{0}$mm	3				
10		$\phi40_{-0.062}^{0}$mm	3				
11		$\phi26_{+0.05}^{+0.12}$mm	3				
12		$\phi16$mm	1				
13		80 ± 0.1mm	2				
14		$64_{-0.1}^{0}$mm	2				
15		50mm、20mm、10mm、8mm、25mm、5mm	3				
16		$R25$mm	2				
17		$R3$mm	2				
18		M24×1.5-6G	4				
19		6mm×$\phi36$mm	2				
20		6mm×$\phi25$mm	2				
21		$C2$(2处)	1				
22		$C1.5$	0.5				
23		$C1$	0.5				
24		表面粗糙度值 $Ra1.6\mu$m(3处)	4.5				
25		表面粗糙度值 $Ra3.2\mu$m	2				
26	零件加工 (件2)	$\phi50_{-0.1}^{0}$mm	3				
27		$\phi26_{-0.052}^{0}$mm	3				
28		3∶5圆锥	3				
29		$\phi24$mm	1				
30		55 ± 0.1mm	2				
31		$25_{-0.1}^{0}$mm	2				

（续）

序号	检测项目	检测内容及要求	配分	学生自检	学生互检	教师检测	得分
32	零件加工（件2）	$20_{-0.1}^{0}$ mm	2				
33		17.5mm	1				
34		M24×1.5-6g	4				
35		4mm×ϕ20mm	2				
36		R5mm	2				
37		表面粗糙度值 Ra1.6μm（2处）	3				
38		表面粗糙度值 Ra3.2μm	2				
39		C2	0.5				
40	装配	两件配合	3				
41		⌯ 0.03 A	3				
42		110mm±0.1mm	2				
综合评价							

任务反馈

在任务完成过程中，分析是否出现表 6-30 所列的误差项目，了解其产生原因并提出修正措施。

表 6-30　曲面螺纹锥度套件加工中出现的误差项目、产生原因及修正措施

误差项目	产生原因	修正措施
外圆、内孔直径不正确	1. 精车刀未设置刀具磨损量	
	2. 尺寸控制错误	
	3. 测量错误	
长度尺寸不正确	1. 编程参数设置错误	
	2. 调头装夹工件未找正	
	3. 长度尺寸控制错误	
	4. 测量错误	
螺纹尺寸不正确	1. 刀具角度有误差	
	2. 编程参数错误	
	3. 测量不正确	
	4. 刀具磨损	
螺纹牙侧表面粗糙度值超差	1. 切削速度选择不当,产生积屑瘤	
	2. 切入深度大	
	3. 工艺系统刚性不足,引起振动	
	4. 刀具磨损	
两件不能旋合或装配后技术要求达不到	1. 加工内螺纹时切入量大	
	2. 加工内螺纹时未配作	
	3. 两件未旋合加工件2右端面	

任务拓展

加工图 6-21 和图 6-22 所示锥面螺纹套件。

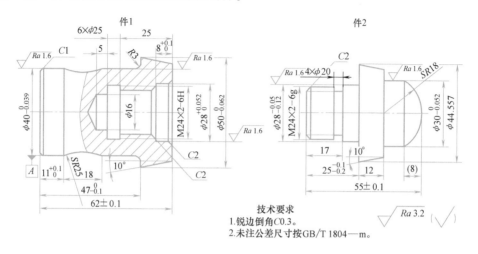

图 6-21 锥面螺纹套件零件图

技术要求
1. 锐边倒角C0.3。
2. 未注公差尺寸按GB/T 1804—m。

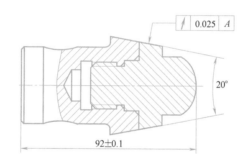

图 6-22 锥面螺纹套件装配图

任务拓展实施提示：本套件由外圆柱面、圆弧面、盲孔及内螺纹等构成，尺寸精度及表面质量要求均较高，尤其是两件配合后有总长度尺寸要求和锥面要求，且锥面对基准 A 还有径向圆跳动公差要求，需将件 2 旋紧在件 1 上加工两件的锥面，其他工艺同本任务。

任务四　圆头电动机轴的 CAD/CAM 加工

任务描述

图 6-23 所示为圆头电动机轴，由外圆面、端面、圆锥面、圆弧面、槽及外螺纹构成，外圆柱（锥）及螺纹精度要求较高，试用 CAXA 2020 数控车软件完成电动机轴的编程与加工，材料为 45 钢，毛坯为 ϕ30mm 棒料，加工后的三维效果图如图 6-24 所示。

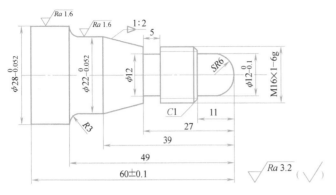

技术要求
1. 锐边倒角C0.3。
2. 未注公差尺寸按GB/T 1804—m。

图 6-23　圆头电动机轴零件图　　　　　图 6-24　圆头电动机轴三维效果图

知识目标

- 1. 了解 CAD/CAM 基础知识
- 2. 了解 CAD/CAM 加工过程
- 3. 掌握数控车床上程序的各种输入方法

技能目标

- 1. 会进行数控车床及通信软件参数设置
- 2. 会传输数控程序并对输入的程序进行编辑
- 3. 会进行数控车床 CAD/CAM 加工

知识准备

随着科技的进步，CAD/CAM（计算机辅助设计/计算机辅助制造）技术的应用越来越普遍，尤其是由非圆曲线构成的回转体，其手工编程相当困难，但采用 CAD/CAM 技术加工则非常方便。常用的 CAD/CAM 软件有 UG、Creo、Mastercam 及国产软件 CAXA 等，本任务以 CAXA 2020 数控车软件为例介绍 CAD/CAM 加工过程。

CAXA 2020 数控车软件是北京数码大方科技有限公司出品、具有自主知识产权的国产优秀软件，其页面与 CAXA 电子图板相近且兼容，不同之处在于工具栏多一列"数控车"菜单，且增加了"管理树"内容，如图 6-25 所示。CAXA 2020 数控车软件能实现的主要操作有以下几方面。

1. 创建刀具

单击"数控车"菜单下的"创建刀具"子菜单，弹出"创建刀具"对话框，可进行"轮廓车刀""切削用量"等设置，并将新增刀具添加至刀具库中，如图 6-26 所示。

2. 车削粗加工

单击"数控车"菜单下的"车削粗加工"子菜单，弹出"创建：车削粗加工"对话

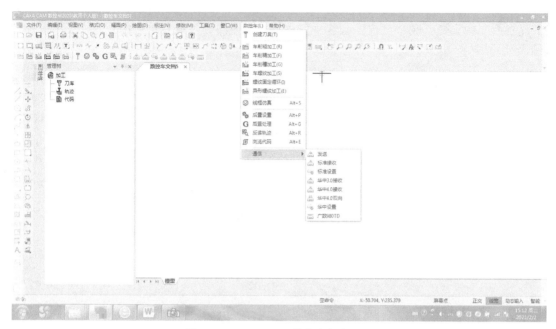

图 6-25 CAXA 2020 数控车软件页面

框，可进行"加工参数""进退刀方式""刀具参数""几何"等设置，如图 6-27 所示。其中，切削用量在"刀具参数"中设置，在"几何"设置中可进行工件轮廓曲线、毛坯轮廓和进退刀点的选择。

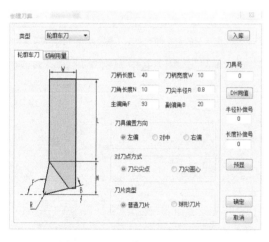

图 6-26 "创建刀具"对话框

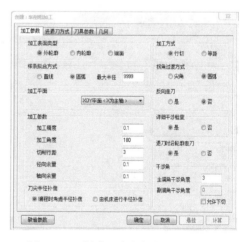

图 6-27 "创建：车削粗加工"对话框

3. 车削精加工

单击"数控车"菜单下的"车削精加工"子菜单，弹出"创建：车削精加工"对话框，可进行"加工参数""进退刀方式""刀具参数""几何"等设置，如图 6-28 所示。其中，切削用量在"刀具参数"中设置，在"几何"设置中可进行轮廓曲线和进退刀点选择。

4. 车削槽加工

单击"数控车"菜单下的"车削槽加工"子菜单，弹出"创建：车削槽加工"对话框，可进行"加工参数""刀具参数""几何"等设置，如图6-29所示。其中，切削用量在"刀具参数"中设置，在"几何"设置中可进行轮廓曲线和进退刀点选择。

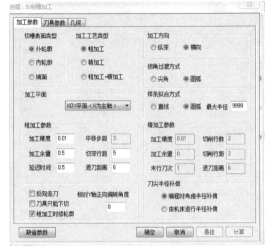

图6-28 "创建：车削精加工"对话框　　　　图6-29 "创建：车削槽加工"对话框

5. 车螺纹加工

单击"数控车"菜单下的"车螺纹加工"子菜单，弹出"创建：车螺纹加工"对话框，可进行"螺纹参数""加工参数""进退刀方式""刀具参数"等设置，如图6-30所示。其中切削用量在"刀具参数"中设置。

6. 螺纹固定循环

单击"数控车"菜单下的"螺纹固定循环"子菜单，弹出"创建：螺纹固定循环"对话框，可进行"加工参数""刀具参数"等设置，如图6-31所示。其中切削用量在"刀具参数"中设置。

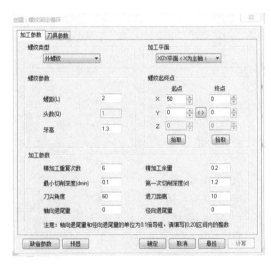

图6-30 "创建：车螺纹加工"对话框　　　　图6-31 "创建：螺纹固定循环"对话框

7. 异形螺纹加工

单击"数控车"菜单下的"异形螺纹加工"子菜单，弹出"创建：异形螺纹加工"对话框，可进行"加工参数""刀具参数""几何"等设置，如图 6-32 所示。其中切削用量在"刀具参数"中设置。

8. 线框仿真

线框仿真可以对已生成刀具轨迹的操作进行仿真加工，以检查刀具轨迹是否正确，其操作步骤为：单击"数控车"菜单下的"线框仿真"子菜单，弹出"线框仿真"对话框，如图 6-33 所示，单击"拾取"按钮，按提示拾取刀具轨迹并单击鼠标右键确认，再次弹出"线框仿真"对话框，可单击"前进"按钮进行播放，还可以进行速度调整、暂停、后退、下一步、上一步、回首点、到末点、停止、清空等操作。

9. 后置设置

单击"数控车"菜单下的"后置设置"子菜单，弹出"后置设置"对话框，如图 6-34 所示，可进行文件控制、坐标模式、程序行号、主轴编程指令、地址编程指令、车削编程指令设置和机床选择等操作。

图 6-32　"创建：异形螺纹加工"对话框

图 6-33　"线框仿真"对话框

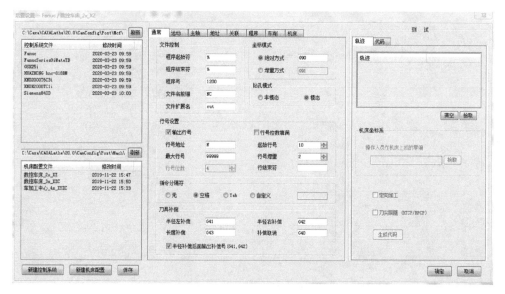

图 6-34　"后置设置"对话框

10. 后置处理

单击"数控车"菜单下的"后置处理"子菜单，弹出"后置处理"对话框，如图6-35所示，选择好机床类型和机床配置文件后单击"拾取"按钮，按提示拾取车削轨迹并单击鼠标右键确认，可进行后置处理操作。

图6-35 "后置处理"对话框

单击"后置处理"对话框中的"后置"按钮，弹出"编辑代码"对话框，如图6-36所示，可进行代码删除、查找、替换等编辑操作。单击对话框中的"发送代码"按钮可进行代码传输，单击"另存文件"按钮可将代码保存在计算机中。

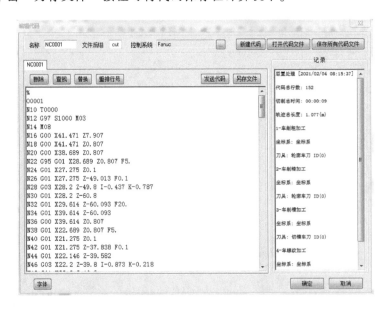

图6-36 "编辑代码"对话框

11. 反读轨迹

单击"数控车"菜单下的"反读轨迹"子菜单，弹出"创建：反读轨迹"对话框，如图 6-37 所示，可调出当前文档中的代码和已保存的代码文件。

图 6-37 "创建：反读轨迹"对话框

12. 浏览代码

单击"数控车"菜单下的"浏览代码"子菜单，弹出"浏览代码"对话框，按提示可打开计算机中保存的代码文件。

13. 通信

单击"数控车"菜单，将光标移至"通信"子菜单，弹出"发送""标准接收""标准设置等"下拉菜单，如图 6-38 所示。

（1）发送代码 单击"通信"下拉菜单中的"发送"下拉子菜单，弹出"发送代码"对话框，如图 6-39 所示。选择好设备和发送代码类型后，单击 ··· 按钮，按提示选择要发送的程序代码，单击"打开"按钮，即可完成程序由计算机到数控设备的传送。

图 6-38 "通信"下拉菜单

图 6-39 "发送代码"对话框

（2）标准接收 单击"通信"下拉菜单中的"标准接收"下拉子菜单，弹出"接收代码"对话框，如图 6-40 所示。选择设备，单击"确定"按钮，按提示选择要接收的代码，即完成由数控设备到计算机的程序传送。

（3）标准设置 单击"通信"下拉菜单中的"标准设置"下拉子菜单，弹出"参数设置"对话框，如图 6-41 所示。可按对话框中的要求分别进行发送设置和接收设置选项卡中的参数设置，设置时需注意发送设置和接收设置中的机床类型及参数类型应保持一致。

图 6-40 "接收代码"对话框

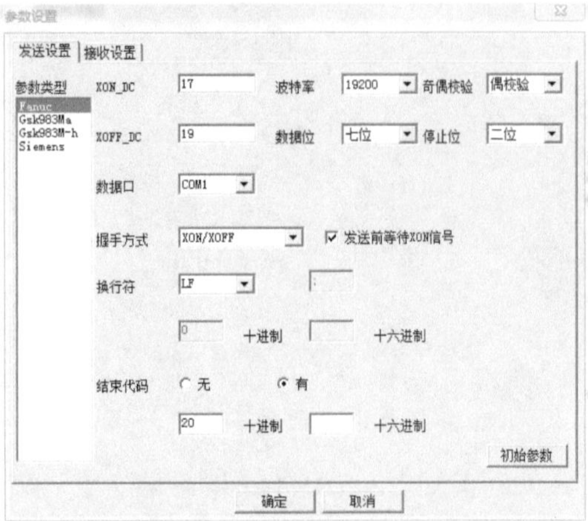

图 6-41 "参数设置"对话框

14. 数控机床程序接收及程序传输方法

将程序传输到数控机床中有以下几种方法。

（1）RS232 接口传输 数控机床大多配备有 RS232 接口，用于数控机床与计算机间的数据传输，传输时要有专用的传输通信软件或 CAD/CAM 软件自带的传输功能才行，且数控机床与通信软件参数应一致。FANUC 系统通信参数设置及程序读入操作步骤见表 6-31。

RS232 传输程序

表 6-31 FANUC 系统通信参数设置及程序读入操作步骤

FANUC 系统通信参数设置步骤	FANUC 系统程序读入步骤
①按系统功能键 SYSTEM ②按几次最右侧软键,出现软键(ALL IO) ③按软键(ALL IO),显示 ALL IO 页面 ④将光标移至相应参数位置进行参数设置	①按机床数控面板系统功能键 SYSTEM ②按几次最右侧软键,出现软键(ALL IO) ③按软键(ALL IO),显示 ALL IO 页面 ④按"READ"键,进行程序接收 ⑤在传输软件中选择要传输的程序,进行程序发送

（2）CF 卡传输 将程序复制到 CF 卡中，再把 CF 卡插到数控机床的 CF 插槽中，即可在数控机床上调用、复制 CF 卡中的程序。

（3）以太网传输 将数控机床与计算机联成局域网，实现基于以太网形式的有线或无线程序传输。

CF 卡传输程序

 任务实施

本任务重点是熟悉 CAD/CAM 加工流程，主要有以下几个方面。

1. 工艺分析

（1）刀具的选择　本任务将用到外圆粗车刀、外圆精车刀、外槽车刀和外螺纹车刀4种刀具，根据实际情况选用焊接式或可转位式车刀，并作为CAD/CAM操作中刀具库管理设置参数的依据。

（2）量具的选择　外圆直径用外径千分尺测量，长度用游标卡尺测量，外螺纹用螺纹环规测量，圆弧用半径样板测量，表面粗糙度用粗糙度样板比对。

（3）工艺路线的制订　本任务采用的毛坯为直径 $\phi30$mm 棒料，加工时夹住毛坯外圆，粗、精车端面及轮廓、切槽，最后车螺纹，此车削步骤作为CAD/CAM操作生成刀具轨迹先后次序的依据。零件加工工艺见表6-32。

（4）切削用量的选择　表面加工切削用量参见表6-32。此表中参数作为CAD/CAM操作中相关参数的设置依据。

表6-32　零件加工工艺

工序名	定位 （装夹面）	工步序号及内容	刀具及刀号	主轴转速 $n/(\text{r/min})$	进给量 $f/(\text{mm/r})$	背吃刀量 a_{p}/mm
车削	夹住毛坯 外圆，伸出长 度70mm	1. 粗车端面、外圆轮廓	外圆粗车刀，刀号T01	600	0.2	2~4
		2. 精车端面、外圆轮廓	外圆精车刀，刀号T02	1000	0.1	0.2
		3. 切槽	外槽车刀，刀号T03	400	0.1	4
		4. 车螺纹	外螺纹车刀，刀号T04	350	1	0.1~0.4
		5. 手动切断	外槽车刀，刀号T03	400	0.1	4

2. 生成程序

（1）造型

1）打开 CAXA 2020 数控车软件，画出工件轮廓曲线（含槽轮廓曲线），工件右端面中心点位于软件坐标原点上，如图6-42所示。

2）设置毛坯并画出毛坯轮廓线，如图6-42所示。

（2）确定加工路线，生成刀具轨迹　确定加工路线，生成刀具轨迹前先单击"数控车"菜单下的"创建刀具"子菜单，将需要用到的外圆粗车刀、外圆精车刀、外槽车刀、螺纹车刀等刀具添加到刀具库中。

1）生成车削粗加工刀具轨迹。单击"数控车"菜单下的"车削粗加工"子菜单，进行"加工参数""进退刀方式""刀具参数"等设置，切削用量在"刀具参数"中设置，数值见表6-32。在"几何"设置中进行轮廓曲线、毛坯轮廓和进退刀点的选择，操作步骤如下。

单击"几何"按钮，弹出如图6-43所示对话框，单击"轮廓曲线"按钮，根据软件左下方提示，拾取轮廓线，拾取方式有"单个拾取""链拾取""限制链拾取"三种，本任务工件轮廓曲线包括 $SR6$mm 圆弧、$\phi12$mm 外圆、台阶面、倒角、螺纹圆柱（不含槽曲线）、圆锥面、$\phi22$mm 外圆、$R3$mm 圆弧、$\phi28$mm 外圆等，拾取结束后单击鼠标右键确认，出现1个轮廓曲线。

单击"毛坯轮廓"按钮，根据软件左下方提示，拾取毛坯轮廓线，拾取方式有"单个拾取""链拾取""限制链拾取"三种，拾取结束后单击鼠标右键确认，出现1个轮廓曲线。本任务毛坯轮廓线包括右端、毛坯外圆及左端三条轮廓直线（图6-42）。

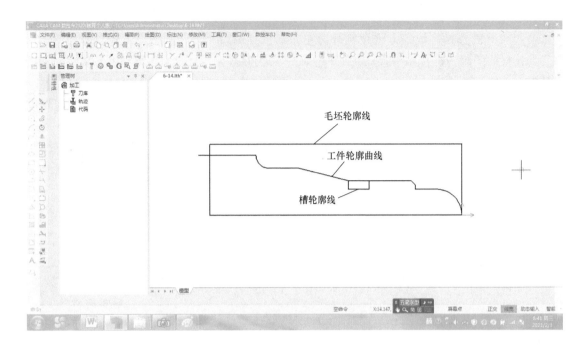

图 6-42　CAXA 2020 数控车软件中工件轮廓曲线及毛坯轮廓线图形

单击"进退刀点"按钮，根据软件左下方提示，拾取进退刀点或由键盘输入进退刀点坐标，确认后对话框中出现一个进退刀点，最后单击"确定"按钮生成车削粗加工刀具轨迹，如图 6-44 所示。

2）生成车削精加工刀具轨迹。单击"数控车"菜单下的"车削精加工"子菜单，进行"加工参数""进退刀方式""刀具参数""几何"等设置，切削用量在"刀具参数"中设置，在"几何"设置中进行轮廓曲线和进退刀点选择，选择方式同车削粗加工。单击"确定"按钮，即生成车削精加工刀具轨迹，如图 6-44 所示。

3）生成车削槽加工刀具轨迹　单击"数控车"菜单下的"车削槽加工"子菜

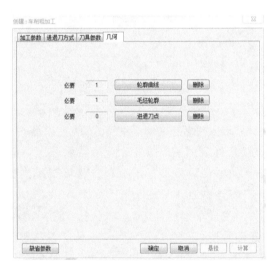

图 6-43　"轮廓曲线""毛坯轮廓"
"进退刀点"选择对话框

单，进行加工参数和刀具参数设置，在"几何"设置中进行轮廓曲线和进退刀点选择，选择方式同上，本任务槽轮廓曲线包括槽右侧、槽底和槽左侧三条直线。单击"确定"按钮，即生成车削槽加工刀具轨迹，如图 6-44 所示。

4）生成车螺纹加工刀具轨迹　单击"数控车"菜单下的"车螺纹加工"子菜单，弹出"车螺纹加工"对话框，在螺纹参数设置中选择螺纹类型为外螺纹，加工平面为 XOY，拾取螺纹起点、终点、进退刀位置或输入螺纹起点、终点、进退刀点坐标，选择螺纹节距为恒节

距 "1"、牙高为 "0.65"，头数为 "1"，依次设置 "加工参数" "进退刀方式" "刀具参数" 等，单击 "确定" 按钮，即生成车螺纹加工刀具轨迹，如图 6-44 所示。

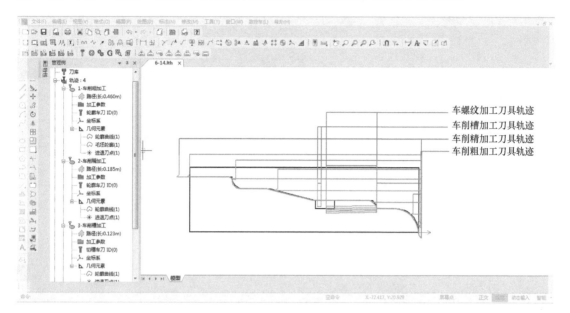

图 6-44　粗精车外圆、槽加工、螺纹加工刀具轨迹

（3）轨迹仿真　单击 "数控车" 菜单下的 "线框仿真" 子菜单，在弹出的对话框中单击 "拾取" 按钮，根据提示依次拾取粗车轮廓、精车轮廓、车槽加工、车螺纹加工刀具轨迹，单击鼠标右键确认，单击 "前进" 按钮即可进行刀具轨迹仿真，可通过速度条调整仿真速度。

（4）后置设置　单击 "数控车" 菜单下的 "后置设置" 子菜单，在弹出的对话框中进行后置处理参数设置，单击 "确定" 按钮完成设置。

（5）生成程序代码　单击 "数控车" 菜单下的 "后置处理" 子菜单，在弹出的对话框中进行控制系统文件及机床配置文件设置；单击 "拾取" 按钮，依次拾取（拾取时可按住 <Ctrl> 或 <Shift> 键多选）车削粗加工、车削精加工、车槽加工、车螺纹加工刀具轨迹并单击鼠标右键结束后置处理。

单击对话框中的 "后置" 按钮，生成程序代码并弹出 "编辑代码" 对话框（图 6-36），单击 "另存文件" 按钮，将程序代码保存在计算机桌面上，文件名为 CN0641，如图 6-45 所示。经编辑无误码后单击 "发送代码" 按钮将程序代码传输至机床设备。

参考程序（略）

3. 加工操作

（1）加工准备

1）开机回机床参考点，建立机床坐标系，使后续的操作有一个基准位置。

2）装夹工件。夹住毛坯外圆，伸出长度为 70mm 左右并进行找正。

3）装夹刀具。将用到的外圆粗车刀、外圆精车刀、外槽车刀、外螺纹车刀等分别装夹在 T01、T02、T03、T04 号刀位，刀尖与工件中心线等高，其中外槽车刀和外螺纹车刀刀头

DNC 加工

要严格垂直于工件轴线。

4）对刀操作。将用到的外圆粗车刀、外圆精车刀、外槽车刀及外螺纹车刀按前面项目采用试切法对刀。刀具对刀完成后，分别进行 X、Z 方向对刀测试，检验对刀是否正确。

5）调出程序并仿真校验。

（2）零件加工

1）调出"O0641"程序，选择自动加工方式，调小进给倍率，按数控启动键进行自动加工。加工中观察切削情况，逐步将进给倍率调至适当位置。程序运行结束后测量相关尺寸。

图 6-45 CAXA 2020 程序
代码"另存为"页面

2）手动切断并调头车削端面，控制总长。

3）加工结束后及时清扫机床。

检测评分

将学生任务完成情况的检测与评分填入表 6-33 中。

表 6-33 圆头电动机轴加工检测评分表

序号	检测项目	检测内容及要求	配分	学生自检	学生互检	教师检测	得分
1	职业素养	文明礼仪	5				
2		安全纪律	10				
3		行为习惯	5				
4		工作态度	5				
5		团队合作	5				
6	零件造型	1. 轮廓造型正确 2. 毛坯设置正确	5				
7	生成轨迹及程序	1. 基点位置 2. 刀具类型 3. 加工路径 4. 切削用量合理 5. 程序	10				
8	机床操作	1. 开机前检查、开机、回机床参考点 2. 工件装夹与对刀 3. 程序输入与校验	5				

（续）

序号	检测项目	检测内容及要求	配分	学生自检	学生互检	教师检测	得分
9	零件加工	$\phi 28_{-0.052}^{0}$ mm	5				
10		$\phi 22_{-0.052}^{0}$ mm	5				
11		$\phi 12_{-0.1}^{0}$ mm	5				
12		60 ± 0.1 mm	5				
13		49mm、39mm、27mm、11mm	4				
14		$SR6$ mm	3				
15		$R3$ mm	3				
16		5mm×$\phi 12$mm	2				
17		M16×1-6g	5				
18		1：2锥度	5				
19		$C1$	1				
20		表面粗糙度值 $Ra1.6\mu m$	4				
21		表面粗糙度值 $Ra3.2\mu m$	3				
	综合评价						

任务反馈

在任务完成过程中，分析是否出现表 6-34 所列的误差项目，了解其产生原因并提出修正措施。

表 6-34　圆头电动机轴加工出现误差项目、产生原因及修正措施

误差项目	产生原因	修正措施
不能生成数控程序	1. 工件轮廓线画法错误	
	2. 毛坯轮廓线设置错误	
	3. 生成轨迹的参数错误	
程序不能传输到数控机床中	1. 通信参数设置不一致	
	2. 不会发送或接收程序	
	3. 传输线接口接触不良	
	4. 传输线接口位置错误	
零件形状不正确或尺寸精度达不到要求	1. 刀具轨迹拾取次序错误	
	2. 生成刀具轨迹参数设置错误	
	3. 刀具安装或对刀不正确	
	4. 测量不正确	

（续）

误差项目	产生原因	修正措施
零件表面粗糙度达不到要求	1. 刀具参数选择不当	
	2. 切削液润滑性能不佳	
	3. 工艺系统刚性不足，引起振动	
	4. 刀具磨损	
	5. 切屑刮伤	

任务拓展一

用 CF 卡传输本任务中 CAD/CAM 生成的程序并进行加工。

任务拓展二

图 6-46 所示为内孔轴，材料为 45 钢，毛坯尺寸为 $\phi30mm\times80mm$，用 CAD/CAM 编程并加工该零件。

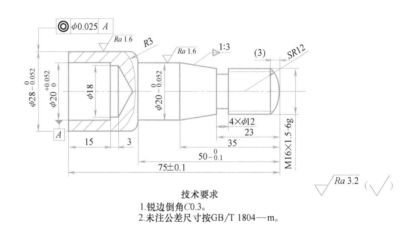

技术要求
1. 锐边倒角C0.3。
2. 未注公差尺寸按GB/T 1804—m。

图 6-46 内孔轴

任务拓展二实施提示：零件需调头装夹车削，应分别绘制工件轮廓，调头装夹时因位置精度要求较高，故需严格找正；外轮廓圆柱、圆锥、槽及螺纹的 CAD/CAM 造型与轨迹生成同本任务，左端内孔表面需进行车孔，车孔之前仍需手动钻中心孔和钻 $\phi18mm$ 孔。

任务五　　数控车铣加工职业技能等级证书考核模拟试题一

任务描述

图 6-47 所示为某桥轴，主要由外圆、成形面、槽、外螺纹、端面及螺纹孔等多个表面构成，各表面尺寸精度和表面质量要求均较高，中间圆盘两侧面还有较高的平行度要求，两

个 $\phi24^{\ 0}_{-0.039}$ mm 外圆轴线有较高的同轴度要求，工件材料为 45 钢，毛坯为 $\phi65$ mm×205mm 棒料，加工后三维效果图如图 6-48 所示。

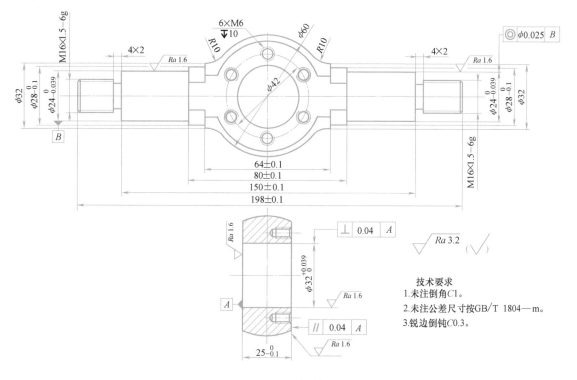

图 6-47　桥轴零件图

图 6-48　桥轴三维效果图

任务实施

　　该零件是典型的车铣复合加工零件，加工时先在数控车床上加工外圆柱面、成形面、槽及外螺纹，然后在数控铣床上加工圆盘两侧面、$\phi32^{+0.039}_{\ 0}$ mm 孔及 6 个螺纹孔。为保证相关表面的位置精度要求，在数控车床上可采用一夹一顶及两顶尖的装夹方式；在数控铣床上采用万能分度头与顶尖的装夹方式或采用两组 V 形块组合的装夹方式，批量较大时需使用专用夹具装夹工件。检测评分表见表 6-35。

表 6-35 桥轴加工检测评分表

序号	检测项目	检测内容及要求	配分	评分标准	检测结果	得分
1	现场操作	工、量、刃具的正确使用	2	一处不当扣1分,扣完为止		
2		正确操作设备、加工后清理保养	2	一处不当扣1分,扣完为止		
3		工件表面无磕、碰、夹伤、毛刺、尖角	4	工件表面有磕、碰、夹伤、毛刺扣3分;尖角扣1分		
4		安全文明生产	2	违反安全操作、劳动保护规定全扣		
5	工艺制订	1. 选择装夹与定位方式 2. 选择刀具 3. 选择加工路径 4. 选择合理的切削用量 5. 工序合理	5	工序划分不合理扣1~2分;工艺线路不合理扣1~2分。关键工序错误全扣		
6	程序编制	1. 编程坐标系选择正确 2. 指令使用与程序格式正确 3. 基点坐标正确,简化计算和加工程序	5	指令不正确扣3分;程序不完整扣2分;程序格式不正确扣2分,不符合工艺要求扣3分		
7	外圆	$\phi24_{-0.039}^{0}$mm(2处)	8	超差0.01mm扣2分,超差0.02mm以上不得分		
8		$\phi28_{-0.1}^{0}$mm(2处)	4	超差0.01mm扣2分,超差0.02mm以上不得分		
9		$\phi32$mm(2处)	2	超差不得分		
10	内孔	$\phi32_{0}^{+0.039}$mm	4	超差0.01mm扣2分,超差0.02mm以上不得分		
11	长度	198±0.1mm	3	超差0.01mm扣2分,超差0.02mm以上不得分		
12		150±0.1mm	3	超差0.01mm扣2分,超差0.02mm以上不得分		
13		80±0.1mm	3	超差0.01mm扣2分,超差0.02mm以上不得分		
14		64±0.1mm	3	超差0.01mm扣2分,超差0.02mm以上不得分		
15		$25_{-0.1}^{0}$mm	4	超差0.01mm扣2分,超差0.02mm以上不得分		
16	圆弧	$\phi60$mm	2	超差不得分		
17		$R10$mm	2	超差不得分		
18	螺纹	M16×1.5-6g(2处)	5	不合格不得分		
19		6×M6(深10mm)	6	不合格不得分		
20		$\phi42$mm	2	超差不得分		

（续）

序号	检测项目	检测内容及要求	配分	评分标准	检测结果	得分
21	槽	4mm×2mm（2处）	2	超差不得分		
22	倒角	C1	1	超差不得分		
23	表面粗糙度值	Ra1.6μm（5处）	10	降级不得分		
24		Ra3.2μm	4	降级不得分		
25	位置精度	⊥ 0.04 A	4	超差 0.01mm 扣 2 分，超差 0.02mm 以上不得分		
26		∥ 0.04 A	4	超差 0.01mm 扣 2 分，超差 0.02mm 以上不得分		
27		◎ φ0.025 B	4	超差 0.01mm 扣 2 分，超差 0.02mm 以上不得分		
综合得分						

任务六　　数控车铣加工职业技能等级证书考核模拟试题二

任务描述

图 6-49 所示为某刀架中轴，主要由外圆、成形面、槽、外螺纹、端面、螺栓孔及螺纹孔等构成，主要表面尺寸精度和表面质量要求均较高，$\phi28_{-0.08}^{0}$mm 外圆轴线对左端面还有较高的位置精度要求，材料为 45 钢，毛坯为 $\phi65$mm×70mm 棒料，加工后三维效果图如图 6-50 所示。

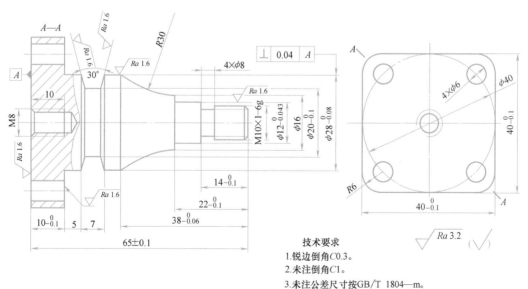

技术要求
1.锐边倒角C0.3。
2.未注倒角C1。
3.未注公差尺寸按GB/T 1804—m。

图 6-49　刀架中轴零件图

图 6-50　刀架中轴三维效果图

任务实施

　　该零件需进行车铣加工，加工时先在数控车床上加工外圆柱面、成形面、槽及外螺纹，然后在数控铣床上加工左端平面及螺栓孔等。为保证相关表面的位置精度要求，需要以 $\phi28_{-0.08}^{0}$ mm 外圆为定位基准加工左端底平面，可以在数控铣床工作台上安装自定心卡盘装夹工件的方式进行加工，也可以先在数控铣床上加工左底面、螺栓孔及内螺纹，然后用单动卡盘装夹工件车削外圆、槽和外螺纹。检测评分表见表 6-36。

表 6-36　刀架中轴加工检测评分表

序号	检测项目	检测内容及要求	配分	评分标准	检测结果	得分
1	现场操作	工、量、刃具的正确使用	2	一处不当扣1分，扣完为止		
2		正确操作设备、加工后清理保养	2	一处不当扣1分，扣完为止		
3		工件表面无磕、碰、夹伤、毛刺、尖角	4	工件表面有磕、碰、夹伤、毛刺扣3分；尖角扣1分		
4		安全文明生产	2	违反安全操作、劳动保护规定全扣		
5	制定工艺	1. 选择装夹与定位方式 2. 选择刀具 3. 选择加工路径 4. 选择合理的切削用量 5. 工序合理	5	工序划分不合理扣1~2分；工艺线路不合理扣1~2分。关键工序错误全扣		
6	程序编制	1. 编程坐标系选择正确 2. 指令使用与程序格式正确 3. 基点坐标正确，简化计算和加工程序	5	指令不正确扣3分；程序不完整扣2分；程序格式不正确扣2分，不符合工艺要求扣3分		
7	外圆	$\phi12_{-0.043}^{0}$ mm	4	超差0.01mm扣2分，超差0.02mm以上不得分		
8		$\phi28_{-0.08}^{0}$ mm	3	超差0.01mm扣2分，超差0.02mm以上不得分		
9		$\phi16$ mm	2	超差不得分		
10	孔	$4\times\phi6$ mm	2	超差不得分		
11		$\phi40$ mm	2	超差不得分		

（续）

序号	检测项目	检测内容及要求	配分	评分标准	检测结果	得分
12	长度	65±0.1mm	3	超差 0.01mm 扣 2 分，超差 0.02mm 以上不得分		
13		$40_{-0.1}^{0}$mm（2 处）	6	超差 0.01mm 扣 2 分，超差 0.03mm 以上不得分		
14		$38_{-0.06}^{0}$mm	3	超差 0.01mm 扣 2 分，超差 0.02mm 以上不得分		
15		$22_{-0.1}^{0}$mm	3	超差 0.01mm 扣 2 分，超差 0.02mm 以上不得分		
16		$14_{-0.1}^{0}$mm	3	超差 0.01mm 扣 2 分，超差 0.02mm 以上不得分		
17		$10_{-0.1}^{0}$mm	4	超差 0.01mm 扣 2 分，超差 0.02mm 以上不得分		
18		5mm	1	超差不得分		
19	圆弧	R30mm	2	超差不得分		
20		R6mm（4 处）	4	超差不得分		
21	螺纹	M10×1-6g	5	不合格不得分		
22		M8（深 10mm）	4	不合格不得分		
23	槽	4mm×ϕ8mm	2	超差不得分		
24		30°	4	超差不得分		
25		$\phi20_{-0.1}^{0}$mm	2	超差不得分		
26		7mm	1	超差不得分		
27	倒角	C1	1	超差不得分		
28	表面粗糙度值	Ra1.6μm（6 处）	12	降级不得分		
29		Ra3.2μm	3	降级不得分		
30	位置精度	⊥ 0.04 A	4	超差 0.01mm 扣 2 分，超差 0.02mm 以上不得分		
	综合得分					

任务七　数控车铣加工职业技能等级证书考核模拟试题三

任务描述

图 6-51 所示为槽轮轴，主要由外圆、成形面、槽、外螺纹及槽轮等构成，主要表面尺寸精度和表面质量要求均较高，还有较高的位置精度要求，材料为 45 钢，毛坯为 ϕ55mm× 60mm 棒料，加工后三维效果图如图 6-52 所示。

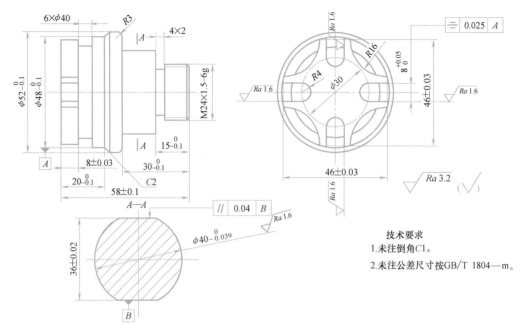

图 6-51　槽轮轴零件图

图 6-52　槽轮轴三维效果图

任务实施

　　槽轮轴也需要车铣复合加工，加工时先在数控车床上加工外圆柱面、槽、外螺纹及槽轮圆柱轮廓，然后在数控铣床上加工 $\phi40_{-0.039}^{0}$ mm 外圆上的两平面及槽轮轮廓，先以槽轮外圆为定位基准采用自定心卡盘装夹铣削 $\phi40_{-0.039}^{0}$ mm 外圆上的两平面，再以两平面为定位基准用平口钳装夹加工槽轮轮廓。检测评分表见表 6-37 所示。

表 6-37　槽轮轴加工检测评分表

序号	检测项目	检测内容及要求	配分	评分标准	检测结果	得分
1	现场操作	工、量、刃具的正确使用	2	一处不当扣1分，扣完为止		
2		正确操作设备、加工后清理保养	2	一处不当扣1分，扣完为止		
3		工件表面无磕、碰、夹伤、毛刺、尖角	4	工件表面有磕、碰、夹伤、毛刺扣3分；尖角扣1分		
4		安全文明生产	2	违反安全操作、劳动保护规定全扣		

（续）

序号	检测项目	检测内容及要求	配分	评分标准	检测结果	得分
5	制定工艺	1. 选择装夹与定位方式 2. 选择刀具 3. 选择加工路径 4. 选择合理的切削用量 5. 工序合理	5	工序划分不合理扣 1~2 分；工艺线路不合理扣 1~2 分。关键工序错误全扣		
6	程序编制	1. 编程坐标系选择正确 2. 指令使用与程序格式正确 3. 基点坐标正确,简化计算和加工程序	5	指令不正确扣 3 分；程序不完整扣 2 分；程序格式不正确扣 2 分,不符合工艺要求扣 3 分		
7	外圆	$\phi 52_{-0.1}^{0}$ mm	3	超差 0.01mm 扣 2 分,超差 0.02mm 以上不得分		
8		$\phi 48_{-0.1}^{0}$ mm	3	超差 0.01mm 扣 2 分,超差 0.02mm 以上不得分		
9		$\phi 40_{-0.039}^{0}$ mm	4	超差 0.01mm 扣 2 分,超差 0.02mm 以上不得分		
10	长度	58 ± 0.1 mm	2	超差不得分		
11		$30_{-0.1}^{0}$ mm	3	超差 0.01mm 扣 2 分,超差 0.02mm 以上不得分		
12		$20_{-0.1}^{0}$ mm	3	超差 0.01mm 扣 2 分,超差 0.03mm 以上不得分		
13		$15_{-0.1}^{0}$ mm	3	超差 0.01mm 扣 2 分,超差 0.03mm 以上不得分		
14		8 ± 0.03 mm	4	超差 0.01mm 扣 2 分,超差 0.02mm 以上不得分		
15		46 ± 0.03 mm（2 处）	8	超差 0.01mm 扣 2 分,超差 0.02mm 以上不得分		
16		36 ± 0.02 mm	4	超差 0.01mm 扣 2 分,超差 0.02mm 以上不得分		
17	槽轮	$8_{0}^{+0.05}$ mm	4	超差 0.01mm 扣 2 分,超差 0.02mm 以上不得分		
18		$\phi 30$ mm	1	超差不得分		
19		$R16$ mm（4 处）	4	超差不得分		
20		$R4$ mm	2	超差不得分		
21	圆弧	$R3$ mm	5	超差不得分		
22	螺纹	M24×1.5-6g	5	不合格不得分		
23	槽	4mm×2mm	2	超差不得分		
24		6mm×$\phi 40$mm	2	超差不得分		
25	倒角	$C1$	1	超差不得分		
26		$C2$	1	超差不得分		
27	表面粗糙度值	$Ra1.6\mu m$（5 处）	6	降级不得分		
28		$Ra3.2\mu m$	4	降级不得分		
29	位置精度	⬓ | 0.025 | A	3	超差 0.01mm 扣 2 分,超差 0.02mm 以上不得分		
30		∥ | 0.04 | B	3	超差 0.01mm 扣 2 分,超差 0.02mm 以上不得分		
	综合得分					

任务八　　数控车铣加工职业技能等级证书考核模拟试题四

任务描述

图 6-53 所示为联轴器，主要由外圆面、成形面、内孔面、槽及端面等构成，主要表面尺寸精度和表面质量要求均较高，$\phi40_{-0.039}^{0}$ mm 外圆轴线对内孔轴线、端面爪轮廓面对内孔轴线等有较高的位置精度要求，材料为 45 钢，毛坯为 $\phi75$mm×40mm 棒料，加工后三维效果图如图 6-54 所示。

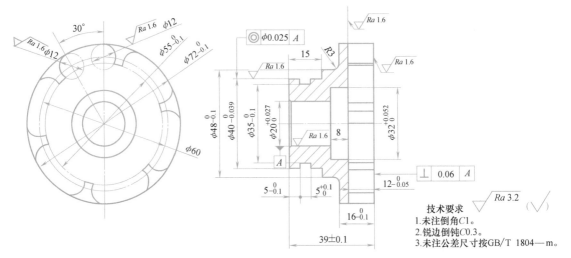

图 6-53　联轴器零件图

图 6-54　联轴器三维效果图

任务实施

该零件需进行车铣加工，加工时先在数控车床上加工外圆柱面、槽、内孔及端面爪外圆，然后在数控铣床上加工端面爪轮廓。为保证相关表面的位置精度要求，需要以 $\phi20_{0}^{+0.027}$ mm 内孔为定位基准精加工 $\phi40_{-0.039}^{0}$ mm 外圆及端面爪轮廓。检测评分表见表 6-38。

表 6-38 联轴器轴加工检测评分表

序号	检测项目	检测内容及要求	配分	评分标准	检测结果	得分
1	现场操作	工、量、刃具的正确使用	2	一处不当扣 1 分,扣完为止		
2		正确操作设备、加工后清理保养	2	一处不当扣 1 分,扣完为止		
3		工件表面无磕、碰、夹伤、毛刺、尖角	4	工件表面有磕、碰、夹伤、毛刺扣 3 分;尖角扣 1 分		
4		安全文明生产	2	违反安全操作、劳动保护规定全扣		
5	工艺制订	1. 选择装夹与定位方式 2. 选择刀具 3. 选择加工路径 4. 选择合理的切削用量 5. 工序合理	5	工序划分不合理扣 1~2 分;工艺线路不合理扣 1~2 分。关键工序错误全扣		
6	程序编制	1. 编程坐标系选择正确 2. 指令使用与程序格式正确 3. 基点坐标正确,简化计算和加工程序	5	指令不正确扣 3 分;程序不完整扣 2 分;程序格式不正确扣 2 分,不符合工艺要求扣 3 分		
7	外圆	$\phi72_{-0.1}^{0}$mm	3	超差 0.01mm 扣 2 分,超差 0.02mm 以上不得分		
8		$\phi55_{-0.1}^{0}$mm	3	超差 0.01mm 扣 2 分,超差 0.02mm 以上不得分		
9		$\phi48_{-0.1}^{0}$mm	3	超差 0.01mm 扣 2 分,超差 0.02mm 以上不得分		
10		$\phi40_{-0.039}^{0}$mm	4	超差 0.01mm 扣 2 分,超差 0.02mm 以上不得分		
11		$\phi60$mm	1	超差不得分		
12		$\phi12$mm	12	超差不得分		
13	孔	$\phi32_{0}^{+0.052}$mm	4	超差 0.01mm 扣 2 分,超差 0.02mm 以上不得分		
14		$\phi20_{0}^{+0.027}$mm	5	超差 0.01mm 扣 2 分,超差 0.02mm 以上不得分		
15	长度	39 ± 0.1mm	3	超差 0.01mm 扣 2 分,超差 0.02mm 以上不得分		
16		$16_{-0.1}^{0}$mm	2	超差不得分		
17		$12_{-0.05}^{0}$mm	3	超差 0.01mm 扣 2 分,超差 0.02mm 以上不得分		
18		15mm	1	不得分		
19		8mm	1	超差不得分		
20	圆弧	$R3$mm	2	超差不得分		
21	槽	$5_{0}^{+0.1}$mm	3	超差不得分		
22		$\phi35_{-0.1}^{0}$mm	4	超差不得分		
23	角度	30°	6	超差不得分		
24	表面粗糙度值	$Ra1.6\mu$m(6 处)	8	降级不得分		
25		$Ra3.2\mu$m	4	降级不得分		
26	位置精度	◎ $\phi0.025$ A	4	超差 0.01mm 扣 2 分,超差 0.02mm 以上不得分		
27		⊥ 0.06 A	4	超差 0.01mm 扣 2 分,超差 0.02mm 以上不得分		
	综合得分					

项目小结

本项目通过端面盘、螺纹管接头、曲面螺纹锥度套件及圆头电动机轴等零件加工，熟悉综合考虑轴类、套类、盘类、螺纹类零件、配合套件的编程与工艺特点及加工精度控制方法，进而掌握中等复杂车削类零件工艺制订、程序编写与零件加工方法。本项目还列举了四个车铣复合加工模拟试题任务、实施提示及评价标准，对接"1+X"证书对数控车铣加工职业技能等级证书的要求，为推广"1+X"证书制度奠定基础。通过自动对刀仪、自动对刀方法介绍及CAD/CAM（计算机辅助设计与计算机辅助制造）任务实施，了解自动对刀原理、计算机编程方法、程序传输与加工过程，让学生了解新技术、新工艺、新装备等知识，拓宽学生视眼，为学生走上工作岗位打下良好的基础。

思考与练习

一、简答题

1. 梯形端面槽如何进刀？
2. 端面直槽刀结构形状有何要求？为什么？
3. 简述端面槽车刀对刀步骤。
4. 常见的数控加工工艺文件有哪些？
5. 数控加工刀具卡主要包括哪些内容？
6. 简述机外对刀仪的对刀方法。
7. 常见对刀仪的种类有哪些？
8. 有配合要求的套件加工，如何保证相关技术要求？
9. 简述CAXA数控车软件中粗车轮廓参数如何设置。
10. 简述CAXA数控车软件中车螺纹轨迹生成的步骤。
11. CAXA数控车软件如何进行轨迹仿真？
12. 数控机床程序传输有哪几种方式？

二、加工训练题

1. 编写图6-55所示双槽连接盘的数控加工程序并练习加工，材料为45钢，毛坯为$\phi70mm\times30mm$棒料。

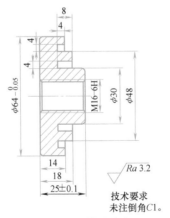

图6-55 双槽连接盘

2. 编写图 6-56 所示圆头螺纹轴套的数控加工程序并练习加工，材料为 45 钢，毛坯为 ϕ50mm×90mm 棒料。

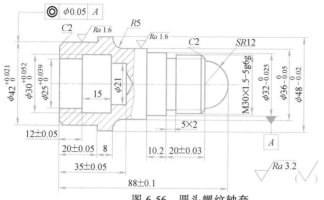

图 6-56　圆头螺纹轴套

3. 如图 6-57、图 6-58、图 6-59 所示为配合类零件，材料为 45 钢，毛坯为 ϕ60mm×120mm、ϕ60mm×60mm 棒料。填写其数控加工工艺卡、数控加工刀具卡并编写数控加工程序单。

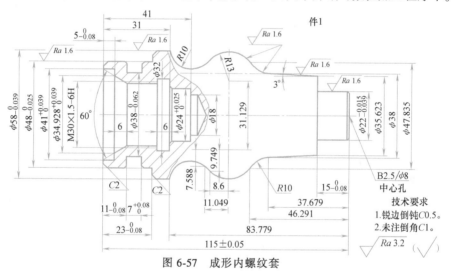

图 6-57　成形内螺纹套

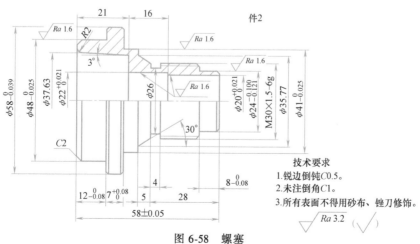

图 6-58　螺塞

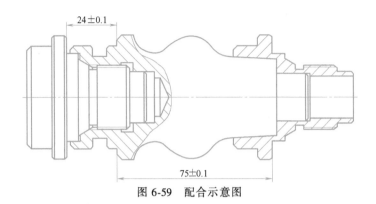

图 6-59　配合示意图

4. 编写图 6-60 所示圆头螺纹轴的数控加工程序并练习加工，材料为 45 钢，毛坯为 $\phi40mm×90mm$ 棒料。

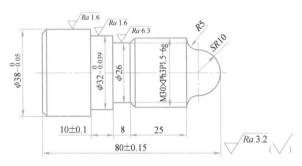

技术要求

1. 未注倒角C1。

2. 未注公差尺寸按GB/T 1804—m。

图 6-60　圆头螺纹轴

G 指令	模态	FANUC 数控系统中的含义	SIEMENS 数控系统中的含义
G00	*	快速点定位(快速移动)	快速点定位(快速移动)
G01	*	直线插补	直线插补
G02	*	顺时针圆弧插补	顺时针圆弧插补
G03	*	逆时针圆弧插补	逆时针圆弧插补
G04		暂停	暂停
G17	*	XY 平面选择	XY 平面选择
G18	*	XZ 平面选择	XZ 平面选择
G19	*	ZY 平面选择	ZY 平面选择
G20	*	英制输入	用 G70 表示英制输入
G21	*	公制输入	用 G71 表示公制输入
G22	*	存储行程检测功能有效	802C 系统表示半径尺寸编程
G23	*	存储行程检测功能无效	802C 系统表示直径尺寸编程
G25	*	未指定	主轴转速下限
G26	*	未指令	主轴转速上限
G28		返回机床参考点	用 G74 表示返回机床参考点
G29		从机床参考点返回	用 G75 表示从机床参考点返回
G32	*	切削等螺距螺纹	用 G33 表示切削等螺距螺纹
G34	*	切削变螺距螺纹	螺距增大的变螺距螺纹,用 G35 表示螺距减小的变螺距螺纹
G40	*	取消刀尖圆弧半径补偿	取消刀尖圆弧半径补偿
G41	*	刀尖圆弧半径左补偿	刀尖圆弧半径左补偿
G42	*	刀尖圆弧半径右补偿	刀尖圆弧半径右补偿
G50	*	工件坐标系设定或最大转速限制	未指定
G52	*	可编程坐标系偏移(局部坐标系)	用 TRANS 表示可编程的坐标系偏移
G53	*	取消可设定的零点偏置(或选择机床坐标系)	用 G500 表示取消可设定的零点偏置;G53 表示程序段有效方式取消可设定的零点偏置
G54	*	工件坐标系 1	第一可设定零点偏置
G55	*	工件坐标系 2	第二可设定零点偏置
G56	*	工件坐标系 3	第三可设定零点偏置
G57	*	工件坐标系 4	第四可设定零点偏置
G58	*	工件坐标系 5	第五可设定零点偏置
G59	*	工件坐标系 6	第六可设定零点偏置
G60	*	未指定	准确定位
G64	*	未指定	连续路径
G65		宏程序调用	未指定
G66	*	宏程序模态调用	未指定
G67	*	宏程序模态调用取消	未指定

（续）

G 指令	模态	FANUC 数控系统中的含义	SIEMENS 数控系统中的含义
G70		轮廓精车复合循环	SIEMENS 毛坯循环用 CYCLE95
G71		粗车复合循环	
G72		端面粗车复合循环	
G73		轮廓封闭切削循环	
G74		端面深孔钻削、端面车槽复合循环	回机床参考点
G75		外圆车槽复合循环	回固定点（西门子车槽循环用 CYCLE93、CY-CLE94、CYCLE96）
G76		螺纹切削复合循环	SIEMENS 螺纹切削复合循环用 CYCLE97
G80	*	取消固定循环	未指定
G83	*	端面钻孔循环	SIEMENS 钻孔循环为 CYCLE81～83，用 G18、G17 指定端面、侧面钻孔
G87	*	侧面钻孔循环	
G84	*	端面攻螺纹循环	SIEMENS 攻螺纹循环为 CYCLE84，用 G18、G17 指定端面、侧面攻螺纹
G88	*	侧面攻螺纹循环	
G85	*	端面镗孔循环	SIEMENS 镗孔循环为 CYCLE85，用 G18、G17 指定端面、侧面镗孔
G89	*	侧面镗孔循环	
G90	*	外圆、内孔单一形固定循环	绝对值编程
G91	*	未指定，发那科数控系统用 X、Y、Z 表示绝值编程；用 U、V、W 表示增量值编程	增量值编程
G92	*	螺纹切削单一循环	未指定
G94	*	端面切削单一循环	每分钟进给量（mm/min）
G95	*	未指定	每转进给量（mm/r）
G96	*	主轴转速恒定切削速度	主轴转速恒定切削速度
G97	*	取消主轴恒定切削速度	取消主轴恒定切削速度
G98	*	每分钟进给量（mm/min）	未指定
G99	*	每转进给量（mm/r）	未指定

注："＊"为模态有效指令，SIEMENS 循环均为程序段有效指令。表中所列发那科系统代码为 A 类 G 代码体系。

参 考 文 献

[1] 顾京. 数控加工编程及操作 [M]. 北京：高等教育出版社，2004.

[2] 高枫，肖卫宁. 数控车削编程与操作训练 [M]. 北京：高等教育出版社，2005.

[3] 谢晓红. 数控车削编程与加工技术 [M]. 北京：电子工业出版社，2005.

[4] 张磊光，周飞. 数控加工工艺学 [M]. 北京：电子工业出版社，2007.

[5] 朱明松. SIEMENS 系统数控车工技能训练 [M]. 北京：人民邮电出版社，2010.

[6] 朱明松. 数控车床编程与操作项目教程 [M]. 3 版. 北京：机械工业出版社，2019.

[7] 朱明松. 数控车床编程与操作练习册 [M]. 北京：机械工业出版社，2011.

[8] 袁锋. 数控车床培训教程 [M]. 2 版. 北京：机械工业出版社，2009.